高等学校**土木工程专业**规划教材

GAODENG XUEXIAO TUMU GONGCHENG ZHUANYE GUIHUA JIAOCAI

U0190380

土 力 学 （第2版）

舒志乐 刘保县■主 编

赵宝云 张 英 耿佳弟■副主编

TU LI XUE

重庆大学出版社

内容提要

本书根据《高等学校土木工程本科指导性专业规范》对"土力学"课程的要求,注册结构工程师、注册岩土工程师考试大纲中对该课程的要求以及现行国家、行业相关规范,并结合作者长期教学与工程设计的经验编写而成。全书共分 8 章,主要包括绪论、土的物理性质及工程分类、土的渗透性与渗流、土中应力计算、土的压缩性与地基沉降计算、土的抗剪强度与地基承载力、土压力理论以及土坡稳定分析。

本书可作为高等学校土木工程专业的教材,也可作为从事土木工程勘察、设计、施工的技术人员和报考土木工程等专业硕士研究生、注册结构工程师、注册岩土工程师的参考书。

图书在版编目(CIP)数据

土力学 / 舒志乐,刘保县主编.--2 版.--重庆:
重庆大学出版社,2018.8(2023.1 重印)
高等学校土木工程专业规划教材
ISBN 978-7-5624-9233-7

Ⅰ.①土… Ⅱ.①舒…②刘… Ⅲ.①土力学—高等
学校—教材 Ⅳ.①TU43

中国版本图书馆 CIP 数据核字(2018)第 168381 号

高等学校土木工程专业规划教材
土力学(第 2 版)
主 编 舒志乐 刘保县
副主编 赵宝云 张 英 耿佳弟
责任编辑:刘颖果 版式设计:刘颖果
责任校对:刘 刚 责任印制:赵 晟
*
重庆大学出版社出版发行
出版人:饶帮华
社址:重庆市沙坪坝区大学城西路 21 号
邮编:401331
电话:(023)88617190 88617185(中小学)
传真:(023)88617186 88617166
网址:http://www.cqup.com.cn
邮箱:fxk@cqup.com.cn(营销中心)
全国新华书店经销
重庆天旭印务有限责任公司印刷
*
开本:787mm×1092mm 1/16 印张:16.75 字数:418 千
2018 年 8 月第 2 版 2023 年 1 月第 4 次印刷
印数:8 001—10 000
ISBN 978-7-5624-9233-7 定价:45.00 元

前言

在面向 21 世纪的课程体系里,"土力学"是土木、路桥、水利等有关专业的重要专业基础课,同时被列入国家工科力学基地建设的课程之一。为深入贯彻落实《高等教育面向 21 世纪教学内容和课程体系改革计划》及全国普通高等学校教学工作会议的有关精神,深化教育教学改革,提高土木工程专业基础知识的教学质量,按照教育部"以教育思想、观念改革为先导,以教学改革为核心,以教学基本建设为重点,注重提高质量,努力办出特色"的基本思路,同时基于土力学学科迅速发展的需要,我们编写了这本《土力学》教材。

本教材是根据《高等学校土木工程本科指导性专业规范》和本课程教学大纲的要求编写的。在编写过程中征求了有关学校对本课程教学的意见,考虑了宽口径专业设置教学改革的需要,对教学内容进行了拓宽,涵盖了建筑工程、公路与城市道路、桥梁工程、地下建筑工程等专业知识。全书在写作上力求重点突出、深入浅出,同时注重并加强了各章之间的相互衔接;各章还附有习题,以进一步巩固学生对本课程知识的掌握。

"土力学"是高等学校土木工程专业必修的一门课程,其理论性和实践性都很强。本书在基本原理和方法的选用上以工程实用为主,并兼顾反映国内外的先进技术水平。理论部分以讲解基本假定和基本概念为主;应用部分注重贯彻现行规范、标准的规定,但尽量以共性内容为主,避免其简单地成为规范的说明书,有利于培养读者的工程实践能力。

本教材广泛吸收了国内外优秀教材及研究成果,具有体系完整、内容全面、例题丰富、适应面广等特点。在编写过程中,努力做到内容深入浅出、重点突出、图文详尽、例题典型,力求考虑学科发展新水平,结合新规范,反映土力学的成熟成果与观点。

限于编者的水平,书中难免存在不妥之处,敬请专家学者和广大读者批评指正。

编 者
2018 年 6 月

目录

第1章　绪　论

1.1　土力学的概念及学科特点

土力学是研究土体的应力、变形、强度、渗流及长期稳定性的一门学科。广义的土力学又包括土的生成、组成、物理化学性质及分类在内的土质学。土力学也是一门实用的学科,它是土木工程的一个分支,主要研究土的工程性质,解决工程问题。

在自然界中,地壳表层分布有岩石圈(广义的岩石包括基岩及其覆盖土)、水圈和大气圈。岩石是一种或多种矿物的集合体,其工程性质在很大程度上取决于它的矿物成分,而土就是岩石风化的产物。土是由岩石经物理、化学、生物风化作用以及剥蚀、搬运、沉积作用等在交错复杂的自然环境中所生成的各类沉积物。因此,土的类型及其物理、力学性状千差万别,但在同一地质年代和相似沉积条件下,又有其相近性状的规律性。强风化岩石接近土性,也属于土质学与土力学的研究范畴。

土中固体颗粒是岩石风化后的碎屑物质,简称土粒。土粒集合体构成土的骨架,土骨架的孔隙中存在液态水和气体。因此,土是由土粒(固相)、土中水(液相)和土中气(气相)所组成的三相物质;当土中孔隙被水充满时,则是由土粒和土中水组成的二相体。土体具有与一般连续固体材料(如钢、木、混凝土及砌体等建筑材料)不同的孔隙特性,它不是刚性的多孔介质,而是大变形的孔隙性物质。在孔隙中水的流动显示土的渗透性(透水性);土孔隙体积的变化显示土的压缩性、胀缩性;在孔隙中土粒的错位显示土内摩擦和黏聚的抗剪强度特性。土的密度、孔隙率、含水量是影响土的力学性质的重要因素。土粒大小悬殊甚大,大于 60 mm 粒径的为巨粒粒组,小于 0.075 mm 粒径的为细粒粒组,介于 0.075 ~ 60 mm 粒径的为粗粒粒组。

工程用土总的分为一般土和特殊土。广泛分布的一般土又可以分为无机土和有机土。原始沉积的无机土大致可分为碎石类土、砂类土、粉性土和黏性土四大类。当土中巨粒、粗粒粒组的含量超过全重的 50% 时,属于碎石类的土或砂类土;反之,属于粉性土或黏性土。碎石土和砂类土总称为无黏性土,一般特征是透水性大,无黏性,其中砂类土具有可液化性;黏性土的透水性小,具有可塑性、湿陷性、胀缩性和冻胀性;而粉性土兼有砂类土的可液化性和黏性土的可塑性等。特殊土有遇水沉陷的湿陷性土(如常见的湿陷性黄土)、湿胀干缩的胀缩性土(习惯上称膨胀土)、冻胀性土(习惯上称冻土)、红黏土、软土、填土、混合土、盐渍土、污染土、风化岩与残积土等。

综上所述,土的种类繁多,其工程性质十分复杂,通过土工试验发现土的应力-应变关系的非线弹性特点,在没有深入了解土的力学性质的变化规律,在没有条件进行精确计算以前,不得不将土工问题计算做出必要的简化。例如,采用弹性理论求解土中应力分布,而用塑性理论求解地基承载力,将土体的变形和强度分别作为独立的求解课题。20世纪60年代以来,电子计算机问世,已可将更接近于土本质的力学模型进行复杂的快速计算,现代科学计算的发展也提高了土工试验的测试精度,发现了许多过去观察不到的新现象,为建立更接近实际的数学模型和测定正确的计算参数提供了可靠依据。但由于土的力学性质的复杂性,对土的本构模型(即土的压力—变形—强度—时间模型)的研究以及计算参数的测定,均远落后于计算技术的发展;而且计算参数的选择不当所引起的误差,远大于计算方法本身的精度范围。因此,对土的基本力学性质的研究和对土的本构模型与计算方法的验证,是土力学的两大重要研究课题。

在土木工程中,天然土层常被作为各种建筑物的地基,如在土层上建造房屋、桥梁、涵洞、堤坝等;或利用土作为建筑物周围的环境,如在土层中修筑地下建筑、地下管道、渠道、隧道等;还可利用土作为土工建筑物的材料,如修建土堤、土坝等。因此,土是土木工程中应用最广泛的一种建筑材料或介质。

地基基础与场地稳定性密切关联,要对场地稳定性进行评价,对建筑群选址或道路选线的可行性方案进行论证,对建筑物地基基础或路基进行经济合理的设计,尚需具备工程地质学、岩体力学等学科的基本知识,这也是土力学学科的一个特点。

1.2 土力学的发展简史

早在新石器时代,人类已开始建造原始的地基基础,西安半坡遗址的土台和石基础即为一例。公元前二世纪修建的万里长城,后来修建的南北大运河、黄河大堤以及宏伟的宫殿、寺庙、宝塔等建筑,都有坚固的地基基础,经历地震强风考验,留存至今。隋朝修建的河北省赵州桥,为世界最早最长的石拱桥,全桥仅一孔石拱横越洨河,净跨达37.02 m。此石拱桥两端主拱肩部设有两对小拱,结构合理,造型美观,节料减重,简化桥台,增加稳定性,桥宽8.4 m,桥下通航,桥上行车。桥台位于粉土天然地基上,基底压力达500~600 kPa,从1390年以来沉降与位移甚微,至今安然无恙。1991年赵州桥被列为"国际历史土木工程第12个里程碑"。公元989年建造开封开宝寺木塔时,预见塔基土质不均会引起不均匀沉降,施工时特意做成倾斜,待沉降稳定后塔身正好竖直。此外,在西北地区黄土中大量建窑洞,以及采用石料基垫、灰土地基等,积累了丰富的地基处理经验。

18世纪产业革命后,城市建设、水利工程和道路桥梁的兴建,推动了土力学的发展。1773年法国的库仑根据试验,创立了著名的土的抗剪强度的库仑定律和土压力理论;1857年英国的朗肯又提出一种土压力理论;1885年法国的布辛奈斯克(J. Boussinesq)求得半无限空间弹性体,在竖向集中力作用下,全部6个应力分量和3个变形的理论解;1922年瑞典费伦纽斯为解决铁路滑坡,完善了土坡稳定分析圆弧法。这些理论与方法至今仍在广泛应用。1925年美国土力学家太沙基发表第一部土力学专著,使土力学成为一门独立的学科。为了总结和交流世界各国的理论和经验,自1936年起,每隔4年召开一次国际土力学和基础工程会议。各地区也召开类似的专业会,提出大量论文与研究报告。

近年来,世界各国超高土石坝、超高层建筑与核电站等巨型工程的兴建,各国多次强烈地震的发生,促进了土力学的进一步发展。有关单位积极研究土的本构关系、土的弹塑性与黏弹性理论和土的动力特性。同时,各国研制成功多种多样的工程勘察、试验与地基处理的新设备,如自动记录静力触探仪、现场孔隙水压力仪、径向膨胀仪、测斜仪、自进式旁压仪、应用放射性同位素测土的物理性质指标仪、薄壁原状取土器、高压固结仪、自动固结仪、大型三轴仪、振动三轴仪、真三轴仪、大型离心机、流变仪、震冲器、三重管旋喷器、粉喷机、塑料排水板插板机、扩底桩机械扩底机等,为土力学理论研究和地基基础工程的发展提供了良好的条件。

经过 30 多年的努力,现代土力学在下列几方面取得了重要进展:

①线性模型和弹塑性模型的深入研究和大量应用;

②损伤力学模型的引入与结构性模型的初步研究;

③非饱和土固结理论的研究;

④砂土液化理论的研究;

⑤剪切带理论及渐进破损问题的研究;

⑥土的细观力学研究。

1.3　土力学在工程建设中的地位

所有的工程建设项目,包括高层建筑、高速公路、机场、铁路、桥梁、隧道等,都与它们赖以存在的土体有着密切关系,在很大程度上取决于土体能否提供足够的承载力,取决于工程结构是否遭受超过允许的沉降和差异变形等,这就要涉及土中应力计算、土的压缩性、土的抗剪强度以及地基极限承载力等土力学基本理论。

在路基工程中,土既是修筑路堤的基本材料,又是支承路堤的地基。路堤的临界高度和边坡的取值都与土的抗剪强度指标及土体的稳定性有关;为了获得具有一定强度和良好水稳定性的路基,需要采用碾压的施工方法压实填土,而碾压的质量控制方法正是基于对土的击实特性的研究成果;挡土墙涉及的侧向荷载——土压力的取用需借助于土压力理论计算;近年来,我国高速公路大量修建,对路基的沉降与控制提出了更高的要求,而解决沉降问题需要对土的压缩特性进行深入研究。

水工建筑物在复杂荷载作用(尤其是水平荷载)下,常发生水平滑移和倾斜,这种现象在我国港口及近海工程中较为常见。如原胜利 4 号坐底式钻井平台和前渤海 2 号沉垫自升式钻井平台,由于波浪水流等荷载的作用,在渤海湾浅水区作业时,曾发生多次水平滑移,致使正在钻井的井位报废,造成重大经济损失。同样,在水平荷载作用下,水工建筑物发生倾覆也是建筑物破坏的形式之一。

由此可见,土力学这门课程与土木工程专业课的学习和今后的土木工程技术工作有着非常密切的关系,对地基的设计、施工及对建筑的抗震性能具有相当重要的作用,对土木工程的发展起着举足轻重的作用。它主要研究土体的地质特性及其在工程活动影响下的应力、变形、强度和稳定性。随着人口不断密集,人类活动的范围日益狭小,现代工程建设不得不向高(高层建筑)、深(地下工程)、远(高速公路/铁路)的方向发展。同时通过对不良场地土体的改善进行工程建设,可以充分利用日益紧缺的土地资源。因此,土力学在现代交通、土木工程建设事业中拥有着非常重要的地位。

1.4　土力学课程的特点及学习方法

本课程是土木工程专业的一门主干的专业基础课程。其涉及工程地质学、结构设计和施工等几个学科领域,内容广泛,综合性、理论性和实践性都很强,故学习应突出重点、顾及全面。下面就如何学习这门课程,提出几点建议以供参考。

①着重搞清基本概念、基本理论,掌握基本计算方法,同时还应注意它们的基本假定和使用条件。基本概念、基本理论是进行分析、计算的前提,概念、理论的掌握要重在理解,把握实质;基本计算方法多是一些通用的、易于掌握的方法,应充分理解,熟练掌握。由于土力学问题十分复杂,其中的许多计算理论和公式是在某些假设和简化前提下建立的,如土中应力计算、土的压缩变形与地基固结沉降计算方法、土的抗剪强度等。因此,在学习中应当了解这些理论难以模拟、概括土各种力学性状全貌的不完善之处,注意这些理论在工程实际使用中的适用条件,全面掌握这些基本理论和方法,学会将其应用到工程实际中,并通过实际工程中经验的积累,对其进行验证、完善和发展。

②把握各理论之间的相互联系,明晰学习思路。尽管土力学内容非常广泛,但教材各章都是从不同的角度阐述土的应力、变形、渗流及稳定问题,抓住这一线索,找出各章间的内在联系,做到融会贯通,使得纷杂的土力学知识变得相对体系化。

③重视理论和计算的同时,应注意掌握土力学指标和参数的相关试验技术。解决岩土工程问题的关键步骤之一是土的计算指标和参数的确定,以及土的工程性质指标,包括物理性质和力学性质指标,要掌握颗粒分析,密度,含水量和液、塑限等基本物理性质的测定方法,以及直剪、固结等基本力学性质指标的测定方法,了解三轴试验的基本原理和数据分析处理方法。

在本课程的学习中,必须自始至终抓住土的变形、强度和稳定性问题这一重要线索,并特别注意认识土的多样性和易变性等特点。此外,还必须掌握有关的土工试验技术及地基勘察知识,对建筑场地的工程地质条件作出正确的评价,才能运用土力学的基本知识去正确解决基础工程中的疑难问题。

第2章 土的物理性质及工程分类

地壳的表层是由基岩及其覆盖土组成的。岩石发生风化作用后,原来高温高压下形成的矿物被破坏,形成一些在常温常压下较稳定的新矿物,构成陆壳表层风化层。风化层之下的完整岩石称为基岩,所谓覆盖土是指覆盖于基岩之上各类土的总称。土是由岩石经风化、剥蚀、搬运、沉积作用形成的松散沉积物。没有经过搬运,堆积在原来地方的土称为残积土,一般分布在山顶或山坡上。土由于生成条件、环境的不同,土的成分、结构和构造也不同,其物理力学性质相差很大。土既可以作为建筑工程材料,用来烧制砖瓦或作为路基材料,也可以作为建筑物及构筑物地基。不加处理就能满足强度和变形要求,直接进行工程建设的地基,称为天然地基;经过换土垫层、排水固结等措施处理后才能进行工程建设的地基,称为人工地基。

土是由固相、液相、气相组成的三相体系,其中固相指的是土颗粒,它是土的骨架;液相指的是土中的水;气相指的是土中的气体。土在特定条件下也可以为二相体系,如当土中没有水或没有气体的时候。土是在自然界漫长的地质历史时期演化形成的多矿物组合体,各种土的矿物成分、颗粒大小不尽相同,故土体性质复杂,极不均匀,因此,土的三相之间的比例关系差别很大。同时,在荷载作用下土中的气体和水可以排出,三相之间的比例关系还会随时间、荷载条件和气候条件等不断发生变化,这将直接影响土的工程性质。因此,要研究土的性质,就必须研究土的三相组成以及土的结构、构造等特征。

从物理的观点,定量地描述土粒的物理特性、土的物理状态,以及三相比例关系(即构成土的各种物理指标)是非常必要的。土的三相组成物质、三相比例、土的结构和构造不同,土的密度、密实程度、软硬或干湿状态等就会有所不同,土的物理性质又在一定程度上决定了它的力学性质(如压缩性、强度、渗透性等),因此土的物理性质是土最基本的工程特性。

2.1 土的形成

地球表面的整体岩石在阳光、大气、水和生物等因素影响下发生风化作用,使岩石崩解、破碎,经流水、风、冰川等动力作用,形成形状各异、大小不一的颗粒。这些颗粒受各种自然力作用,在各种不同的自然环境下堆积起来,就形成了土。因此,通常说土是岩石风化的产物。

堆积下来的土,在很长的地质年代中发生复杂的物理化学变化,逐渐压密、岩化,最终又会形成岩石,这就是沉积岩。这种长期的地质过程称为沉积过程。因此,在自然界中,岩石不断风化破碎形成土,而土又不断压密、岩化而形成岩石。这一循环过程永无休止地重复进行。

2.1.1　风化作用

岩石的风化是岩石在自然界各种因素和外力作用下遭到破碎和分解,产生颗粒变小及化学成分改变的现象。岩石风化后产生的物质,其性质与原生岩石的性质有很大区别。通常把风化作用分为物理风化、化学风化和生物风化3类。这3类风化经常是同时作用并且互相联系的。

1)物理风化

岩石中发生的只改变颗粒的大小与形状,而不改变原来矿物成分的变化过程称为物理风化。物理风化一般包括岩石在经受风、霜、雨、雪等自然力的影响下而发生的机械破碎作用、周围环境的温度和湿度发生变化引起的不均匀膨胀与收缩而产生的破裂作用等。

2)化学风化

岩石与周围环境中的水、氧气和二氧化碳等物质的长时间接触,其内部的化学成分逐渐发生变化,从而导致其组成矿物成分发生改变的过程称为化学风化。由化学风化而产生的一些新的矿物成分称为次生矿物。

3)生物风化

动植物和人类活动对岩石的破坏作用称为生物风化。例如,树在岩石缝隙中生长时树根伸展使岩石缝隙扩展开裂,人类开采矿石、修建隧道时的爆破工作,对周围岩石产生的破坏等。生物风化的方式又可分为物理生物风化和化学生物风化两种形式。

2.1.2　不同形成条件下的土

土的工程特性与其形成条件有很大的关系。根据土的形成条件可将土分为两大类,一类为残积土,另一类为运积土。

1)残积土

岩石风化后产生的碎屑物质,一部分被风和降水带走,一部分保留在原地。保留在原地的风化碎屑物质所构成的土称为残积土,它的特征是颗粒表面粗糙、多棱角、粗细不均、无层理。

2)运积土

运积土是指风化所形成的土颗粒,受自然力的作用,被搬运到远近不同地点所沉积的堆积物,其特点是颗粒经过滚动和摩擦作用而变圆滑。在沉积过程中因受水流等自然力的分选作用而形成颗粒粗细不同的层次,由于粗颗粒下沉快,细颗粒下沉慢而形成不同粒径的土层。搬运和沉积过程对土的性质影响很大,下面将根据搬运动力不同,介绍几类运积土。

①坡积土:残积土受重力和暂时性流水(雨水、雪水)的作用,搬运到山坡或坡脚处沉积起来的土,坡积颗粒随斜坡自上而下呈现由粗而细的分选性和局部层理。

②洪积土:残积土和坡积土受洪水冲刷、搬运,在山沟出口处或山前平原沉积下来的土,随离山远近有一定的分选性,颗粒有一定的磨圆度。

③冲积土:河流的流水作用搬运到河谷坡降平缓的地带沉积下来的土,这类土经过长距离的搬运,颗粒具有较好的分选性和磨圆度,常形成砂层和黏性土层交叠的地层。

④风积土:由风力搬运形成的土,其颗粒磨圆度好,分选性好。我国西北地区黄土就是典型的风积土。

⑤湖泊沼泽沉积土:在湖泊及沼泽等极为缓慢水流或静水条件下沉积下来的土,或称淤积土。这类土除了含大量细微颗粒外,常伴有生物化学作用所形成的有机物,成为具有特殊性质的淤泥或淤泥质土。

⑥海相沉积土:由河流流水搬运到海洋环境下沉积下来的土。

⑦冰积土:由冰川或冰水夹带搬运形成的沉积物,其颗粒粗细变化大,土质不均匀。

3)土的特点

土的上述形成过程决定了它具有特殊的物理力学性质。与一般建筑材料相比,土具有3个重要特点。

①散体性:颗粒之间无黏结或有一定的黏结,存在大量孔隙,可以透水、透气。

②多相性:土往往是由固体颗粒、水和气体组成的三相体系,相系之间质和量的变化直接影响它的工程性质。

③自然变异性:土是在自然界漫长的地质历史时期演化形成的多矿物组合体,性质复杂,不均匀,且随时间还在不断变化。

2.2 土的三相组成与土的结构

如前所述,土是由固体颗粒、水和气体三部分所组成的三相体系。土的固体颗粒主要由矿物颗粒、有机物颗粒及岩屑颗粒构成土的骨架部分,即固相;土孔隙中的水及其溶解物构成土中液体部分,即液相;空气及其他气体构成土中气体部分,即气相。

2.2.1 土中固体颗粒

土的固体颗粒(简称土颗粒或土粒)的大小、形状、矿物成分及其组成情况是决定土的物理力学性质的重要因素。粗大的土粒往往是岩石经物理风化形成的碎屑,其形状呈块状或粒状;细小的土粒往往是化学风化形成的次生矿物(如颗粒极细的黏土矿物)和有机质,其形状主要呈片状。土颗粒越细,单位体积内颗粒的表面积就越大,与水接触的面积就越多,颗粒间相互作用的能力就越强。

1)颗粒级配

颗粒的大小用粒径来表示。土粒的粒径变化时,土的性质也相应地发生变化。因此,可将土中各种不同粒径的土粒,按粒径的大小分组,即某一级粒径的变化范围,称为粒组。同一粒组内的土颗粒具有相似的性质。划分粒组的分界尺寸称为界限粒径。根据界限粒径200,20,2,0.075和0.005 mm把土粒分为六大粒组,如表2.1所示。

表 2.1　土粒粒组的划分

粒组名称		粒径范围/mm	一般特征
漂石或块石颗粒		>200	透水性很大,无黏性,无毛细水,不能保持水分
卵石或碎石颗粒		200~20	
圆砾或角砾颗粒	粗	20~10	透水性大,无黏性,毛细水上升高度不超过粒径大小,不能保持水分
	中	10~5	
	细	5~2	
砂粒	粗	2~0.5	易透水,无黏性,无可塑性,毛细水上升高度很小
	中	0.5~0.25	
	细	0.25~0.1	
	极细	0.1~0.075	
粉粒	粗	0.075~0.01	透水性小,湿时稍有黏性,毛细水上升高度较大、较快,在水中易悬浮,易出现冻胀现象
	细	0.01~0.005	
黏粒		<0.005	透水性很小,湿时有黏性、可塑性,其性质随含水量变化,毛细水上升高度大,但其速度较慢

注:①漂石、卵石和圆砾颗粒均呈一定的磨圆形状(圆形或亚圆形),块石、碎石和角砾颗粒都带有棱角;
　　②粉粒或称粉土粒,粉粒的粒径上限 0.075 mm 相当于 200 号标准筛的孔径;
　　③黏粒或称黏土粒,黏粒的粒径上限也采用 0.002 mm 为准。

为了定量地描述土颗粒的组成情况,不仅要了解土颗粒的粗细,而且要了解各种颗粒所占的比例,特别是不同粒组在混合土中所占的比例。混合土的性质不仅取决于所含颗粒的大小程度,更取决于不同粒组的相对含量,即土中各粒组的含量占土样总质量的百分数。土中各种大小的粒组中土粒的相对含量称为土的级配。土的级配好坏将直接影响土的工程性质,级配良好的土,压实后能达到较高的密实度,因而其强度高、压缩性低;反之,级配不良的土,其压实密度小、强度低。

(1)颗粒分析试验

测定土中各粒组颗粒质量占该土总质量的百分数,确定粒径分布范围的试验称为土的颗粒分析试验。通过试验可以了解土的颗粒级配情况,以便进行土的工程分类及判别土的工程性质。常用的试验方法有筛分法和水分法(又称沉降分析法)两种。筛分法适用于粒径大于0.075 mm 的土,水分法适用于粒径小于 0.075 mm 的土。当土中兼有大于和小于 0.075 mm 土粒的混合土样时,配合使用这两种方法便可以确定各粒组的含量。

筛分法适用于颗粒大于 0.075 mm 的土。它是将风干、分散的代表性土样,通过一套自上而下孔径由大到小的标准筛(如 20,2,0.5,0.25,0.1,0.075 mm),称出留在各筛子上的干土重,即可求各粒组的相对含量,通过计算可得到小于某一筛孔直径土粒的累计质量及累计质量百分含率。

沉降分析法用于分析粒径小于 0.075 mm 的土。沉降分析法的理论基础是土粒在水(或均匀悬液)中的沉降原理,如图 2.1 所示。当土样被分散于水中后,土粒下沉时的速度与土粒形状、粒径、(质量)密度以及水的黏滞度有关。当土粒简化为理想球体时,土粒的沉降速度可以

用斯托克斯(Stokes,1845)定律来计算:

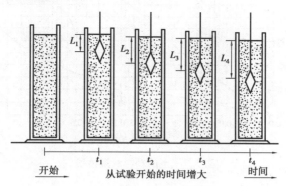

图 2.1　土粒在悬液中的沉降

$$v = \frac{\rho_s - \rho_w}{18\eta} g d^2 \tag{2.1}$$

式中　v——土粒在水中的沉降速度,cm/s;

　　　g——重力加速度,9.81 m/s²;

　　　ρ_s,d——土粒的密度(g/cm³)和直径(cm);

　　　ρ_w,η——水的密度(g/cm³)和黏滞度(10^{-3}Pa·s)。

进一步考虑将速度 v 和土粒密度 ρ_s 分别表达为:

$$\rho_s = d_s \rho_{w1} \approx d_s \rho_w \; \text{和} \; v = \frac{\text{距离}}{\text{时间}} = \frac{L}{t}$$

代入式(2.1),可变换为:

$$d = \sqrt{\frac{18\eta}{(d_s - 1)\rho_w g}} \sqrt{\frac{L}{t}} \tag{2.2}$$

水的 η 值由温度确定,斯托克斯定律假定:颗粒是球形的;颗粒周围的水流是线流;颗粒大小要比分子大得多。理论公式求得的粒径并不是实际的土粒尺寸,而是与实际土粒在液体中具有相同沉降速度的理想球体的直径,称为水力当量直径。此时,土粒沉降距离 L 处的悬浮密度,可采用密度计法(即比重计法)或移液管法测得,并可由此计算出小于该粒径 d 的累计百分含量。采用不同的测试时间 t,即可测得细颗粒各粒组的相对含量。

(2)颗粒级配曲线

根据粒度成分分析试验结果,常用粒径累计曲线表示土的颗粒级配。该法是比较全面和通用的一种图解法,其特点是可简单获得定量指标,特别适用于几种土级配好与差的相对比较。粒径累计曲线法的横坐标为粒径,由于土粒粒径的值域很宽,因此采用对数坐标表示;纵坐标为小于(或大于)某粒径的土重(累计百分)含量,如图2.2所示。由粒径累计曲线的坡度可以大致判断土粒均匀程度或级配是否良好。如曲线较陡(曲线 a),表示粒径大小相差不多,土粒较均匀,级配不良;反之,曲线平缓(曲线 b),则表示粒径大小相差悬殊,土粒不均匀,级配良好。

为了判断土的级配优劣,采用不均匀系数 C_u 和曲率系数 C_c 两个指标:

不均匀系数
$$C_u = \frac{d_{60}}{d_{10}} \tag{2.3}$$

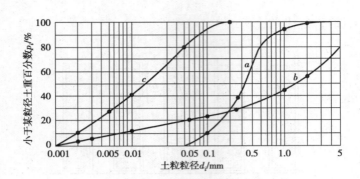

图 2.2　土的颗粒级配曲线

曲率系数
$$C_c = \frac{d_{30}^2}{d_{60} \cdot d_{10}}$$
(2.4)

式中　d_{60}——累积曲线上小于某粒径的质量分数为 60% 时所对应的粒径值,称为土的限制
　　　　　粒径;

　　　d_{10}——累积曲线上小于某粒径的质量分数为 10% 时所对应的粒径值,称为土的有效
　　　　　粒径;

　　　d_{30}——累积曲线上小于某粒径的质量分数为 30% 时所对应的粒径值,称为土的中值
　　　　　粒径。

不均匀系数 C_u 越大,表示土中所含粒径越不均匀。工程上把 $C_u \geqslant 5$ 看成级配不均匀,把 $C_u < 5$ 看成级配均匀。曲率系数 C_c 反映累积曲线弯曲的程度。当 $C_c = 1 \sim 3$ 时,则认为级配是合适的。级配良好的土必须同时满足两个条件,即 $C_u \geqslant 5$,$C_c = 1 \sim 3$。

【例 2.1】　土工试验颗粒分析的留筛质量见表 2.2,底盘内试样质量 20 g,试计算试样的不均匀系数 C_u 和曲率系数 C_c。

表 2.2　土工试验颗粒分析的留筛质量

筛孔孔径/mm	2.0	1.0	0.5	0.25	0.075
留筛质量/g	50	150	150	100	30

【解】　土的总质量 = 50 + 150 + 150 + 100 + 30 + 20 = 500(g)

不同粒径土粒所占百分率:

粒径 < 2.0 mm　　$1 - \dfrac{50}{500} = 0.9 = 90\%$

粒径 < 1.0 mm　　$1 - \dfrac{50 + 150}{500} = 0.6 = 60\%$

粒径 < 0.5 mm　　$1 - \dfrac{50 + 150 + 150}{500} = 0.3 = 30\%$

粒径 < 0.25 mm　　$1 - \dfrac{50 + 150 + 150 + 100}{500} = 0.1 = 10\%$

粒径 < 0.075 mm　　$1 - \dfrac{50 + 150 + 150 + 100 + 30}{500} = 0.04 = 4\%$

所以 $d_{60} = 1.0$ mm,$d_{30} = 0.5$ mm,$d_{10} = 0.25$ mm

$$C_u = \frac{d_{60}}{d_{10}} = \frac{1.0}{0.25} = 4$$

$$C_c = \frac{d_{30}^2}{d_{10} \times d_{60}} = \frac{0.5^2}{0.25 \times 1.0} = 1.0$$

曲率系数 C_c 反映累积曲线的分布范围,曲线的整体形状。砂类土同时满足 $C_u \geqslant 5$,$C_c = 1 \sim 3$ 时为级配良好的砂或砾。

2) 矿物成分

土粒的矿物成分与其成土过程中的风化作用关系密切。在物理风化作用下,土粒保持与成土原岩相同的矿物成分,如长石、石英、云母颗粒,在化学风化作用下,由于改变了成土原岩原来的矿物成分,形成了新矿物,即次生矿物,如蒙脱石、伊利石、高岭石颗粒。一般来说,物理风化生成的原生矿物颗粒较粗,如砾石、砂粒;化学风化的次生矿物颗粒较细,如某些黏土颗粒。

粉粒的矿物成分主要是由化学性稳定(如石英)或硬度较小的原生矿物(如白云母、长石)所组成。

在电子显微镜下观察到的黏土矿物呈鳞片状或片状的晶体。经 X 射线分析证明,其内部具有层状晶体构造,即其原子排列成一定的几何形态,并且是由两个基本结晶单元(称为晶片)构成的:一种是硅氧晶片,它的基本单元是 Si—O 四面体;另一种是铝氢氧晶片,它的基本单元是 Al—OH 八面体,如图 2.3 所示。

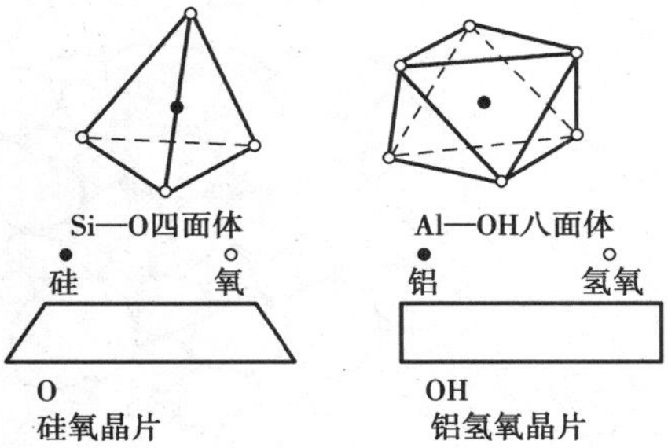

由于晶片结合情况不同,就形成了具有不同性质的各种黏土矿物,其中主要有蒙脱石、伊利石、高岭石三类。

图 2.3 黏土矿物晶片示意图

蒙脱石的结构单元是由两层硅氧晶片之间夹一层铝氢氧晶片结合而形成基本层组(也称晶胞),多个层组叠加在一起形成一个矿物颗粒。由于这种层组表面分布的是氧原子,其间没有氢键,因此联结力很弱,可以吸进很多水分子,如图 2.4(a)所示。吸入的水分子可以使颗粒从层组间断开,而分成更小的颗粒,甚至可分成单个层组的颗粒。所以蒙脱石颗粒最小,亲水性最大,具有膨胀性和收缩性。

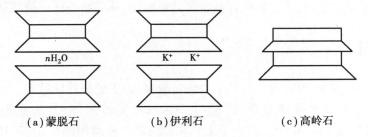

(a)蒙脱石　　　　(b)伊利石　　　　(c)高岭石

图 2.4 黏土矿物构造单元示意图

伊利石的结构单元类似于蒙脱石,但 Si—O 四面体中的 4 价硅离子 Si^{4+} 可以部分被 3 价铝离子 Al^{3+} 和铁离子 Fe^{3+} 所取代,并在相邻的层组间可能出现若干 1 价钾离子 K^+,使其联结力较蒙脱石大,所以伊利石颗粒大小和亲水性介于蒙脱石和高岭石之间,如图 2.4(b)所示。

高岭石的结构单元是由一层硅氧晶片与一层铝氢氧晶片交替构成的基本层组,许多这样的层组叠加在一起构成矿物颗粒。这种基本层组的一面露出的氢氧基与另一面露出的氧原子相遇,具有较强的联结力,水分子不能进入,难以使层组之间断开,天然颗粒常能保持较多层组(100个以上),所以高岭石颗粒较大,亲水性最小,如图2.4(c)所示。

3)颗粒形状与比表面积

原生矿物一般颗粒粗,呈粒状,即3个方向的尺度基本上同一数量级,如图2.5所示。次生矿物颗粒细微,多呈片状或针状,如图2.6所示。土的颗粒越细,形状越扁平,则表面积与质量之比越大。单位质量土颗粒所拥有的表面积称为比表面积A_s,可用下式表示:

$$A_s = \frac{\sum A}{m} \tag{2.5}$$

式中 $\sum A$—— 全部土颗粒的表面积之和,m^2;

       m——土的质量,g。

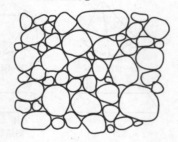 

图2.5   粗粒土的形状   图2.6   黏土颗粒的形状

例如,当颗粒为直径0.1 mm的圆球时,比表面积约为0.03 m^2/g。高岭石的比表面积为10~20 m^2/g,伊利石为80~100 m^2/g,而蒙脱石高达800 m^2/g。

如前所述,黏土颗粒的带电性质都发生在颗粒的表面上,所以,对于黏性土,比表面积的大小直接反映土颗粒与四周介质(特别是水)相互作用的强烈程度,是代表黏性土特征的一个很重要的指标。

对于粗粒土,由于表面积不具有带电性质,比表面积没有很大的意义。研究颗粒的形状应着重于研究颗粒的磨圆度,因为它影响到颗粒间的粗糙度,从而影响土的抗剪强度。

2.2.2   土中水

土中水可以处于液态、固态或气态。土中细粒越多,即土的分散度越大,土中水对土性影响也越大。一般液态土中水可视为中性、无色、无味、无臭的液体,其质量密度在4 ℃时为1 g/cm^3,重力密度为9.81 kN/m^3。存在于土粒矿物的晶体格架内部或是参与矿物构造中的水称为矿物内部结合水,它只有在比较高的温度(80~680 ℃,随土粒的矿物成分不同而异)下才能化为气态水而与土粒分离。从土的工程性质上分析,可以把矿物内部结合水当作矿物颗粒的一部分。存在于土中液态的水可分为自由水和结合水两大类。

1)结合水

当土粒与水相互作用时,土粒会吸附一部分水分子,在土粒表面形成一定厚度的水膜,成为结合水,如图2.7所示。结合水是指受电分子吸引力吸附于土粒表面的土中水,或称为束缚水、吸附水。越靠近土粒表面的水分子,受土粒的吸引力越强,与正常水的性质差别越大。因此,按这种吸附力的强弱,结合水进一步分为强结合水和弱结合水。

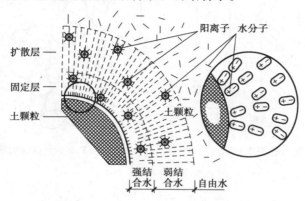

图2.7 结合水分子定向排列示意图

强结合水是指紧靠土粒表面的结合水膜,亦称吸着水。它的特征是没有溶解盐类的能力,不能传递静水压力,只有吸热变成蒸汽时才能移动。黏性土中只含有强结合水时,呈固体状态,磨碎后则呈粉末状态。

弱结合水是紧靠于强结合水的外围而形成的结合水膜,亦称薄膜水。当土中含有较多的弱结合水时,土则具有一定的可塑性。砂土比表面积较小,几乎不具有可塑性,而黏性土的比表面积较大,其可塑性范围就大。弱结合水离土粒表面越远,其受到的电分子吸引力越弱,并逐渐过渡到自由水。弱结合水的厚度,对黏性土的黏性特征及工程性质有很大影响。

2) 自由水

自由水是存在于土粒表面电场影响范围以外的水。它的性质和正常水一样,能传递静水压力,冰点为 0 ℃,有溶解能力。自由水按其移动所受作用力的不同,可以分为重力水和毛细水。

重力水是存在于地下水位以下透水层中的地下水,它是在重力或水头压力作用下运动的自由水,对土粒有浮力作用。重力水的渗流特征,是地下工程排水和防水工程的主要控制因素之一,对土中的应力状态和开挖基槽、基坑以及修筑地下构筑物有重要的影响。

毛细水是存在于地下水位以上,受到水与空气交界面处表面张力作用的自由水。毛细水按其与地下水面是否联系,可分为毛细悬挂水(与地下水无直接联系)和毛细上升水(与地下水相连)。在毛细水带内,只有靠近地下水位的一部分土才被认为是饱和的,这一部分就称为毛细水饱和带(图2.8)。毛细水的上升高度与土中孔隙的大小和形状、土粒矿物组成以及水的性质有关。在砂土中,毛细水上升高度取决于土粒粒度,一般不超过 2 m;在粉土中,由于其粒度较小,毛细水上升高度最大,往往超过 2 m;黏性土的粒度虽然较粉土更小,但是由于黏土矿物颗粒与水作用,产生了具有黏滞性的结合水,阻碍了毛细通道,因此黏土中的毛细水的上升高度反而较低。

分布在土粒内部间相互贯通的孔隙,可以看成是许多形状不一、直径互异、彼此连通的毛细管,如图2.9所示。按物理学概念,在毛细管周壁,水膜与空气的分界处存在着表面张力 T。水膜表面张力 T 的作用方向与毛细管壁成夹角 α。由于表面张力的作用,毛细管内的水被提升到自由水面以上高度 h_c 处。分析高度为 h_c 的水柱的静力平衡条件,因为毛细管内水面处即为大气压,若以大气压力为基准,则该处压力 $p_a = 0$。

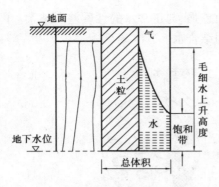

图 2.8　土层内的毛细水带

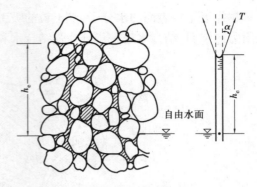

图 2.9　土中的毛细升高

故

$$\gamma_w \pi r^2 h_c = 2\pi r T \cos \alpha$$

$$h_c = \frac{2T \cos \alpha}{r \gamma_w} \tag{2.6}$$

式中,水膜的张力 T 与温度有关,10 ℃时 $T = 0.075\,6$ g/cm,20 ℃时 $T = 0.074\,2$ g/cm;方向角 α 的大小与土颗粒和水的性质有关;r 是毛细管的半径;γ_w 为水的重度。式(2.6)表明毛细水升高 h_c 与毛细管半径 r 成反比。

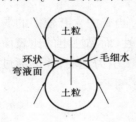

图 2.10　毛细压力示意图

毛细水除存在于毛细水上升带内,也存在于非饱和土的较大空隙中。在水、气界面上,由于弯液面表面张力的存在,以及水与土粒表面的浸润作用,孔隙水的压力亦将小于孔隙内的大气压力。于是,沿着毛细弯液面的切线方向,将产生迫使相邻土粒挤紧的压力,这种压力称为毛细压力,如图 2.10 所示。毛细压力的存在,使水内的压力小于大气压力,即孔隙水压力为负值,增加了粒间错动的阻力,使得湿砂具有一定的可塑性,并称之为"似黏聚力"现象。毛细压力呈倒三角分布,在水气界面处最大,自由水位处为零。因此,在完全浸没或完全干燥条件下,弯液面消失,毛细压力变为零,湿砂也就不具有"似黏聚力"。

在工程中,毛细水的上升高度和速度对于建筑物地下部分的防潮措施和地基土的浸湿、冻胀等有重要影响。此外,在干旱地区,地下水中的可溶盐随毛细水上升后不断蒸发,盐分便积聚于靠近地表处而形成盐渍土。

【例2.2】　已知某种细砂的平均孔隙半径 $r = 0.02$ mm,求温度为 10 ℃的毛细水升高及毛细压力分布。

【解】　已知 10 ℃时的水膜表面张力 $T = 0.075\,6$ g/cm $= 7.56 \times 10^{-5}$ kN/m

毛细管平均半径 $r = 0.02$ mm $= 2 \times 10^{-5}$ m

通常取 $\alpha = 0$ ℃,由式(2.6)可得:

毛细水升高 $h_c = \dfrac{2T \cos \alpha}{r \gamma_w} = \dfrac{2 \times 7.56 \times 10^{-5} \text{kN/m}}{2 \times 10^{-5} \text{m} \times 9.8 \text{ kN/m}^3}$

$\qquad\qquad = \dfrac{15.12}{19.6} \text{m} = 0.77 \text{ m}$

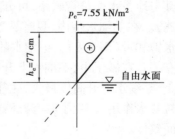

图 2.11　毛细水升高及毛细压力分布

最大毛细水压力 $p_c = -u_c = \gamma_w h_c = 9.8$ kN/m^3 $\times 0.77$ m $= 7.55$ kN/m^2

分布呈倒三角形,自由水面处 $p_c = 0$,如图 2.11 所示。

2.2.3 土中气体

土中气体按其所处的状态和结构特点可分为以下几种类型:吸附于土颗粒表面的气体,溶解于水中的气体,四周为颗粒和水所封闭的气体以及自由气体。通常认为自由气体与大气连通,对土的性质无大影响。密闭气体的体积与压力有关,压力增加,则体积缩小;压力减小,则体积胀大。因此,密闭气体的存在增加了土的弹性,同时还可阻塞土中的渗流通道,减少土的渗透性。其他两种气体目前研究不多,对土的性质的影响尚未完全清楚。

2.2.4 土的结构与构造

很多实验表明,对于同一种土,原状土样和重塑土样的力学性质有很大差别。这就是说,土的组成成分并不完全决定土的性质,土的结构与构造对土的性质也有很大影响。

土的结构包含微观结构和宏观结构两层概念。土的微观结构常简称为土的结构,或称为土的组构,是指土粒的原位集合体特征,是由土粒单元的大小、矿物成分、形状、相互排列及其联结关系、土中水的性质及孔隙特征等因素形成的综合特征。土的宏观结构常称为土的构造,是同一土层中的物质成分和颗粒大小等都相近的各部分之间的相互关系的特征,表征了土层的层理、裂缝及大孔隙等宏观特征。

土的构造实际上是土层在空间的赋存状态,主要表现为土层的层理、裂隙及大孔隙等宏观特征。层理构造,即土的成层性,是其构造的最主要特征。它是在土的形成过程中,由于不同阶段沉积的物质成分、颗粒大小或颜色不同,而沿竖向呈现的成层特征,常见的有水平层理构造和交错层理构造。土的裂缝性是土的构造的另一特征,如黄土的柱状裂缝、膨胀土的收缩裂缝等。裂缝的存在大大降低了土体的强度和稳定性,增大透水性,对工程不利,往往是工程结构或土体边坡失稳的原因。此外,还应注意土中有无包裹物(如腐殖物、贝壳、结核体等)以及天然或人为的孔洞存在。土的构造特征造成土的不均匀性。

2.3 土的物理性质指标

2.3.1 土的三相比例关系

土的三相组成各部分的质量与体积之间的比例关系,随着各种条件的变化而改变。例如,在建筑物和土工建筑物的荷载作用下,地基土中的孔隙体积将缩小;地下水位的升高或降低都将改变土中水的含量;经过压实的土,其孔隙体积将减少。这些变化都可以通过三相比例指标的大小反映出来。

表示土的三相比例关系的指标,称为土的三相比例指标,包括相对密度、土的含水量、孔隙比、孔隙率和饱和度等。

为了便于说明和计算,用图2.12所示的土的三相比例关系图来表示各部分之间的数量关系,图中符号意义如下:

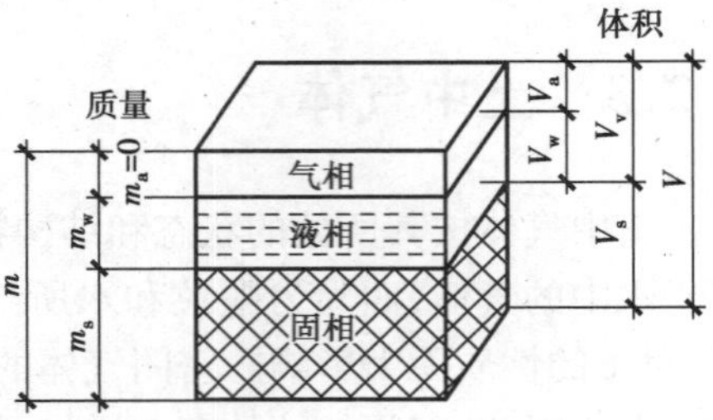

m_s——土粒的质量；

m_w——土中水的质量；

m——土的总质量，$m = m_s + m_w$；

V_s、V_w、V_a——土粒、土中水、土中气体体积；

V_v——土中孔隙体积，$V_v = V_w + V_a$；

V——土的总体积，$V = V_s + V_w + V_a$。

图 2.12　土的三相示意图

2.3.2　土的物理性质指标

1) 土的基本物理指标

土的基本物理指标是指土粒的相对密度 d_s、土的含水量 ω 和密度 ρ，一般由实验室直接测定其数值。

(1) 土的相对密度 d_s

土粒质量与同体积的 4 ℃时纯水的质量之比，称为土粒相对密度 d_s，无量纲，即

$$d_s = \frac{m_s}{V_s \rho_{w1}} = \frac{\rho_s}{\rho_{w1}} \qquad (2.7)$$

式中　m_s——土粒的质量，g；

　　　ρ_s——土粒密度，即土粒单位体积的质量，g/cm³；

　　　ρ_{w1}——纯水在 4 ℃时的密度，等于 1 g/cm³ 或 1 t/m³。

一般情况下，土粒的相对密度在数值上就等于土粒密度，但两者的含义不同，前者是两种物质的质量密度之比，无量纲；而后者是一种物质(土粒)的质量密度，有单位。土粒相对密度决定于土的矿物成分，一般无机矿物颗粒的相对密度为 2.6 ~ 2.8，有机质为 2.4 ~ 2.5，泥炭为 1.5 ~ 1.8。土粒(一般无机矿物颗粒)的相对密度变化幅度很小。土粒相对密度可在实验室内用比重瓶法测定。通常也可按经验数值选用，一般土粒的相对密度参考值见表 2.3。

表 2.3　土粒相对密度参考值

土的名称	砂类土	粉性土	黏性土	
			粉质黏土	黏土
土粒相对密度	2.65 ~ 2.69	2.70 ~ 2.71	2.72 ~ 2.73	2.74 ~ 2.76

(2) 土的含水量 ω

土中水的质量与土粒质量之比，称为土的含水量 ω，以百分数计，即

$$\omega = \frac{m_w}{m_s} \times 100\% \qquad (2.8)$$

土的含水量反映土的干湿程度。天然土层的含水量变化范围很大，它与土的种类、埋藏条件及其所处的自然地理环境等有关。一般干的粗砂，其值接近零，而饱和砂土可达 40%；坚硬黏性土的含水量可小于 30%，而饱和软黏土(如淤泥)可达 60% 或更大。土的含水量一般用"烘干法"测定。先称小块原状土样的湿土质量，然后置于烘箱内维持 105 ℃烘至恒重，再称干土质量，湿、干土质量之差与干土质量的比值，就是土的含水量。

（3）土的密度 ρ

土单位体积的质量称为土的（湿）密度 ρ（g/cm^3），即

$$\rho = \frac{m}{V} \tag{2.9}$$

天然状态下土的密度变化范围较大，一般黏性土 $\rho = 1.8 \sim 2.0$ g/cm^3，砂土 $\rho = 1.6 \sim 2.0$ g/cm^3，腐殖土 $\rho = 1.5 \sim 1.7$ g/cm^3。土的密度一般用"环刀法"测定，用一个圆环刀（刀刃向下）放在削平的原状土样面上，徐徐削去环刀外围的土，边削边压，使保持天然状态的土样压满环刀内，称得环刀内土样质量，求得它与环刀容积之比值即为密度值。

2）土的间接物理指标

（1）土的干密度 ρ_d

土单位体积中固体颗粒部分的质量，称为土的干密度 ρ_d（g/cm^3），即

$$\rho_d = \frac{m_s}{V} = \frac{m - m_w}{V} \tag{2.10}$$

在工程上常把干密度作为评定土体紧密程度的标准，尤以控制填土工程的施工质量为常见。

（2）饱和密度 ρ_{sat}

土孔隙中充满水时的单位土体体积质量，称为土的饱和密度 ρ_{sat}（g/cm^3），即

$$\rho_{sat} = \frac{m_s + V_v \rho_w}{V} \tag{2.11}$$

式中 ρ_w——水的密度，近似等于 $\rho_{w1} = 1$ g/cm^3。

（3）土的浮密度 ρ'

在地下水位以下，土单位体积中土粒的质量与同体积水的质量之差，称为土的浮密度 ρ'（g/cm^3），即

$$\rho' = \frac{m_s - V_s \rho_w}{V} \tag{2.12}$$

土的三相比例指标中的质量密度指标共有 4 个，即土的（湿）密度 ρ、干密度 ρ_d、饱和密度 ρ_{sat} 和浮密度 ρ'。与之对应，土的单位体积重力（即土的密度与重力加速度的乘积）称为土的重力密度，简称重度 γ，单位为"kN/m^3"。有关重度的指标也有 4 个，即土的（湿）重度 γ、干重度 γ_d、饱和重度 γ_{sat} 和浮重度 γ'，其定义不言自明均以重力替换质量，可分别按下列公式计算：$\gamma = \rho g$，$\gamma_d = \rho_d g$，$\gamma_{sat} = \rho_{sat} g$，$\gamma' = \rho' g$，式中的 g 为重力加速度，$g = 9.80665$ m/s^2 ≈ 9.81 m/s^2，使用时可近似取 10.0 m/s^2。在国际单位体系中，质量密度的单位是"kg/m^3"，重力密度的单位是"N/m^3"。但在国内的工程实践中，两者分别取"g/cm^3"和"kN/m^3"。

各密度或重度指标在数值上有如下关系：$\rho_{sat} \geqslant \rho \geqslant \rho_d \geqslant \rho'$ 或 $\gamma_{sat} \geqslant \gamma \geqslant \gamma_d \geqslant \gamma'$。

（4）土的孔隙比 e

土的孔隙比是土中孔隙体积与土粒体积之比，即

$$e = \frac{V_v}{V_s} \tag{2.13}$$

孔隙比用小数表示。它是一个重要的物理性指标，可以用来评价天然土层的密实程度。一般 $e < 0.6$ 的土是密实的低压缩性土，$e > 1.0$ 的土是疏松的高压缩性土。

（5）土的孔隙率 n

土的孔隙率是土中孔隙所占体积与土的总体积之比，以百分数计，即

$$n = \frac{V_v}{V} \times 100\% \tag{2.14}$$

（6）土的饱和度 S_r

土中水体积与土中孔隙体积之比，称为土的饱和度，以百分数计，即

$$S_r = \frac{V_w}{V_v} \times 100\% \tag{2.15}$$

土的饱和度 S_r 与含水量 ω 均为描述土中含水程度的三相比例指标。通常根据饱和度 $S_r(\%)$，砂土的湿度可分为 3 种状态：稍湿 $S_r \leqslant 50\%$；很湿 $50\% < S_r \leqslant 80\%$；饱和 $S_r > 80\%$。

2.3.3　物理性质指标的换算

通过土工试验直接测定土粒相对密度 d_s、含水量 ω 和密度 ρ 这 3 个基本指标后，可计算其余三相比例指标。

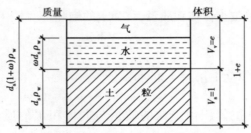

图 2.13　土的三相比例指标换算图

采用三相比例指标换算图（图 2.13）进行各指标间相互关系推导，设 $\rho_{w1} = \rho_w$，并令 $V_s = 1$，则 $V_v = e$，$m_s = V_s d_s \rho_w = d_s \rho_w$，$m_w = \omega m_s = \omega d_s \rho_w$，$m = d_s(1 + \omega)\rho_w$。

推导如下：

$$\rho = \frac{m}{V} = \frac{d_s(1 + \omega)\rho_w}{1 + e}$$

$$\rho_d = \frac{m_s}{V} = \frac{d_s \rho_w}{1 + e} = \frac{\rho}{1 + \omega}$$

由上式得：

$$e = \frac{d_s \rho_w}{\rho_d} - 1 = \frac{d_s(1 + \omega)\rho_w}{\rho} - 1$$

$$\rho_{sat} = \frac{m_s + V_v \rho_w}{V} = \frac{(d_s + e)\rho_w}{1 + e}$$

$$\rho' = \frac{m_s - V_s \rho_w}{V} = \frac{m_s + V_v \rho_w - V\rho_w}{V}$$

$$= \rho_{sat} - \rho_w = \frac{(d_s - 1)\rho_w}{1 + e}$$

$$n = \frac{V_v}{V} = \frac{e}{1+e}$$

$$S_r = \frac{V_w}{V_v} = \frac{m_w}{V_v \rho_w} = \frac{\omega d_s}{e}$$

常见土的三相比例指标换算公式列于表 2.4 中。

表 2.4　土的三相比例指标换算公式

名　　称	符号	三相比例表达式	常用换算公式	常见的数值范围
土粒相对密度	d_s	$d_s = \dfrac{m_s}{V_s \rho_{w1}}$	$d_s = \dfrac{S_r e}{\omega}$	黏性土:2.72~2.75 粉土:2.70~2.71 砂土:2.65~2.69
含水量	ω	$\omega = \dfrac{m_w}{m_s} \times 100\%$	$\omega = \dfrac{S_r e}{d_s} = \dfrac{\rho}{\rho_d} - 1$	20%~60%
密度	ρ	$\rho = \dfrac{m}{V}$	$\rho = \rho_d(1+\omega) = \dfrac{d_s(1+\omega)}{1+e}\rho_w$	1.6~2.0 g/cm³
干密度	ρ_d	$\rho_d = \dfrac{m_s}{V}$	$\rho_d = \dfrac{\rho}{1+\omega} = \dfrac{d_s}{1+e}\rho_w$	1.3~1.8 g/cm³
饱和密度	ρ_{sat}	$\rho_{sat} = \dfrac{m_s + V_v \rho_w}{V}$	$\rho_{sat} = \dfrac{d_s + e}{1+e}\rho_w$	1.8~2.3 g/cm³
浮密度	ρ'	$\rho' = \dfrac{m_s - V_s \rho_w}{V}$	$\rho' = \rho_{sat} - \rho_w = \dfrac{d_s - 1}{1+e}\rho_w$	0.8~1.3 g/cm³
重度	γ	$\gamma = \rho g$	$\gamma = \gamma_d(1+\omega) = \dfrac{d_s(1+\omega)}{1+e}\gamma_w$	16~20 kN/m³
干重度	γ_d	$\gamma_d = \rho_d g$	$\gamma_d = \dfrac{\gamma}{1+\omega} = \dfrac{d_s}{1+e}\gamma_w$	13~18 kN/m³
饱和重度	γ_{sat}	$\gamma_{sat} = \dfrac{m_s + V_v \rho_w}{V} g$	$\gamma_{sat} = \dfrac{d_s + e}{1+e}\gamma_w$	18~23 kN/m³
浮重度	γ'	$\gamma' = \rho' g$	$\gamma' = \gamma_{sat} - \gamma_w = \dfrac{d_s - 1}{1+e}\gamma_w$	8~13 kN/m³
孔隙比	e	$e = \dfrac{V_v}{V_s}$	$e = \dfrac{\omega d_s}{S_r} = \dfrac{d_s(1+\omega)\rho_w}{\rho} - 1$	黏性土和粉土:0.40~1.20 砂土:0.30~0.90
孔隙率	n	$n = \dfrac{V_v}{V} \times 100\%$	$n = \dfrac{e}{1+e} = 1 - \dfrac{\rho_d}{d_s \rho_w}$	黏性土和粉土:30%~60% 砂土:25%~45%
饱和度	S_r	$S_r = \dfrac{V_w}{V_v} \times 100\%$	$S_r = \dfrac{\omega d_s}{e} = \dfrac{\omega \rho_d}{n \rho_w}$	$0 \leqslant S_r \leqslant 50\%$ 稍湿 $50\% < S_r \leqslant 80\%$ 很湿 $80\% < S_r \leqslant 100\%$ 饱和

注:水的重度 $\gamma_w = \rho_w g = 1$ t/m³ $\times 9.81$ m/s² $= 9.81 \times 10^3$ (kg·m/s²)/m³ $= 9.81 \times 10^3$ N/m³ ≈ 10 kN/m³

【例 2.3】　有一原状土样经实验测得:土样密度 $\rho = 1.89$ g/cm³,含水量 $\omega = 18.4\%$,土粒相对密度 $d_s = 2.70$。试求土的孔隙率 n、孔隙比 e 和饱和度 S_r。

【解】　为方便起见,按单位体积考虑,即取 $V = 1$ cm³。

$$m = \rho V = 1.89 \text{ g/cm}^3 \times 1 \text{ cm}^3 = 1.89 \text{ g}$$

$$m_w = \omega m_s = 18.4\% m_s = 0.184 m_s$$

因为 $m = m_s + m_w$，即 $1.89 \text{ g} = m_s + 0.184 m_s$

$$m_s = \frac{1.89 \text{ g}}{1 + 0.184} = 1.596 \text{ g}$$

有 $V_s = \dfrac{m_s}{d_s \rho_w} = \dfrac{1.596 \text{ g}}{2.7 \times 1 \text{ g/cm}^3} = 0.59 \text{ cm}^3$

$$V_w = \frac{m_w}{\rho_w} = \frac{0.184 \times 1.596 \text{ g}}{1 \text{ g/cm}^3} = 0.29 \text{ cm}^3$$

孔隙率 $n = \dfrac{V_v}{V} \times 100\% = \dfrac{V - V_s}{V} \times 100\% = \dfrac{1 \text{ cm}^3 - 0.59 \text{ cm}^3}{1 \text{ cm}^3} \times 100\% = 41\%$

孔隙比 $e = \dfrac{V_v}{V_s} = \dfrac{V - V_s}{V_s} = \dfrac{1 \text{ cm}^3 - 0.59 \text{ cm}^3}{0.59 \text{ cm}^3} = 0.69$

饱和度 $S_r = \dfrac{V_w}{V_v} \times 100\% = \dfrac{0.29 \text{ cm}^3}{1 \text{ cm}^3 - 0.59 \text{ cm}^3} \times 100\% = 71\%$

【例 2.4】 已知土粒饱和度为 37%，孔隙比为 0.95，问当饱和度提高到 90% 时，每立方米的土应加多少水？

【解】 由 $V_v = eV_s = V - V_s$

每立方米土体的土粒体积为：

$$V_s = \frac{V}{1 + e} = \frac{1 \text{ m}^3}{1 + 0.95} = 0.513 \text{ m}^3$$

$$V_v = eV_s = 0.95 \times 0.513 \text{ m}^3 = 0.487 \text{ m}^3$$

当 $S_r = 37\%$ 时 $V_w = S_r V_v = 0.37 \times 0.487 \text{ m}^3 = 0.18 \text{ m}^3$

当 $S_r = 90\%$ 时 $V_w = S_r V_v = 0.9 \times 0.487 \text{ m}^3 = 0.438 \text{ m}^3$

$$\Delta V_w = 0.438 \text{ m}^3 - 0.18 \text{ m}^3 = 0.258 \text{ m}^3$$

故应加水为 $\Delta W_w = \gamma_w \Delta V_w = 10 \text{ kN/m}^3 \times 0.258 \text{ m}^3 = 2.58 \text{ kN} = 258 \text{ kg}$

【例 2.5】 天然状态下的一土样，孔隙比为 0.8，天然含水量为 24%，土粒的相对密度为 2.68。试求：

(1) 此土样的密度和重度、干密度和干重度、饱和度。

(2) 如果加水后土是完全饱和的，它的含水量是多少？并求出饱和密度和饱和重度。

【解】 ① 土的密度 $\rho = \dfrac{d_s \rho_w (1 + \omega)}{1 + e} = \dfrac{2.68 \times 1 \text{ g/cm}^3 \times (1 + 0.24)}{1 + 0.8} = 1.846 \text{ g/cm}^3$

土的重度 $\gamma = \rho g = 1.846 \text{ g/cm}^3 \times 10 \text{ m/s}^2 = 18.46 \text{ kN/m}^3$

土的干密度 $\rho_d = \dfrac{d_s \rho_w}{1 + e} = \dfrac{2.68 \times 1 \text{ g/cm}^3}{1 + 0.8} 1.489 \text{ g/cm}^3$

土的干重度 $\gamma_d = \rho_d g = 1.489 \text{ g/cm}^3 \times 10 \text{ m/s}^2 = 14.89 \text{ kN/m}^3$

饱和度 $S_r = \dfrac{\omega d_s}{e} \times 100\% = \dfrac{0.24 \times 2.68}{0.8} \times 100\% = 80.4\%$

② 完全饱和度 $S_r = 100\% = 1$

含水量 $\omega = \dfrac{e}{d_s} \times 100\% = \dfrac{0.8}{2.68} \times 100\% = 29.85\%$

饱和密度 $\rho_{sat} = \dfrac{(d_s + e)\rho_w}{1+e} = \dfrac{(2.68 + 0.8) \times 1 \text{ g/cm}^3}{1+0.8} = 1.933 \text{ g/cm}^3$

饱和重度 $\gamma_{sat} = \rho_{sat} g = 1.933 \text{ g/cm}^3 \times 10 \text{ m/s}^2 = 19.33 \text{ kN/m}^3$

2.4 土的物理状态指标

2.4.1 无黏性土的密实度

无黏性土一般是指碎石(类)土和砂(类)土。这两大类土中,一般黏粒含量很少,呈单粒结构,不具有可塑性。无黏性土的物理性质主要决定于土的密实度状态,土的湿度状态仅对细砂、粉砂有影响。无黏性土呈密实状态时,强度较大,是良好的天然地基;呈稍密、松散状态时,则是一种软弱地基,尤其是饱和的粉、细砂,稳定性很差,在振动荷载作用下将发生液化现象。

1)砂类土的密实度

砂类土的密实度在一定程度上可用天然孔隙比 e 衡量。一般当 $e < 0.6$ 时,属于密实的砂土,是良好的地基;当 $e > 0.95$ 时,为松散状态,不宜作为天然地基。但对于级配相差较大的不同类土,则天然孔隙比 e 难以有效判定密实度的相对高低。例如某级配不良的砂土所确定的天然孔隙比,根据该孔隙比可判定为密实状态;而对于级配良好的土,同样具有这一孔隙比,可能判定为中密或者稍密状态。因此,为了合理判定砂土的密实度状态,在工程上提出了相对密实度的概念,称为相对密实度 D_r,它的表达式如下:

$$D_r = \frac{e_{max} - e}{e_{max} - e_{min}} \tag{2.16}$$

式中 e_{max}——砂土在最松散状态时的孔隙比,即最大孔隙比;

e_{min}——砂土在最密实状态时的孔隙比,即最小孔隙比;

e——砂土在天然状态时的孔隙比。

当 $D_r = 0$ 时,表示砂土处于最松散状态;当 $D_r = 1$ 时,表示砂土处于最密实状态。砂类土密实度按相对密度的划分标准,参见表 2.5。现行《公路桥涵地基与基础设计规范》(JTG D63—2007)的砂土密实度划分标准见表 2.6。

表 2.5 按相对密实度 D_r 划分砂土密实度

密实度	密实	中密	松散
D_r	$D_r > 2/3$	$2/3 \geqslant D_r > 1/3$	$D_r \leqslant 1/3$

表 2.6 砂土密实度表(JTG D63—2007)

分级	密实	中实	松 散	
			稍松	极松
D_r	$D_r \geqslant 0.67$	$0.67 > D_r \geqslant 0.33$	$0.33 > D_r \geqslant 0.20$	$D_r < 0.20$

根据表 2.4 指标的换算关系,有:

$$\gamma_d = \frac{\gamma}{1 + \omega} \qquad e = \frac{\gamma_s}{\gamma_d} - 1$$

所以

$$e_{max} = \frac{\gamma_s}{\gamma_{dmin}} - 1 \qquad e_{min} = \frac{\gamma_s}{\gamma_{dmax}} - 1$$

将上述表达式代入式(2.16)得：

$$D_r = \frac{e_{max} - e}{e_{max} - e_{min}} = \frac{\left(\dfrac{\gamma_s}{\gamma_{dmin}} - 1\right) - \left(\dfrac{\gamma_s}{\gamma_d} - 1\right)}{\left(\dfrac{\gamma_s}{\gamma_{dmin}} - 1\right) - \left(\dfrac{\gamma_s}{\gamma_{dmax}} - 1\right)}$$

$$= \frac{\gamma_d - \gamma_{dmin}}{\gamma_{dmax} - \gamma_{dmin}} \cdot \frac{\gamma_{dmax}}{\gamma_d} \tag{2.17}$$

或

$$D_r = \frac{(\rho_d - \rho_{dmin})\rho_{dmax}}{(\rho_{dmax} - \rho_{dmin})\rho_d} \tag{2.18}$$

式中　$\gamma_{dmin}, \rho_{dmin}$——最松散状态下的干重度、干密度，对应于最大孔隙比 e_{max}；

$\gamma_{dmax}, \rho_{dmax}$——最密实状态下的干重度、干密度，对应于最小孔隙比 e_{min}；

ρ_d, γ_d——天然状态下的干密度、干重度，对应于天然孔隙比 e。

【例 2.6】　已知某砂土样在最密实、最松散状态下的孔隙比分别为 0.45,0.90,土的天然密度为 1.7 g/cm³,天然含水量为 15%,土的相对密度为 2.68,试判断该土的密实度。

【解】　根据题意可知：$e_{max} = 0.9$，$e_{min} = 0.45$，根据表 2.4 的公式可计算该土样的天然孔隙比,即

$$e = \frac{d_s(1 + \omega)\rho_w}{\rho} - 1 = \frac{2.68 \times (1 + 15\%) \times 1}{1.7} - 1 = 0.813$$

根据式(2.16)可计算该土样的相对密实度,即

$$D_r = \frac{e_{max} - e}{e_{max} - e_{min}} = \frac{0.9 - 0.813}{0.9 - 0.45} = 0.19$$

因为 $D_r = 0.19 < 1/3$,所以该砂土处于松散状态。

相对密实度从理论上反映了颗粒级配、颗粒形状等因素。但由于对砂土很难采取原状土样,故天然孔隙比 e 值不易确定,而且最大、最小孔隙比的试验方法存在问题,对同一砂土的试验结果往往离散性很大。因此,《建筑地基基础设计规范》(GB 50007—2011)和《公路桥涵地基与基础设计规范》(JTG D63—2007)中,均用标准贯入锤击数 N 来划分砂土的密实度,分别列于表 2.7 和表 2.8 中。

表 2.7　按标贯击数 N 划分砂土密实度(GB 50007—2011)

密实度	密实	中实	稍实	松散
标贯击数 N	$N > 30$	$30 \geqslant N > 15$	$15 \geqslant N > 10$	$N \leqslant 10$

注:标贯击数 N 系实测平均值。

表 2.8　按实测平均 N 划分砂土密实度(JTG D63—2007)

密实度	密实	中密	稍密	松散
标贯击数 N	50 ~ 30	29 ~ 10	9 ~ 5	< 5

注:标贯击数 N 系实测平均值。

2）碎石（类）土的密实度

《建筑地基基础设计规范》（GB 50007—2011）中，碎石（类）土的密实度可按重型（圆锥）动力触探试验锤击数 $N_{63.5}$ 划分，见表2.9。

表2.9　按重型动力触探击数 $N_{63.5}$ 划分碎石土密实度（GB 50007—2011）

密实度	密实	中密	稍密	松散
$N_{63.5}$	$N_{63.5} > 20$	$20 \geqslant N_{63.5} > 10$	$10 \geqslant N_{63.5} > 5$	$N_{63.5} \leqslant 5$

注：本表适用于平均粒径小于等于 50 mm 且最大粒径不超过 100 mm 的卵石、碎石、圆砾、角砾，对于漂石、块石以及粒径大于 200 mm 的颗粒含量较多的碎石土，可按表2.10执行。

碎石（类）土颗粒较粗，更不易取得原状土样，也难以将贯入器击入其中。对这类土更多的是在现场进行观察，根据其骨架颗粒含量、排列、可挖性及可钻性鉴别。表2.10为碎石（类）土的野外鉴别方法。

表2.10　碎石（类）土密实度野外鉴别方法（GB 50007—2011）

密实度	骨架颗粒含量和排列	可挖性	可钻性
密实	骨架颗粒含量大于总重的70%，呈交错排列，连续接触	锹、镐挖掘困难，用撬棍方能松动，井壁一般较稳定	钻进极困难，冲击钻探时，钻杆、吊锤跳动剧烈，孔壁较稳定
中密	骨架颗粒含量等于总重的60%～70%，呈交错排列，大部分接触	锹、镐可挖掘，井壁有掉块现象，从井壁取出大颗粒处，能保持颗粒凹面形状	钻进较困难，冲击钻探时，钻杆、吊锤跳动不剧烈，孔壁有坍塌现象
稍密	骨架颗粒含量等于总重的55%～60%，排列混乱，大部分不接触	锹可以挖掘，井壁易坍塌，从井壁取出大颗粒后，填充物砂土立即坍落	钻进较容易，冲击钻探时，钻杆稍有跳动，孔壁易坍塌
松散	骨架颗粒含量小于总重的55%，排列十分混乱，绝大部分不接触	锹易挖掘，井壁极易坍塌	钻进很容易，冲击钻探时，钻杆无跳动，孔壁极易坍塌

注：①骨架颗粒系指与表2.1碎石土分类名称相对应粒径的颗粒。
　　②碎石土密实度的划分，应按表列各项要求综合确定。

2.4.2　黏性土的稠度和可塑性

同一种黏性土含水量不同，其所处的状态就不同，当含水量由小到大时，黏性土所处状态分别为固态、半固态、可塑状态、流动状态。所谓可塑状态，就是当黏性土在某含水量范围内，可用外力将土塑成任何形状而不产生开裂，并当外力取消后仍能保持既得的形状，黏性土的这种性质被称为可塑性。黏性土从一种状态转入另一种状态的分界含水量称为界限含水量，它对黏性土的分类及工程性质的评价有重要意义。

如图2.14所示，黏性土由可塑状态转入流动状态的界限含水量称为液限，或称为塑性上限含水量或流限，用符号 ω_L 表示；黏性土由可塑状态转入半固体状态时的界限含水量称为塑限，或称为塑限下限含水量,用符号 ω_P 表示;黏性土由半固态转入固态的界限含水量称为缩限,用符号 ω_S 表示。黏性土从半固体状态不断蒸发水分,土的体积将逐渐减少,当含水量达到 ω_S 时,土的体积不再收缩,缩限由此得名。土的界限含水量通常用百分数表示。

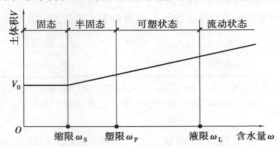

图 2.14 黏性土的状态及界限含水量

我国曾采用锥式液限仪(图 2.15)测定黏性土的液限 ω_L。将调成均匀的浓糊状试样装满盛土杯内(盛土杯置于底座上),刮平杯口表面,将质量为 76 g 的圆锥体轻放在试样表面的中心,使其在自重作用下沉入试样中,若圆锥体经 5 s 时恰好沉入土中 10 mm,这时杯内土样的含水量就是土的液限 ω_L 值。

目前,很多国家使用蝶式液限仪来测定黏性土的液限。它是将调成浓糊状的试样装在碟内,刮平表面,做成约 8 mm 深的土饼,用开槽器在土中开槽,槽底宽度为 2 mm,然后将碟子抬高 10 mm,使碟自由下落,连续下落 25 次,如土槽合拢长度为 13 mm,这时试样的含水量就是液限,如图 2.16 所示。

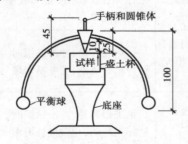

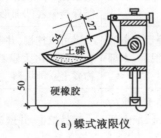

图 2.15 锥式液限仪示意图   图 2.16 蝶式液限仪及土槽示意图

土的塑限 ω_P 可采用"搓条法"测定,它是以土条搓成直径 3 mm 时发生断裂作为标准,但因是手工操作,人为因素影响较大,试验结果存在差异性。近些年我国研制了光电式、数码式等液、塑限联合测定仪。光电式液、塑限联合测定仪采用电磁自动落锥,大大减小了试验误差,可以准确、方便、迅速地得到土样的液限和塑限。目前,此种方法已成为液、塑限测定的最常用方法。

土的缩限 ω_S 可采用"收缩皿法"测定,将土样的含水量调配到等于或略大于土的液限,在收缩皿内涂一层凡士林,将土样分层填入收缩皿中,填满土样后刮平表面,当试样颜色变淡时,放置烘箱内烘干,之后测定干试样的体积和质量,按下式计算土的缩限:

$$\omega_S = \omega - \frac{V_0 - V_d}{m_d}\rho_w \times 100\% \qquad (2.19)$$

式中 ω——试验前试样的含水量,%;

        V_0——湿试样的体积(即收缩皿的容积),cm³;

V_d——干试样的体积，cm^3；

m_d——干试样的质量，g。

黏性土的可塑性指标除了上述塑限、液限及缩限外，还有塑性指数、液性指数等反映黏性土物理状态的指标。

1) 塑性指数

黏性土的塑性大小，可用处于可塑状态的含水量变化范围来衡量，即土的液限和塑限的差值（省略%符号），称为塑性指数，用符号I_P表示，即

$$I_P = \omega_L - \omega_P \tag{2.20}$$

显然，塑性指数越大，土处于可塑状态的含水量范围也越大，塑性指数的大小与土中结合水的含量有关。从土的颗粒来说，土颗粒越细，其比表面积越大，则结合水含量越高，因而I_P也越大。从矿物成分来说，黏土矿物（特别是蒙脱石）含量越多，水化作用越强烈，结合水含量越高，因而I_P也越大。从土中水的离子成分和含量来说，当水中高价阳离子的含量增加时，土粒表面吸附的反离子层中阳离子数量减少，层厚变薄，结合水含量相应减少，I_P也相应减少；反之，随着反离子层中的低价阳离子的增加，I_P也会随之变大。由于塑性指数在一定程度上综合反映了黏性土的特性，因此，在工程上根据塑性指数对黏性土进行分类。

2) 液性指数

土的天然含水量在一定程度上能反映土中水量的多少，但不同的土含水量虽相同，其软硬状态可能不同，因此，还需要一个表示天然含水量与界限含水量关系的指标，即液性指数，它是黏性土的天然含水量和塑限的差值与塑性指数的比值，用符号I_L表示，即

$$I_L = \frac{\omega - \omega_P}{\omega_L - \omega_P} = \frac{\omega - \omega_P}{I_P} \tag{2.21}$$

由式(2.21)可见，当土的天然含水量ω小于ω_P时，I_L小于0，土处于坚硬状态；当ω大于ω_L时，I_L大于1，土处于流动状态；当ω在ω_P和ω_L之间时，I_L为0~1，土处于可塑状态。I_L数值越大，土越软；I_L数值越小，土越硬。因此，可以利用液性指数I_L作为划分黏性土软硬状态的指标。表2.11为《建筑地基基础设计规范》（GB 50007—2011）、《公路桥涵地基与基础设计规范》（JTG D63—2007）和《岩土工程勘察规范》（GB 50021—2001，2009年版）根据液性指数值划分黏性土软硬状态的标准。

表2.11 黏性土的状态

状 态	坚 硬	硬 塑	可 塑	软 塑	流 塑
液性指数	$I_L \leq 0$	$0 < I_L \leq 0.25$	$0.25 < I_L \leq 0.75$	$0.75 < I_L \leq 1.0$	$I_L > 1.0$

【例2.7】 已知某土样的液限为28.5%，塑限为12.8%，土样的天然密度$\rho = 1.88 \text{ g/cm}^3$，干密度$\rho_d = 1.65 \text{ g/cm}^3$，试计算该土样的塑性指数和液性指数并确定该土样所处的状态。

【解】 根据题意可知$\omega_L = 28.5\%$，$\omega_P = 12.8\%$，根据式(2.20)可计算该土样的塑性指数，即

$$I_P = \omega_L - \omega_P = 28.5 - 12.8 = 15.7$$

根据表2.4中的公式，变换后可计算该土样的含水量，即

$$\rho_d = \frac{\rho}{1 + \omega}$$

$$\omega = \frac{\rho - \rho_d}{\rho_d} = \frac{1.88 - 1.65}{1.65} \times 100\% = 13.9\%$$

根据式(2.21)可计算该土样的液性指数,即

$$I_L = \frac{\omega - \omega_P}{\omega_L - \omega_P} = \frac{13.9\% - 12.8\%}{28.5\% - 12.8\%} = 0.07$$

因为 $0 < I_L = 0.07 \leqslant 0.25$,查表2.11可知,该土样处于硬塑状态。

值得注意的是,黏性土界限含水量指标 ω_P 与 ω_L 都是采用重塑土确定的,因此,只反映了天然结构已破坏的重塑土的界限含水量,它们反映的是黏性土与水相互作用后的物理状态,并不能反映保持天然结构的土样与水相互作用的物理状态。因此,保持天然结构的原状土,当其含水量等于液限时,原状土并不处于流动状态,即呈现出流动状态,这可称为潜流状态。

3) 天然稠度

土的天然稠度是指原状土样的液限和天然含水量的差值与塑性指数之比,用符号 ω_c 表示,即

$$\omega_c = \frac{\omega_L - \omega}{\omega_L - \omega_P} \tag{2.22}$$

土的天然稠度可用于划分路基土的干湿状态。《公路沥青路面设计规范》(JTG D50—2017)规定:路面设计应根据路基土的分界稠度确定路基干湿类型。路基干湿类型可以实测不利季节路床顶面以下800 mm深度内土的平均稠度 ω_c,再按表2.12路基干湿状态的稠度建议值确定;也可以根据公路自然区划、土质类型、排水条件以及路床表面距地下水位或表面积水位的高度来确定路基干湿类型,见表2.13。

表2.12 路基干湿状态的分界稠度建议值

土类\干湿状态	干湿状态 $\omega_c \geqslant \omega_{c1}$	中湿状态 $\omega_{c1} > \omega_c \geqslant \omega_{c2}$	潮湿状态 $\omega_{c2} > \omega_c \geqslant \omega_{c3}$	过湿状态 $\omega_c < \omega_{c3}$
土质砂	$\omega_c \geqslant 1.20$	$1.20 > \omega_c \geqslant 1.00$	$1.00 > \omega_c \geqslant 0.85$	$\omega_c < 0.85$
黏质土	$\omega_c \geqslant 1.10$	$1.10 > \omega_c \geqslant 0.95$	$0.95 > \omega_c \geqslant 0.80$	$\omega_c < 0.80$
粉质土	$\omega_c \geqslant 1.05$	$1.05 > \omega_c \geqslant 0.90$	$0.90 > \omega_c \geqslant 0.75$	$\omega_c < 0.75$

注:ω_{c1},ω_{c2},ω_{c3} 分别为干湿和中湿、中湿和潮湿、潮湿和过湿状态路基的分界稠度;ω_c 为路床顶面以下800 mm深度内的平均稠度。

表2.13 路基干湿类型

路基干湿类型	路床顶面以下800 mm深度内的平均稠度 ω_c 与分界稠度 ω_{ci} 的关系	一般特征
干燥	$\omega_c \geqslant \omega_{c1}$	土基干燥稳定,路面强度和稳定性不受地下水和地表面积水影响,路基高度 $H_0 > H_1$
中湿	$\omega_{c1} > \omega_c \geqslant \omega_{c2}$	土基上部土层处于地下水或地表面积水影响的过渡带区内,路基高度 $H_2 < H_0 \leqslant H_1$
潮湿	$\omega_{c2} > \omega_c \geqslant \omega_{c3}$	土基上部土层处于地下水或地表积水影响区内,路基高度 $H_3 < H_0 \leqslant H_2$

路基干湿类型	路床顶面以下 800 mm 深度内的平均稠度 ω_c 与分界稠度 ω_{ci} 的关系	一般特征
过湿	$\omega_c < \omega_{c3}$	路基极不稳定,冰冻区春融翻浆,非冰冻区软弹土基经处理后方可铺筑路面,路基高度 $H_0 \leqslant H_3$

注:①H_0 为不利季节路床顶面距地下水或地表积水水位的高度。

②地表积水指不利季节积水 20 d 以上。

③H_1,H_2,H_3 分别为干燥、中湿和潮湿状态的路基临界高度。

④划分土基干湿类型以平均稠度 ω_c 为准,缺少资料时,可参照表中一般特征确定。

2.4.3　黏性土的活动度、灵敏度和触变性

1)活动度

黏性土的活动度反映了黏性土中所含矿物的活动性。在实验室里,有两种土样的塑性指数可能很接近,但性质却有很大差异。例如,高岭土(以高岭石类矿物为主的土)和皂土(以蒙脱石类矿物为主的土)是两种完全不同的土,只根据塑性指数可能无法区别。为了把黏性土中所含矿物的活动性显示出来,可用塑性指数与黏粒(粒径 <0.002 mm 的颗粒)含量百分数之比值(即活动度)来衡量所含矿物的活动性,其计算式如下:

$$A = \frac{I_P}{m} \tag{2.23}$$

式中　A——黏性土的活动度;

　　　I_P——黏性土塑性指数;

　　　m——粒径 <0.002 mm 的颗粒含量百分数。

根据式(2.23)即可计算皂土的活动度为 1.11,而高岭土的活动度为 0.29,所以用活动度 A 这个指标就可以把两者区别开来。黏性土按活动度的大小分为如下 3 类:

- 不活动黏性土 $A < 0.75$;
- 正常黏性土 $0.75 < A < 1.25$;
- 活动黏性土 $A > 1.25$。

2)灵敏度

天然状态下的黏性土通常都具有一定的结构性,它是天然土的结构受到扰动影响而改变的特性。当受到外来因素的扰动时,土粒间的胶结物质以及土粒、离子、水分子所组成的平衡体系受到破坏,土的强度降低、压缩性增大。土的结构性对强度的这种影响,一般用灵敏度来衡量。土的灵敏度是以原状土的强度与该土经过重塑(土的结构性彻底破坏)后的强度之比来表示,重塑土样具有与原状试样相同的尺寸、密度和含水量。土的强度测定通常采用无侧限抗压强度试验。对于饱和黏性土的灵敏度 S_t 可按下式计算:

$$S_t = \frac{q_u}{q'_u} \tag{2.24}$$

式中　q_u——原状试样的无侧限抗压强度,kPa;

q'_u——重塑土样的无侧限抗压强度，kPa。

根据灵敏度可将饱和黏性土分为低灵敏($1 < S_t \leqslant 2$)、中灵敏($2 < S_t \leqslant 4$)和高灵敏($S_t > 4$)3类。土的灵敏度越高，其结构性越强，受扰动后土的强度降低就越多。因此，在基础施工中应注意保护基坑或基槽，尽量减少对坑底土的结构扰动。

3)触变性

饱和黏性土的结构受到扰动，导致强度降低，但当扰动停止后，土的强度又随时间而逐渐部分恢复。黏性土的这种抗剪强度随时间恢复的胶体化学性质称为土的触变性。例如，在黏性土打桩时，往往利用振扰的方法破坏桩侧土和桩尖土的结构，以降低打桩的阻力，但在打桩完成后，土的强度可随时间部分恢复，使桩的承载力逐渐增加，这就是利用了土的触变性机理。

饱和软黏土易于触变的实质是这类土的微观结构为不稳定的片架结构，含有大量结合水。黏性土的强度主要来源于土粒间的联结特征，即粒间电分子力产生的"原始黏聚力"和粒间胶结物产生的"固化黏聚力"。当土体被扰动时，这两类黏聚力被破坏或部分破坏，土体强度降低。但扰动破坏的外力停止后，被破坏的原始黏聚力可随时间部分恢复，因而强度有所恢复。然而，固化黏聚力的破坏是无法在短时间内恢复的。因此，易于触变的土体，被扰动而降低的强度仅能部分恢复。

2.5　土的胀缩性、湿陷性和冻胀性

2.5.1　土的胀缩性

土的胀缩性是指黏性土具有吸水膨胀和失水收缩的两种变形特性。黏粒成分主要由亲水性矿物组成具有显著胀缩性的黏性土，习惯称为膨胀土。膨胀土一般强度较高，压缩性低，易被误认为是建筑性能较好的地基土。当膨胀土成为建筑物地基时，如果对它的胀缩性缺乏认识，或在设计或施工中没有采取必要的措施，就会给建筑物造成危害，尤其对低层轻型的房屋或构筑物以及土工建筑物带来的危害更大。我国广西、云南、湖北、河南、安徽、四川、河北、山东、陕西、江苏、贵州和广东等省均有不同范围的膨胀土分布。

研究表明：自由膨胀率 δ_{ef} 能较好地反映土中的黏土矿物成分、颗粒组成、化学成分和交换阳离子性质的基本特征。土中的蒙脱石矿物越多，小于 $0.002\ mm$ 的黏粒在土中占较多分量，且吸附着较活泼的钠、钾阳离子时，自由膨胀率就越大，土体内部积储的膨胀潜势越强，显示出强烈的胀缩性。调查表明，自由膨胀率较小的膨胀土，膨胀潜势较弱，建筑物损坏轻微；自由膨胀率高的土，具有较强的膨胀潜势，则较多建筑物将遭到严重破坏。

自由膨胀率 δ_{ef} 按下式计算：

$$\delta_{ef} = \frac{V_w - V_0}{V_0} \times 100\% \tag{2.25}$$

式中　V_0——土体原有体积，cm^3；

　　　V_w——土样在水中膨胀稳定后的体积，cm^3。

《膨胀土地区建筑技术规范》(GB 50112—2013)规定，具有下列工程地质特征的场地，且自由膨胀率≥40%的土，应判定为膨胀土：

①裂隙发育,常有光滑面和擦痕,有的裂隙中充填着灰白、灰绿色黏土,在自然条件下呈坚硬或硬塑状态;

②多出露于二级或二级以上阶地、山前和盆地边缘丘陵地带,地形平缓,无明显自然陡坎;

③常见浅层塑性滑坡、地裂,新开挖坑(槽)壁易发生坍塌等;

④建筑物裂隙随气候变化而张开和闭合。

2.5.2 土的湿陷性

土的湿陷性是指土在自重压力作用下或自重压力和附加压力综合作用下,受水浸湿后的土结构迅速破坏而发生显著附加下陷的特征。湿陷性黄土在我国广泛分布,此外,在干旱或半干旱地区,特别是在山前洪、坡积扇中常遇到湿陷性的碎石类土和砂类土,在一定压力作用下浸水后也常具有强烈的湿陷性。

遍布在我国甘肃、陕西、山西大部分地区以及河南、山东、宁夏、辽宁、新疆等部分地区的黄土是一种在第四世纪时期形成的、颗粒组成以粉粒为主的黄色或褐黄色粉性土。它含有大量的碳酸盐类,往往具有肉眼可见的大孔隙。

具有天然含水量的黄土,如未受水浸湿,一般强度较高,压缩性较小。黄土湿陷的发生是由于管道(或水池)漏水、地面积水、生产和生活用水等渗入地下,或由于降雨量较大,灌溉渠和水库的渗漏或回水使地下水位上升而引起的。然而受水浸湿只不过是湿陷发生的必需的外界条件。研究表明,黄土的多孔隙结构特征及胶结物质成分(碳酸盐类)是产生湿陷性的内在原因。

黄土是否具有湿陷性,以及湿陷性的强弱程度如何,应按某一给定压力作用下土体浸水后的湿陷系数值 δ_s 来衡量。湿陷系数由室内固结试验测定。在固结仪中将原状试样逐级加压到实际受到的压力 P,等它压缩稳定后测得试样高度 h_p,然后加水浸湿,测得下沉稳定后的高度 h_p',设土样的原始高度为 h_0,则按式(2.26)计算黄土的湿陷系数 δ_s:

$$\delta_s = \frac{h_p - h_p'}{h_0} \tag{2.26}$$

现行《湿陷性黄土地区建筑规范》(GB 50025—2004)规定:当 $\delta_s < 0.015$ 时,应定为非湿陷性黄土;$\delta_s \geq 0.015$ 时,应定为湿陷性黄土。

2.5.3 土的冻胀性

土的冻胀性是指土的冻胀和冻融给建筑物或土工建筑物带来危害的变形特性。在冰冻季节,因大气负温影响,使土中水分冻结成冻土。冻土根据其冻融情况分为季节性冻土、隔年冻土和多年冻土。季节性冻土是指冬季冻结、夏季全部融化的冻土;若冬季冻结,1~2年内不融化的土层称为隔年冻土;凡冻结状态持续3年或3年以上的土层称为多年冻土。季节性冻土在我国分布甚广,其中东北、华北和西北地区是我国季节性冻土的主要分布区,沿天津、保定、石家庄、山西长治、甘肃天水以北地区以及拉萨以北、以西地区的标准冻深超过 0.6 m(基础设计最小埋深为 0.5 m);多年冻土主要分布在纬度较高的黑龙江省大、小兴安岭,海拔较高的青藏高原以及甘肃、新疆地区的高山区。

冻土的冻胀会使路基隆起,使柔性路面鼓包、开裂,使刚性路面错缝或折断;冻胀还使修建在其上的建筑物抬起,引起建筑物开裂、倾斜,甚至倒塌。对于工程危害更大的是土层解冻融化后,由于土层上部积聚的冰晶体融化,使土中含水量大大增加,加之细粒土排水能力差,土层软化,强度大大降低。路基土冻融后,在车辆反复碾压下,易产生路面开裂、冒泥,即翻浆现象。冻融也会使房屋、桥梁、涵管发生大量不均匀下沉,引起建筑物开裂破坏。

土发生冻胀一般是指土中水分向冻结区迁移或积聚的后果。当土层中温度降到负温时,土中的自由水首先在 0 ℃时冻结成冰晶体,随着气温的继续下降,弱结合水的最外层也开始冻结,这样就使冰晶体周围土中的结合水膜减薄,土粒就产生剩余的分子引力。同时,结合水膜的减薄,使得水膜中的离子浓度增加,又加强了渗透压力(即当两种水溶液的浓度不同时,会在它们之间产生一种压力差,使浓度较小溶液中的水向浓度较大的溶液渗透)。在这两种力的作用下,附近未冻结区水膜较厚处的结合水,被吸引到冻结区的水膜较薄处。一旦水分被吸引到冻结区后,水即被冻结,使冰晶体增大,而不平衡引力继续存在。若未冻结区存在着水源(如地下水位较高)和水源补给通道(即毛细通道),则未冻结区的水分就会不断地向冻结区迁移积聚,使冰晶体不断扩大,在土层中形成冰夹层,土体发生隆胀,即冻胀现象。这种冰晶体的不断增大,一直要到水源的补给断绝后才停止。

一般粉土颗粒的粒径较小,具有显著的毛细现象。黏性土尽管颗粒更细,虽有较厚的结合水膜,但毛细孔隙很小,对水分迁移的阻力很大,没有通常的水源补给通道,所以其冻胀性较粉土小。至于砂土等粗粒土,孔隙较大,毛细现象不显著,因而不会发生冻胀,所以在工程实践中常在地基或路基中换填砂土,以防止冻胀。

就地下水位而言,当冻结区地下水位较高,毛细水上升高度能够达到或接近冻结线,使冻结区能得到外部水源的补给时,将发生比较强烈的冻胀现象。

此外,土的冻前天然含水量也是制约季节性冻土的冻胀类别的重要条件。在《冻土地区建筑地基基础设计规范》(JGJ 118—2011)和《建筑地基基础设计规范》(GB 50007—2011)中,确定基础埋深时,必须考虑地基土的冻胀性。地基土的冻胀性分类,根据土名、冻前天然含水量、地下水位以及土的平均冻胀率 η,可将季节性冻土与多年冻土季节融化层土分为 Ⅰ 级不冻胀、Ⅱ 级弱冻胀、Ⅲ 级冻胀、Ⅳ 级强冻胀、Ⅴ 级特强冻胀 5 类。冻土层的平均冻胀率 η 应按下式计算:

$$\eta = \frac{\Delta z}{z_d} \times 100\% , \quad z_d = h' - \Delta z \qquad (2.27)$$

式中　　Δz——地表冻胀量,mm;

　　　　z_d——设计冻深,mm;

　　　　h'——冻层厚度,mm。

2.6　土的压实性

在工程建设中经常会遇到需要将土按一定要求进行堆填和密实的情况,例如地基、路基、土堤和土坝中。填土经挖掘、搬运后,原状结构已被破坏,含水率亦发生变化。未经压实的填土强度低,压缩性大而且不均匀,遇水易发生塌陷、崩解等。为了改善这些土的工程性质,进行填土时,经常都要采用夯打、振动或碾压等方法,使土得到压实,以提高土的强度,减小压缩性和渗透性,从而保证地基和土工建筑物的稳定。压实就是指土体在压实能量作用下,土颗粒克服粒间阻力,产生位移,使土中的孔隙减小,密度增加。

实践经验表明,压实细粒土宜用夯击机具或压强较大的碾压机具,同时必须控制土的含水量。含水量太高或太低都得不到好的压实效果。压实粗粒土时,则宜采用振动机具,同时充分洒水。两种不同的做法说明细粒土和粗粒土具有不相同的压实性质。

2.6.1　细粒土的压实性

研究细粒土的压实性可以在实验室或现场进行。实验室中,将某一土样分成6~7份,每份和以不同的水量,得到各种不同含水量的土样。将每份土样装入击实仪内,用完全同样的方法加以击实。击实后,测出压实土的含水量和干密度。以含水量为横坐标,干密度为纵坐标,绘制含水量-干密度曲线,如图2.17所示。这种试验称为土的击实试验。详细的操作方法见土工试验规程。

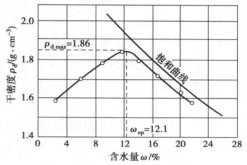

图2.17　含水量-干密度曲线

1) 最优含水率和最大干密度

在图2.17的击实曲线上,峰值干密度对应的含水量称为最优含水量 ω_{op},它表示在这一含水量下,以这种压实方法能够得到最大干密度 ρ_{dmax}。同一种土,干密度越大,孔隙比越小,所以最大干密度相应于试验所达到的最小孔隙比。在某一含水量下,将土压到最密,理论上就是将土中所有的气体都从孔隙中赶走,使土达到饱和。将不同含水量所对应的土体达到饱和状态时的干密度也点绘于图2.17中,得到理论上所能达到的最大压实曲线,即饱和度为 $S_r=100\%$ 的压实曲线,也称饱和曲线。

按照饱和曲线,当含水量很大时,干密度很小,因为这时土体中很大一部分体积都是水;若含水量很小,则饱和曲线上干密度很大。当 $\omega=0$ 时,饱和曲线的干容重应等于土颗粒的比重 d_s。显然除了变成岩石外,碎散的土是无法达到的。

实际上,试验的击实曲线在峰值以右逐渐接近于饱和曲线,并且大体上与它平行;在峰值以左,则两根曲线差别较大,而且随着含水量减小,差值迅速增加。土的最优含水量的大小随土的性质而异,试验表明 ω_{op} 约在土的塑限 ω_P 附近。有各种理论解释这种现象的机理。归纳起来,可以这样理解:当含水量很小时,颗粒表面的水膜很薄,要使颗粒相互移动需要克服很大的粒间阻力,因而消耗很大的能量。这种阻力可能来源于毛细压力或者结合水的剪切阻力。随着含水量增加,水膜加厚,粒间阻力必然减小,颗粒自然容易移动。但是,当含水量超过最优含水量 ω_{op} 以后,水膜继续增厚所引起的润滑作用已不明显。这时,土中剩余的空气已经不多,并且处于与大气隔绝的封闭状态。封闭气体很难全部被赶走,因此击实曲线不可能达到饱和曲线,也即击实土不会达到完全饱和状态。需注意的是,这里讨论的是黏性土,黏性土的渗透性小,在击实碾压的过程中,土中水来不及渗出,压实的过程可以认为含水量保持不变,因此必然是含水量越高得到的压实干容重越小。

2) 压实功能的影响

压实功能是指压实每单位体积土所消耗的能量。击实试验中的压实功能用下式表达:

$$E = \frac{WdNn}{V} \qquad (2.28)$$

式中　W——击锤质量,kg,在标准击实试验中击锤质量为 2.5 kg;

　　　d——落距,m,击实试验中定为 0.30 m;

　　　N——每层土的击实次数,标准试验为 27 击;

　　　n——铺土层数,试验中分 3 层;

　　　V——击实筒的体积,为 1×10^{-3} m³。

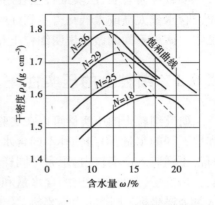

图 2.18　不同压实功能的击实曲线

每层土的击实次数不同,即表示击实功能有差异。同一种土,用不同的功能击实,得到的击实曲线如图 2.18 所示。曲线表明,压实功能越大,得到的最优含水量越小,相应的最大干密度越高。所以,对于同一种土,最优含水量和最大干密度并不是恒定值,而是随着压实功能而变化。同时,从图中还可以看到,含水量超过最优含水量以后,压实功能的影响随含水量的增加而逐渐减小,击实曲线均靠近于饱和曲线。

3) 填土的含水量和碾压标准的控制

由于黏性填土存在着最优含水量,因此在填土施工时应将土料的含水量控制在最优含水量左右,以期用较小的能量获得最好的密度。当含水量控制在最优含水量的干侧时(即小于最优含水量),击实土的结构常具有凝聚结构的特征。这种土比较均匀,强度较高,较脆硬,不易压密,但浸水时容易产生附加沉降。当含水量控制在最优含水量的湿侧时(即大于最优含水量),土具有分散结构的特性。这种土的可塑性大,适应变形的能力强,但强度较低,且具有不等向性。所以,含水量比最优含水量偏高或偏低,填土的性质各有优缺点。在设计土料时,要根据对填土提出的要求和当地土料的天然含水量,来选择合适的含水量,一般选用的含水量要求为 $\omega_{op} \pm (2 \sim 3)\%$。

要求填土达到压实标准,工程上采用压实度 λ 控制。压实度的定义是

$$\lambda = \frac{填土干密度}{室内标准功能击实的最大干密度} \times 100\% \qquad (2.29)$$

我国土石坝设计规范中规定,1 级、2 级土石坝,填土的压实度应不小于 98% ~ 100%,3 级、4 级土石坝,压实度应不小于 96% ~ 98%。填土地基的压实标准也可参照这一规定。式中的标准击实功能规定为 607.5(kN·m)/m³,相当于击实试验中每层土夯击 27 次。

2.6.2　粗粒土的压实性

砂和砂砾等粗粒土的压实性也与含水量有关,不过不存在着一个最优含水量。一般在全干燥或者充分洒水饱和的情况下容易压实到较大的干密度。潮湿状态,由于毛细压力增加了粒间阻力,压实干密度显著降低,粗砂在含水量为 4% ~ 5%,中砂在含水量为 7% 左右时,压实干密度最小,如图 2.19 所示。所以,在压实砂砾时要充分洒水使土料饱和。

粗粒土的压实标准,一般用相对密度 D_r 控制。以前要求相对密度达到 0.70 以上,近年来根据地震灾害资料的分析结果,认为高烈度区相对密度还应提高。室内试验的结果也表

明,对于饱和的粗粒土,在静力或动力作用下,相对密度大于0.70~0.75时,土的强度明显增加,变形显著减小,可以认为相对密度0.70~0.75是力学性质的一个转折点。同时,由于大功率的振动碾压机具的发展,使提高碾压压实度成为可能。所以,我国现行的《水工建筑物抗震设计规范》规定:位于浸润线以上的粗粒土,要求相对密度不低于0.75;而浸润线以下的饱和土,相对密度则应达到0.75~0.85。这些标准对于有抗震要求的其他类型的填土,也可参照采用。

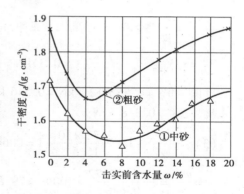

图2.19　粗粒土的击实曲线

【例2.8】　某道路路堤填土工程需要的土方量为$2 \times 10^5 \text{m}^3$,设计填筑的干重度为16.5 kN/m³,附近的取土场可利用的取土深度为2 m,经试验测定,其天然重度为17.0 kN/m³,含水量为12.0%,液限为32.0%,塑限为20%,土粒比重为2.72。试问:

(1)为满足填筑路堤需要,至少需开挖多大面积的取土场?

(2)若每铺设30 cm厚的土层,经碾压到20 cm厚时达到设计填筑要求,该土的最优含水量为塑限的95%,为达到最佳碾压效果,每平方米铺土面积需洒多少水?

(3)路堤填筑后的饱和度是多少?

【解】　(1)本算例关键要搞清两种不同状态,即天然状态(取土场)和填筑状态。计算中取:

$$\gamma_w = 10.0 \text{ kN/m}^3$$

$$e = \frac{d_s \gamma_w}{\gamma_d} - 1 = \frac{2.72 \times 10}{16.5} - 1 = 0.648$$

$$e_{取} = \frac{d_s(1+\omega)\gamma_w}{\gamma} - 1 = \frac{2.72 \times (1+12\%) \times 10}{17} - 1 = 0.792$$

因为　$\dfrac{e}{1+e} = \dfrac{V_v}{V} = \dfrac{V - V_s}{V}$

所以　$V_s = \dfrac{V}{1+e}$

故所需的取土场开挖面积为:

$$A_{取min} = \frac{V_{取}}{h_{取}} = \frac{V_s(1+e_{取})}{h_{取}} = \frac{V(1+e_{取})}{(1+e)h_{取}}$$

$$= \frac{2.0 \times 10^5 \text{m}^3 \times (1+0.792)}{(1+0.648) \times 2 \text{ m}} = 1.087 \times 10^5 \text{m}^2$$

(2)设每平方米铺土面积洒水ΔW

$$\omega_{op} = 95\% \times 20\% = 19\%$$

碾压前:$\dfrac{W_w}{W_s} = 12\%$(土层厚度为30 cm)

碾压后:$\dfrac{W_w + \Delta W}{W_s} = 19\%$(土层厚度为20 cm)

由 $\gamma_d = \dfrac{W_s}{V}$ 得,30 cm 厚填土层每平方米的土颗粒重量为:

$$W_s' = \gamma_d V_{1m^2} = \frac{17}{1+12\%}(1\times 0.3)\,\text{kN} = 4.55\,\text{kN}$$

所以 $W_w' = 4.55\times 12\%\,\text{kN} = 0.546\,\text{kN}$

故 $\Delta W = 0.318\,5\,\text{kN}$

$$(3)\,e = \frac{d_s \gamma_w}{\gamma_d} - 1 = \frac{2.72\times 10}{16.5} - 1 = 0.648$$

$$S_r = \frac{\omega d_s}{e} = \frac{19\%\times 2.72}{0.648}\times 100\% = 79.8\%$$

【例 2.9】 某建筑地基采用 3∶7 灰土垫层换填,该 3∶7 灰土击实试验见表 2.14。采用环刀法对刚施工完毕的第一层灰土进行施工质量检验,测得试样的湿密度为 1.78 g/cm³,含水率为 19.3%,其压实系数为多少?

表 2.14 3∶7 灰土击实试验结果

湿密度/(g·cm⁻³)	1.59	1.76	1.85	1.79	1.63
含水率/%	17.0	19.0	21.0	23.0	25.0

【解】 根据湿密度和含水率可以计算出干密度:

$$\rho_d = \frac{\rho}{1+\omega} = \frac{1.78}{1+0.193} = 1.492$$

表中 5 组数据对应的干密度分别为:1.359,1.479,1.529,1.455,1.304。

由此得到最大干密度 $\rho_{dmax} = 1.529$

则压实系数 $\lambda_c = \dfrac{\rho_d}{\rho_{dmax}} = \dfrac{1.492}{1.529} = 0.976$

【例 2.10】 某建筑物地基需要压实填土 8 000 m³,控制压实后的含水率为 $\omega_1 = 14\%$,饱和度 $S_r = 90\%$,填土重度 $\gamma = 15.5\,\text{kN/m}^3$,天然含水率 $\omega_0 = 10\%$,土的相对密度为 $d_s = 2.72$。试计算需要填料的方量。

【解】 压实前填料的干重度: $\gamma_{d1} = \dfrac{\gamma}{1+\omega_0} = \dfrac{15.5}{1+0.1}\,\text{kN/m}^3 = 14.1\,\text{kN/m}^3$

压实后填土的干重度: $\gamma_d = \dfrac{d_s}{1+e}\gamma_w, S_r = \dfrac{\omega_1 d_s}{e}, e = \dfrac{\omega_1 d_s}{S_r}$

$$e = \frac{0.14\times 2.72}{0.9} = 0.423$$

$$\gamma_{d2} = \frac{2.72}{1+0.423}\times 10\,\text{kN/m}^3 = 19.1\,\text{kN/m}^3$$

根据压实前后土体干质量相等原则计算填料方量为 $V_1 \gamma_{d1} = V_2 \gamma_{d2}$,则有:

$$V_1 = \frac{V_2 \gamma_{d2}}{\gamma_{d1}} = \frac{8\,000\,\text{m}^3\times 19.1\,\text{kN/m}^3}{14.1\,\text{kN/m}^3} = 10\,836.9\,\text{m}^3$$

2.7 土的工程分类

土是自然地质历史的产物,种类繁多,性质千差万别,为了便于对岩、土的工程性质作定性评价,合理地选择研究内容和方法,有必要对岩、土进行科学的分类。工程上将性质不同的岩土划分成不同的类别,供勘察、设计和施工中使用。岩、土的分类方法很多,我国除了国家规范外,国内各行业还根据各自的工程特点和实践经验,制定了各自的行业规范。虽然不同规范岩、土的分类有所不同,但分类的原则是一致的,即粗粒土主要按颗粒级配分类,细粒土主要按塑性指数分类。下面仅介绍几种在土木工程中常用的岩、土工程分类方法,对这些方法,要辩证地加以分析和理解,掌握不同规范的适用范围和异同点,学会结合实际工程的具体情况,合理选用相应规范进行正确分类,以满足不同行业技术工作的需求。

2.7.1 建筑地基基础设计规范

《建筑地基基础设计规范》(GB 50007—2011)适用于工业与民用建筑(包括构造物)的地基基础设计。该规范对于岩土的分类相对比较简便,将作为建筑地基的岩土分为岩石、碎石土、砂土、粉土、黏性土和人工填土六大类别。

1)岩石

岩石应为颗粒间牢固联结,呈整体或具有节理裂隙的岩体。岩石的类别划分主要有以下几种:

（1）按坚硬程度划分

根据岩块的饱和单轴抗压强度 f_{rk} ,将岩石的坚硬程度划分为坚硬岩、较硬岩、较软岩、软岩和极软岩 5 个类别,见表 2.15。当缺乏饱和单轴抗压强度资料或不能做该项试验时,可在现场定性划分,划分标准见表 2.16。

表 2.15 岩石坚硬程度的划分

坚硬程度类别	坚硬岩	较硬岩	较软岩	软岩	极软岩
饱和单轴抗压强度标准值 f_{rk}/MPa	$f_{rk}>60$	$60 \geqslant f_{rk}>30$	$30 \geqslant f_{rk}>15$	$15 \geqslant f_{rk}>5$	$f_{rk} \leqslant 5$

表 2.16 岩石坚硬程度的定性划分

名 称		定性鉴别	代表性岩石
硬质岩	坚硬岩	锤击声清脆,有回弹,震手,难击碎;基本无吸水反应	未风化~微风化的花岗岩、闪长岩、辉绿岩、玄武岩、安山岩、片麻岩、石英岩、硅质砾岩、石英砂岩、硅质石灰岩等
	较硬岩	锤击声较清脆,有轻微回弹,稍震手,较难击碎;有轻微吸水反应	①微风化的坚硬岩 ②未风化~微风化的大理岩、板岩、石灰岩、钙质砂岩等

续表

名 称		定性鉴别	代表性岩石
软质岩	较软岩	锤击声不清脆,无回弹,较易击碎;指甲可刻出印痕	①中风化的坚硬岩和较硬岩 ②未风化~微风化的凝灰岩、千枚岩、砂质泥岩、泥灰岩等
	软岩	锤击声哑,无回弹,有凹痕,易击碎;浸水后可捏成团	①中风化的坚硬岩和较硬岩 ②中风化的较软岩 ③未风化~微风化的泥质砂岩、泥岩等
	极软岩	锤击声哑,无回弹,有较深凹痕,手可捏碎;浸水后,可捏成团	①风化的软岩 ②全风化的各种岩石 ③各种半成岩

(2)按风化程度划分

岩石的风化程度可分为未风化、微风化、中风化、强风化和全风化5个等级。其中未风化是指岩石新鲜,偶见风化痕迹;微风化是指结构基本未变,仅节理面有渲染或略有变色,有少量风化裂隙;中风化是指结构部分破坏,沿节理面有次生矿物,风化裂隙发育,岩体被切割成岩块,用镐难挖,用岩芯钻方可钻进;强风化是指结构大部分破坏,矿物成分显著变化,风化裂隙很发育,岩体破碎,用镐可挖,用干钻不易钻进;全风化是指结构基本破坏,但尚可辨认,有残余结构强度,用镐可挖,用干钻可钻进。

(3)按完整程度划分

岩体的完整程度根据完整性指数划分为完整、较完整、较破碎、破碎和极破碎5个等级,见表2.17。表中的完整性指数为岩体纵波波速与岩块纵波波速之比的平方。当缺乏波速试验数据时,岩体的完整程度可按表2.18进行划分。

表2.17 岩石完整程度划分

完整程度等级	完整	较完整	较破碎	破碎	极破碎
完整性指数	>0.75	0.75~0.55	0.55~0.35	0.35~0.15	<0.15

表2.18 岩体完整程度的划分

名 称	结构面组数	控制性结构面平均间距/m	代表性结构类型
完 整	1~2	>1.0	整体状结构
较完整	2~3	0.4~1.0	块状结构
较破碎	>3	0.2~0.4	镶嵌状结构
破 碎	>3	<0.2	破裂状结构
极破碎	无序	—	散体状结构

2)碎石土

碎石土是指粒径大于2 mm的颗粒含量超过全重50%的土。根据颗粒形状和颗粒级配将碎石土分为漂石、块石、卵石、碎石、圆砾和角砾,见表2.19。

表2.19　碎石土分类(GB 50007—2011)

土的名称	颗粒形状	颗粒级配
漂石	圆形及亚圆形为主	粒径大于200 mm的颗粒含量超过全重50%
块石	棱角形为主	
卵石	圆形及亚圆形为主	粒径大于20 mm的颗粒含量超过全重50%
碎石	棱角形为主	
圆砾	圆形及亚圆形为主	粒径大于2 mm的颗粒含量超过全重50%
角砾	棱角形为主	

注:定名时应根据颗粒级配由大到小以最先符合者确定。

3)砂土

砂土是指粒径大于2 mm的颗粒含量不超过全重50%,且粒径大于0.075 mm的颗粒含量超过全重50%的土。根据颗粒形状和颗粒级配将砂土分为砾砂、粗砂、中砂、细砂和粉砂,见表2.20。

表2.20　砂土分类(GB 50007—2011)

土的名称	颗粒级配
砾砂	粒径大于2 mm的颗粒含量占全重25%~50%
粗砂	粒径大于0.5 mm的颗粒含量超过全重50%
中砂	粒径大于0.25 mm的颗粒含量超过全重50%
细砂	粒径大于0.075 mm的颗粒含量超过全重85%
粉砂	粒径大于0.075 mm的颗粒含量超过全重50%

注:定名时根据颗粒级配由大到小以最先符合者确定。

4)粉土

粉土是指介于砂土和黏性土之间,塑性指数$I_P \leq 10$,粒径大于0.075 mm的颗粒含量不超过全重50%的土。

5)黏性土

黏性土是指塑性指数I_P大于10的土。根据塑性指数I_P,将黏性土又分为粉质黏土和黏土,详见表2.21。

表2.21　黏性土分类(GB 50007—2011)

土的名称	塑性指数	土的名称	塑性指数
粉质黏土	$10 < I_P \leq 17$	黏土	$I_P > 17$

注:塑性指数由相应76 g圆锥体沉入土样中深度为10 mm时测定的液限计算而得。

6) 人工填土

人工填土是指由于人类活动而形成的堆积土,物质成分较杂乱,均匀性差。根据其组成和成因,可分为素填土、压实填土、杂填土和冲填土。素填土为由碎石、砂土、粉土、黏性土等组成的填土。经过压实或夯实的素填土为压实填土。杂填土为含大量建筑垃圾、工业废料、生活垃圾等杂质的填土。冲填土为由水力充填泥沙形成的填土。

除上述六大类岩、土,自然界还有一些具有一定分布区域或工程意义,包含特殊成分、状态和结构特征的土,称为特殊土,如淤泥及淤泥质土、红黏土、膨胀土、湿陷性土等。

淤泥为静水或缓慢的流水环境中沉积,并经生物化学作用形成,天然含水量 ω 大于液限 ω_L、天然孔隙比 e 大于或等于 1.5 的黏性土。淤泥质土为天然含水量 ω 大于液限 ω_L,而天然孔隙比 e 小于 1.5 但大于或等于 1.0 的黏性土或粉土。淤泥及淤泥质土均属于软土,软土的承载力低、压缩性大、透水性差,具有明显的结构性和流变性,不能作为天然地基。

红黏土为碳酸盐岩系的岩石,经红土化作用形成的高塑性黏土。其液限 ω_L 一般大于50%。红黏土经再搬运后仍保留其基本特征,其液限 ω_L 大于 45% 的土为次生红黏土。红黏土常呈蜂窝状结构,常有很多裂隙、结核和土洞。红黏土往往具有高塑性和分散性、高含水率和低密度、较高强度和较低压缩性。

膨胀土为土中黏粒成分主要由亲水性矿物组成,同时具有显著的吸水膨胀和失水收缩特性,其自由膨胀率大于或等于 40% 的黏性土。

湿陷性土为浸水后产生附加沉降,其湿陷系数大于或等于 0.015 的土。

2.7.2　公路桥涵地基与基础设计规范

《公路桥涵地基与基础设计规范》(JTG D63—2007)适用于公路桥涵地基基础的设计,其他道路桥涵的地基基础也可参照使用。该规范与《建筑地基基础设计规范》对于岩土的分类方法类似,将公路桥涵地基的岩土分为岩石、碎石土、砂土、粉土、黏性土和特殊性岩土六大类别。

岩石除了采用与《建筑地基基础设计规范》相同的分类方法,即按坚硬程度(划分标准同表2.15、表2.16)、完整度分级(划分标准同表2.17)和风化程度分级外,《公路桥涵地基与基础设计规范》还增加了岩体节理发育程度和软化性的分类标准。岩体节理发育程度根据节理间距分为节理很发育、节理发育、节理不发育 3 种类型,见表 2.22。此外,根据岩石的软化系数(岩石在饱和状态下的单轴抗压强度与其干燥状态下的单轴抗压强度的比值)将岩石分为软化岩石和不软化岩石,规范规定当软化系数≤0.75 时,应定为软化岩石;当软化系数>0.75 时,应定为不软化岩石。

表 2.22　岩体节理发育程度的分类

发育程度	节理不发育	节理发育	节理很发育
节理间距/mm	>400	200~400	20~200

《公路桥涵地基与基础设计规范》中对于碎石土、砂土、粉土和黏性土的分类标准与《建筑地基基础设计规范》相同,只是增加了黏性土按沉积年代分类,将其划分为老黏性土、一般黏性土和新近沉积黏性土,见表 2.23。

表2.23 黏性土的沉积年代分类

土的分类	老黏性土	一般黏性土	新近沉积黏性土
沉积年代	第四纪晚更新世(Q_3)及以前	第四纪全新世(Q_4)	第四纪全新世(Q_4)以后

《公路桥涵地基与基础设计规范》中的特殊性岩土包括软土、膨胀土、湿陷性土、红黏土、冻土、盐渍土(土中易溶盐含量大于0.3%,并具有溶陷、盐胀、腐蚀等工程特性的土)和填土。与《建筑地基基础设计规范》相比,软土不仅包括淤泥及淤泥质土,还增加了泥炭和泥炭质土,此外,还增加了软土地基鉴别指标,见表2.24。两个规范中的填土与人工填土其实是完全相同的,只是名称不同而已。

表2.24 软土地基鉴别指标(JTG D63—2007)

指标名称	天然含水量 $\omega/\%$	天然孔隙比 e	直剪内摩擦角 $\varphi/(°)$	十字板剪切强度 C_u/kPa	压缩系数 $a_{1\text{-}2}/MPa^{-1}$
指标值	≥35 或液限	≥1.0	宜小于5	<35	宜大于0.5

【例2.11】 取某土试样2 000 g,进行颗粒分析试验,测得各筛上质量见表2.25,筛底质量为560 g。已知土样中的粗颗粒以棱角形为主,细颗粒为黏土。问下列哪一选项对该土样的定名最准确?( )

表2.25 例2.11表

孔径/mm	20	10	5	2.0	1.0	0.5	0.25	0.075
筛上质量/g	0	100	600	400	100	50	40	150

A. 角砾　　　　　B. 砾砂　　　　　C. 含黏土角砾　　　　　D. 角砾混黏土

【解】 粒径大于2 mm的颗粒占全重的比例:

$$\frac{100+600+400}{2\ 000}=55\% > 50\%$$

所以可以初步判断为角砾。

粒径小于0.075 mm的颗粒占全重的比例:

$$\frac{560}{2\ 000}=28\% > 25\%$$

所以判断为含黏土角砾。答案:C。

习　题

2.1 已知某土样的土粒相对密度 $d_s = 2.7$,土的含水量 $\omega = 23.4\%$,土的天然重度 $\gamma = 18.9\ kN/m^3$。

(1)绘出三相示意图(设土的体积为1 m^3)并标出各部分重力及体积。

(2)根据三相比例指标定义求土的饱和重度、干密度和孔隙率。(答案:$\gamma_{sat} = 19.64\ kN/m^3$,$\rho_d = 1.53\ g/cm^3$,$n = 43.3\%$)

2.2 已知某土样烘干后的质量为 10.4 g,土粒的相对密度 $d_s = 2.72$、土的干密度 $\rho_d = 1.55$ g/cm³。

(1)绘出三相示意图并标出各部分质量及体积。

(2)根据三相比例指标定义求土的有效重度和孔隙比。(答案:$\gamma' = 9.81$ kN/m³,$e = 0.76$)

2.3 某一完全饱和砂土试样,其含水量 $\omega = 30.4\%$,土粒相对密度 $d_s = 2.68$,已知该土样的最大、最小孔隙比分别为 0.932 和 0.458,求该土样的相对密度并评定砂土的密实度。(答案:$e = 0.815$,$D_r = 0.25$,松散状态)

2.4 已知某土样的天然密度为 1.93 g/cm³,干密度为 1.63 g/cm³,液限、塑限分别为 35.7% 和 15.4%,求:

(1)该土样的塑性指数和液性指数。

(2)判定该土样的分类名称和软硬状态。(答案:$I_P = 20.3$,$I_L = 0.15$,黏土,硬塑状态)

2.5 已知某土样的液限为 28.5%,塑限为 12.8%,土样的天然密度 $\rho = 1.88$ g/cm³,干密度 $\rho_d = 1.65$ g/cm³,试计算该土样的塑性指数和液性指数并确定该土样所处的状态。(答案:$I_P = 15.7$,$I_L = 0.07$,硬塑状态)

2.6 某原状土,经试验测得的基本指标值如下:密度 $\rho = 1.67$ g/cm³,含水量 $\omega = 12.9\%$,土粒的相对密度 $d_s = 2.67$。试求该土的孔隙比 e,孔隙率 n,饱和度 S_r,干密度 ρ_d,饱和密度 ρ_{sat} 和有效密度 ρ'。(答案:$e = 0.805$,$n = 44.6\%$,$S_r = 43\%$,$\rho_d = 1.48$ g/cm³,$\rho_{sat} = 1.93$ g/cm³,$\rho' = 0.93$ g/cm³)

2.7 将土以不同含水量配制成试样,用标准的夯击能使土样夯实,测土体重度,得数据如表 2.26 所示。已知土粒重度 $\gamma_s = 26.5$ kN/m³,试求最优含水量。(答案:11.7%)

表 2.26 习题 2.7 表

$\omega/\%$	17.2	15.2	12.2	10.0	8.8	7.4
$\gamma/(kN \cdot m^{-3})$	20.6	21.0	21.6	21.3	20.3	18.9

第3章　土的渗透性与渗流

土是具有连续孔隙的介质,当饱和土中的两点存在能量差时,水就在土的孔隙中从能量高的点向能量低的点流动。水在土体孔隙中流动的现象称为渗流。土具有被水等液体透过的性质,称为土的渗透性,或称透水性。

水在土孔隙中渗流,水与土相互作用,必然导致土中应力状态的变化,甚至出现水的渗流和土的渗流变形(或渗透破坏)等,从而影响建筑地基的变形与稳定。土木工程领域内的许多工程实践都与土的渗透性密切相关,归纳起来土的渗透性研究主要包括下述3个方面:

①渗流量问题:如基坑开挖或施工围堰时的渗水量与排水计算,土堤坝身、坝基土中的渗流量,水井的供水量或排水量等。

②渗透破坏问题:土中的渗流会对土颗粒施加作用力,即渗流力(渗透力),当渗流力过大时就会引起土颗粒或土体移动,产生渗透变形,甚至渗透破坏,如边坡破坏、地面隆起、堤坝失稳等现象。近年来高层建筑基坑失稳事故有很多就是由渗透破坏引起的。

③渗流控制问题:当渗流量或渗透变形不满足设计要求时,就要研究工程措施进行渗流控制及工程降水。

水在土体中的渗流,一方面会引起水量损失或基坑积水,影响工程效益和进度;另一方面将引起土体变形,改变构筑物或地基的稳定条件,直接影响工程安全。因此,研究土的渗透性和渗流规律及其与工程的关系具有重要意义。

3.1　土的渗透性与达西定律

3.1.1　土的渗透性

由于土体颗粒排列具有任意性,水在孔隙中流动的实际路线是不规则的,渗流的方向和速度都是变化着的。土体两点之间的压力差及土体孔隙的大小、形状和数量是影响水在土中渗流的主要因素。为分析问题的方便,在渗流分析时常将复杂的渗流土体简化为一种理想的渗流模型,如图3.1所示。该模型不考虑渗流路径的迂回曲折而只分析渗流的主要流向,而且认为整个空间均被渗流所充满,即假定同一过水断面上渗流模型的流量等于真实渗流的流量,任一点处渗流模型的压力等于真实渗流的压力。

1)渗流速度

水在饱和土体中渗流时,在垂直于渗流方向取一个土体截面,该截面称为过水截面。过水截面包括土颗粒和孔隙所占据的面积,平行渗流时为平面,弯曲渗流时为曲面。在时间 t 内渗流通过该过水截面(其面积为 A)的渗流量为 Q,则渗流速度为:

$$v = \frac{Q}{At} \tag{3.1}$$

渗流速度表征渗流在过水截面上的平均流速,并不代表水在土中渗流的真实流速。水在饱和土体中渗流时,其实际平均流速为:

$$\bar{v} = \frac{Q}{nAt} \tag{3.2}$$

式中　n——土体的孔隙率。

2)水力坡降

如图 3.1 所示,根据水力学知识,水在土中从 A 点渗透到 B 点应该满足连续定律和能量方程(Bernoulli 方程),水在土中任意一点的水头可以表示为:

$$h = z + \frac{u_w}{\gamma_w} + \frac{v^2}{2g} \tag{3.3}$$

式中　z——相对于选定的基准面的高度,代表单位液体所具有的位能,称为位置水头,m;

u_w——孔隙水压力,代表单位质量液体所具有的压力势能,kPa;

$\dfrac{u_w}{\gamma_w}$——该点孔隙水压力的水柱高,为该点的压力水头,m;

v——渗流速度,m/s;

$\dfrac{v^2}{2g}$——单位质量液体所具有的动能,称为该点的速度水头,m;

h——总水头,表示该点单位质量液体所具有的总机械能,m;

γ_w——水的重度,kN/m³;

g——重力加速度,m/s²。

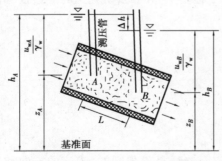

图 3.1　水在土中渗流示意图

位置水头 z 的大小与基准面的选取有关,因此水头的大小随着选取的基准面不同而不同。在实际计算中最关心的不是水头 h 的大小,而是水头差 Δh 的大小(图 3.1 中,水流从 A 点流动到 B 点过程中的水头损失为 Δh),因而基准面可以任意选取。由于水在土中渗流时受到土的阻力较大,一般情况下渗流的速度很小,可以忽略不计,常用测压管水头表示渗流的总水头,即

$$h = z + \frac{u_w}{\gamma_w} \tag{3.4}$$

在单位流程中水头损失的多少表征水在土中渗流的推动力大小,可以用水力坡降(也称为水力梯度)来表示,即

$$i = \frac{\Delta h}{L} \tag{3.5}$$

式中　Δh——水头损失,也称为水头差;

L——渗流长度。

水在土中的渗流是从高水头向低水头流动,而不是从高压力水头向低压力水头流动。如图 3.1 所示,若 $\dfrac{u_{wA}}{\gamma_w} < \dfrac{u_{wB}}{\gamma_w}$,即 A 点的压力水头小于 B 点时,渗流方向仍然是从 A 点流向 B 点,因为 A 点的水头大于 B 点的水头。因此,水流渗透的方向取决于水头而不是压力水头。

【例 3.1】　渗流试验装置如图 3.2 所示,试求:

(1)土样中 a—a,b—b 和 c—c 3 个截面的压力水头和总水头;

(2)截面 a—a 至 c—c,a—a 至 b—b 及 b—b 至 c—c 的水头损失;

(3)水在土样中渗流的水力梯度。

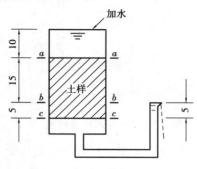

图 3.2　例 3.1 图(单位:cm)

【解】　取截面 c—c 为基准面,则截面 a—a 和 c—c 的位置水头 z_a 和 z_c、压力水头 h_{wa} 和 h_{wc} 及总水头 h_a 和 h_c 分别为:

$$z_a = 15\ \text{cm} + 5\ \text{cm} = 20\ \text{cm}$$
$$h_{wa} = 10\ \text{cm}$$
$$h_a = 20\ \text{cm} + 10\ \text{cm} = 30\ \text{cm}$$
$$z_c = 0$$
$$h_{wc} = 5\ \text{cm}$$
$$h_c = 0\ \text{cm} + 5\ \text{cm} = 5\ \text{cm}$$

从截面 a—a 至 c—c 的水头损失 Δh_{ac} 为:

$$\Delta h_{ac} = 30\ \text{cm} - 5\ \text{cm} = 25\ \text{cm}$$

截面 b—b 的总水头 h_b、位置水头 z_b 和压力水头 h_{wb} 分别为:

$$h_b = h_c + \frac{5}{15+5}\Delta h_{ac} = 5\ \text{cm} + \frac{5}{20} \times 25\ \text{cm} = 11.25\ \text{cm}$$
$$z_b = 5\ \text{cm}$$
$$h_{wb} = 11.25\ \text{cm} - 5\ \text{cm} = 6.25\ \text{cm}$$

从截面 a—a 至 b—b 的水头损失 Δh_{ab} 及截面 b—b 至 c—c 的水头损失 Δh_{bc} 分别为:

$$\Delta h_{ab} = 30\ \text{cm} - 11.25\ \text{cm} = 18.75\ \text{cm}$$
$$\Delta h_{bc} = 11.25\ \text{cm} - 5\ \text{cm} = 6.25\ \text{cm}$$

水在土样中渗流的水力梯度 i 可由 Δh_{ac},Δh_{ab} 或 Δh_{bc} 及相应的流程求得:

$$i = \frac{\Delta h_{ac}}{15+5} = \frac{25}{20} = 1.25$$

3.1.2　达西定律

1)渗透试验与达西定律

水在土中流动时,由于土的孔隙通道很小,渗流过程中黏滞阻力很大,所以在多数情况下,水在土中的渗流十分缓慢,属于层流范围。

1852—1855 年,达西(H. Darcy)为了研究水在砂土中的流动规律,进行了大量的渗透试验,得出了层流条件下,土中水渗流速度和水头损失之间关系的渗流规律,即达西定律。如图 3.3

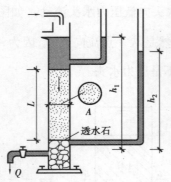

图 3.3　达西渗透试验装置

所示即为达西渗透试验装置,试验筒中部装满砂土,砂土试样长度为 L,截面积为 A,从试验筒顶部注水,使水位保持稳定,砂土试样两端各装一支测压管,测得前后两支测压管水位差为 Δh,试验筒左端底部留一个排水口排水。

试验结果表明:在某一时段 t 内,水从砂土中流过的渗流量 Q 与过水断面 A 和土体两端测压管中的水位差 Δh 成正比,与土体在测压管之间的距离 L 成反比。那么,达西定律可表示为:

$$q = \frac{Q}{t} = k\frac{\Delta h \cdot A}{L} = kAi \tag{3.6}$$

$$v = \frac{q}{A} = ki \tag{3.7}$$

式中　q——单位时间渗流量,cm^3/s;

　　　v——渗流速度,m/d 或 cm/s;

　　　i——水力坡降;

　　　k——土的渗透系数,其物理意义表示单位水力坡降时的渗流速度,cm/s 或 m/d。

式(3.6)和式(3.7)称为达西渗流公式,它表征水在砂土中的渗流速度与水力坡降成正比,并与土的性质有关。注意,式(3.7)中的渗流速度 v 并不是土孔隙中水的实际平均流速,因为公式推导中采用的是土样的整个断面积,其中包括了土粒骨架所占用的部分面积。显然土粒本身是不透水的,故真实的过水面积 A_v 应小于 A,从而实际平均流速 v_s 应大于 v,一般称 v 为假想渗流速度。v 与 v_s 的关系可通过水流连续原理建立。

按照水流连续原理:

$$q = vA = v_sA_v \tag{3.8}$$

若均质砂土的孔隙率为 n,则 $A_v = nA$,所以

$$v_s = \frac{vA}{nA} = \frac{v}{n} \tag{3.9}$$

由于水在土中沿孔隙流动的实际路径十分复杂,v_s 也并非渗流的真实速度。要想真正确定某一具体位置的真实流动速度,无论理论分析或试验方法都很难做到,从工程应用角度而言,也没有这种必要。对于解决实际工程问题,最重要的是在某一范围内宏观渗流的平均效果,所以,为了研究方便,渗流计算中均采用假想的平均流速。

【例 3.2】　某土样采用南 55 型渗透仪在实验室进行渗透系数试验,试样高度为 2.0 cm,面积 30 cm^2,试样水头 40 cm,渗透水量为 24 h 共 160 cm^3,求该土样的渗透系数?

【解】　水力梯度 $i = \dfrac{\Delta h}{L} = \dfrac{40\ \text{cm} - 0}{2\ \text{cm}} = 20$

渗透速度 $v = \dfrac{Q}{At} = \dfrac{160\ \text{cm}^3}{30\ \text{cm}^2 \times 24 \times 60 \times 60\ \text{s}} = 6.2 \times 10^{-5}\ \text{cm}/\text{s}$

渗透系数 $k = \dfrac{v}{i} = 3.1 \times 10^{-6}\ \text{cm}/\text{s}$

【例 3.3】　土坝因坝基渗漏严重,拟在坝顶采用旋喷桩技术做一道沿坝轴方向的垂直防渗心墙,墙身伸到坝基下伏的不透水层中。已知坝基基底为砂土层,厚度 10 m,沿坝轴长度为 100 m,旋喷桩墙体的渗透系数为 $1 \times 10^{-7}\text{cm}/\text{s}$,墙宽 2 m。问当上游水位高度 40 m,下游水位高度

10 m 时,加固后该土石坝坝基的渗流量为多少?(不考虑土坝坝身的渗流量)

【解】 根据土层渗透定律

$$i = \frac{40 - 10}{2} = 15$$

$$A = 100 \text{ m} \times 10 \text{ m} = 1\,000 \text{ m}^2$$

$$v = ki = 1 \times 10^{-7} \text{cm/s} \times 15 = 15 \times 10^{-7} \text{cm/s}$$

$$q = kiA = 15 \times 10^{-7} \text{cm/s} \times 1\,000 \times 10^4 \text{ cm}^2 = 15 \text{ cm}^3/\text{s}$$

2)达西定律的适用范围

前面已经指出,达西定律是描述层流状态下渗流速度与水头损失关系的规律,它所表示的渗流速度与水力梯度成正比关系是在特定水力条件下的试验结果。随着渗流速度的增加,这种线性关系将不再存在,因此,达西定律应该有一个适用范围。实际上水在土中渗流时,由于土中孔隙的不规则性,水的流动是无序的,水在土中渗流的方向、速度和加速度也都是不断改变的。当水运动的速度和加速度很小时,其产生的惯性力远远小于液体黏滞性所产生的摩擦阻力,这时黏滞力占优势,水的运动是层流,渗流服从达西定律;当水运动的速度达到一定的程度,惯性力占优势时,由于惯性力与速度的平方成正比,达西定律就不再适用了,但是这时的水流仍属于层流范围。

一般工程问题中的渗流,无论是发生在砂土中还是黏性土中,均属于层流范围或者近似层流范围,达西定律均可适用,但实际上水在土中渗流时服从达西定律存在一个界限问题。图3.4绘出了典型砂土和黏性土的渗流试验结果。

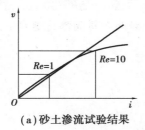 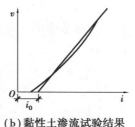

(a)砂土渗流试验结果　　　　(b)黏性土渗流试验结果

图 3.4　砂土和黏土中的渗流规律比较

首先讨论一下达西定律的上限值。如图 3.4(a)所示,水在粗颗粒土中渗流时,随着渗流速度的增加,水在土中的运动状态可以分成以下 3 种情况:

①水流速度很小时,为黏滞力占优势的层流,达西定律适用,这时雷诺数 Re 为 $1 \sim 10$ 的某一值。雷诺数 Re 用来表征流体流动情况的无量纲数。$Re = \rho v d/\mu$,其中 v,ρ,μ 分别为流体的流速、密度与黏性系数,d 为一特征长度。例如流体流过圆形管道,则 d 为管道的当量直径。利用雷诺数可区分流体的流动是层流或湍流,也可用来确定物体在流体中流动所受到的阻力。

②水流速度增加到惯性力占优势的层流并向湍流过渡时,达西定律不再适用,这时雷诺数 Re 在 $10 \sim 100$。

③随着雷诺数 Re 的增大,水流进入湍流状态,达西定律完全不再适用。

其次讨论达西定律的下限值。在黏性土中由于土颗粒周围存在结合水膜而使土体呈现一定的黏滞性,因此,一般认为黏性土中自由水的渗流必然会受到结合水膜黏滞阻力的影响,只有当水力梯度达到一定值后渗流才能发生,将这一水力梯度称为黏性土的起始水力梯度 i_0,即存在一个达西定律有效范围的下限值[图3.4(b)]。此时达西定律可修改为:

$$v = k(i - i_0) \tag{3.10}$$

关于起始水力梯度的问题,很多学者认为:密实黏性土颗粒周围具有较厚的结合水膜,它占据了土体内部的过水通道,渗流只有在较大水力梯度的作用下,挤开结合水膜的堵塞才能发生,起始水力梯度是用以克服结合水膜所消耗的能量。

需要指出的是,关于起始水力梯度是否存在的问题,目前尚存在较大的争论。有学者认为,达西定律在小梯度时也完全适用,偏离达西定律的现象是由于试验误差造成的;也有学者认为,达西定律在小梯度时不再适用,也不存在起始水力梯度,流速和水力梯度曲线通过原点,但呈非线性关系。

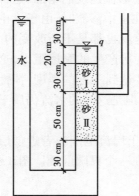

图 3.5 例 3.4 计算简图

【例3.4】 某渗透试验装置如图3.5所示。砂样 I 的渗透系数 $k_1 = 2 \times 10^{-1}$ cm/s,砂样 II 的渗透系数 $k_2 = 1 \times 10^{-1}$ cm/s,砂样断面积 $A = 200$ cm^2。

(1)若在砂样 I 和砂样 II 分界处安装一测压管,测压管中水面将升至右端水面以上多高?

(2)渗流量 q 是多少?

【解】 (1)从图3.5可以看出,渗流自左边水管流经砂样 II 和砂样 I 后的总水头损失 $\Delta h = 30$ cm。如砂样 I、砂样 II 各自的水头损失分别为 Δh_1、Δh_2,则

$$\Delta h_1 + \Delta h_2 = \Delta h = 30 \text{ cm}$$

根据渗流连续原理,流经两砂样的渗透速度 v 应相等,即 $v_1 = v_2$。

按照达西定律,$v = ki$,则

$$k_1 i_1 = k_2 i_2$$

$$k_1 \frac{\Delta h_1}{L_1} = k_2 \frac{\Delta h_2}{L_2}$$

已知 $L_1 = 30$ cm,$L_2 = 50$ cm,$k_1 = 2k_2$,故 $\Delta h_2 = \frac{10}{3}\Delta h_1$。

代入 $\Delta h_1 + \Delta h_2 = 30$ cm 后,可求出:

$$\Delta h_1 = 6.923 \text{ cm} \quad , \Delta h_2 = 23.077 \text{ cm}$$

由此可知,在砂 I 与砂 II 分界面处,测压管中水面将升至右端水面以上 6.923 cm。

(2)根据 $q = kiA = k_1 \frac{\Delta h_1}{L_1}A$,可得:

$$q = 0.2 \times \frac{6.923}{30} \times 200 \text{ cm}^3/\text{s} = 9.231 \text{ cm}^3/\text{s}$$

3.1.3 渗透系数测定及影响因素

渗透系数 k 是一个代表土的渗流性强弱的定量指标,也是计算时必须用到的基本参数,不同种类的土,k 值差别很大。因此,准确测定土的渗透系数,是一项十分重要的工作。

1）实验室测定法

目前实验室中测定渗透系数 k 的仪器种类和试验方法很多,但从试验原理上大体可分为常水头法和变水头法两种。

（1）常水头试验法

常水头试验法就是在整个试验过程中保持水头为一常数,从而水头差也为常数。适用于测量渗透性大的砂性土的渗透系数,如图 3.6(a)所示装置与前面所述的图 3.3 所示的达西渗透试验装置都属于这种类型。

设试样的长度为 L,截面积为 A,试验时,先打开供水阀,使水自上而下通过试样并从溢流槽排除,试样两端部设有测压管测定其水头差 Δh,待水在试样中渗流稳定后,经过一段时间,测定历时 t 流过试样的水量 Q 和测压管水头差 Δh,即可按照达西定律得:

$$q = \frac{Q}{t} = kiA = kA\frac{\Delta h}{L} \tag{3.11}$$

$$k = \frac{Q}{At}\frac{L}{\Delta h} \tag{3.12}$$

（2）变水头试验法

对于黏性土来说,由于其渗透系数较小,故渗水量较小,用常水头渗透试验不易准确测定,因此这种渗透系数小的土可用变水头渗透试验。变水头试验在试验过程中水头是随时间而变化的。利用水头变化与渗流通过试样截面的水量关系测定土的渗透系数,试验装置如图 3.6(b)所示。水流从一根直立带有刻度的玻璃管和 U 形管自上而下流经试样。试验时,将玻璃管充预处理好的试验用水至适当高度后,开动秒表,测记起始水头差 h_1,经历时间 t 后再测定水头差 h_2,便可利用达西定律推导出渗透系数的表达式。

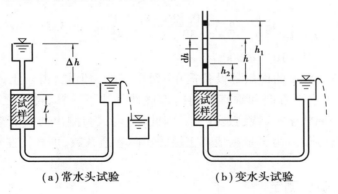

(a)常水头试验　　　　　(b)变水头试验

图 3.6　渗透试验装置示意图

设玻璃管内截面积为 a,试样长度为 L,试样截面积为 A。试验开始后任意时刻 t 的水头差为 h,经历 dt 时段,管中水位下降 dh,则时段 dt 内,流过试样的水量为:

$$dQ = -a\,dh \tag{a}$$

式中,负号表示渗水量随 h 的减小而增大。

根据达西定律,在时段 dt 内流过试样的水量又可表示为:

$$dQ = kA\frac{h}{L}dt \tag{b}$$

令式(a)等于式(b),得到:

$$dt = -\frac{aL}{kA}\frac{dh}{h} \qquad\qquad (c)$$

上式两边积分:

$$\int_{t_1}^{t_2}dt = -\int_{h_1}^{h_2}\frac{aL}{kA}\frac{dh}{h} \qquad\qquad (d)$$

即可得土的渗透系数表达式为:

$$k = \frac{aL}{A(t_2-t_1)}\ln\frac{h_1}{h_2} \qquad\qquad (3.13a)$$

或

$$k = 2.3\frac{aL}{A(t_2-t_1)}\lg\frac{h_1}{h_2} \qquad\qquad (3.13b)$$

试验通过测定几组时刻 t_1 和 t_2 与对应的 h_1 和 h_2,分别求得其渗透系数,然后取其平均值作为渗透系数。此外,试验时还应注意:由于试验的玻璃管的截面积 a 较小,所用水的质量和温度会影响试验误差。所以,试验时应采用纯净的无汽水进行试验,并对温度进行校正。

【例 3.5】 设变水头试验时,黏土试样的截面积为 30 cm²,厚度为 4 cm;渗透仪细玻璃管的内径为 0.4 cm,试验开始时,水位差为 160 cm,经时段 7 min 25 s,观测的水位差为 145 cm,试验时水温为 20 ℃,试求试样的渗透系数。

【解】 已知面积 $A = 30$ cm²,渗流长度 $L = 4$ cm,细玻璃管的内径截面积 $a = \frac{\pi d^2}{4} = \frac{\pi}{4} \times (0.4)^2 = 0.126$ cm²。$h_1 = 160$ cm,$h_2 = 145$ cm,$t_1 = 0$,$t_2 = 7\times60$ s $+ 25$ s $= 445$ s,由式(3.13b)可求得:

$$k = 2.3\frac{aL}{A(t_2-t_1)}\lg\frac{h_1}{h_2} = 2.3\times\frac{0.126\times4}{30\times445}\lg\frac{160}{145}\text{cm/s} = 3.71\times10^{-6}\text{cm/s}$$

即试样的渗透系数为 3.71×10^{-6} cm/s。

实验室测定渗透系数 k 的优点是设备简单,费用较低。但是,由于土的渗透性与土的结构有很大关系,地层中水平方向和垂直方向的渗透性往往不一样;再加之取样时的扰动,不易取得具有代表性的原状土样,特别是砂土。因此,室内试验测出的 k 值常常不能很好地反映现场土的实际渗透性质。为了量测地基土层的实际渗透系数,可直接在现场进行 k 值的原位测定。

2)渗透系数的现场测定

在现场研究场地的渗透性,进行渗透系数 k 值测定时,常用现场井孔抽水试验或注水试验的方法。对于均质的粗粒土层,用现场抽水试验测出的 k 值往往比室内试验更为可靠。下面主要介绍用抽水试验确定 k 值的方法。注水试验的原理与抽水试验类似。

如图 3.7 所示为一现场井孔抽水试验示意图。在现场打一口试验井,贯穿要测定 k 值的砂土层,并在距井中心不同距离处设置一个或两个观测孔。然后自井中以不变速率连续进行抽水。抽水造成周围的地下水位逐渐下降,形成一个以井孔为轴心的漏斗状的地下水面。测定试验井和观察孔中的稳定水位,可以画出测压管水位变化图形。测压管水头差形成的水力坡降,使水流向井内。假定水流是水平流向时,则流向水井的渗流过水断面应是一系列的同心圆柱面。待出水量和井中的动水位稳定一段时间后，若测得的抽水量为 Q，观测孔距井轴线的距离分别为 r_1，r_2，孔内的水位高度为 h_1，h_2，通过达西定律即可求出土层的平均 k 值。

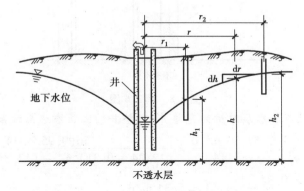

图 3.7 抽水试验

围绕井抽取一过水断面，该断面距井中心的距离为 r，水面高度为 h，则过水断面积 A 为：

$$A = 2\pi rh \tag{3.14}$$

假设该过水断面上各处水力坡降为常数，且等于地下水位线在该处的坡度时，则

$$i = \frac{\mathrm{d}h}{\mathrm{d}r} \tag{3.15}$$

根据达西定律，单位时间自井内抽出的水量为：

$$q = Aki = 2\pi rh \cdot k \cdot \frac{\mathrm{d}h}{\mathrm{d}r} \tag{3.16}$$

$$q\frac{\mathrm{d}r}{r} = 2\pi khdh \tag{3.17}$$

等式两边进行积分：

$$q\int_{r_1}^{r_2}\frac{\mathrm{d}r}{r} = 2\pi k\int_{h_1}^{h_2}hdh \tag{3.18}$$

得：

$$q\ln\frac{r_2}{r_1} = \pi k(h_2^2 - h_1^2) \tag{3.19}$$

从而得出：

$$k = \frac{q\ln(r_2/r_1)}{\pi(h_2^2 - h_1^2)} \tag{3.20}$$

或用常对数表示，则

$$k = 2.3\frac{q\lg(r_2/r_1)}{\pi(h_2^2 - h_1^2)} \tag{3.21}$$

现场测定 k 值可以获得场地较为可靠的平均渗透系数，但试验所需费用较大，故要根据工程规模和勘察要求，确定是否需要采用。

【例 3.6】 某完整井进行抽水试验，其中一口抽水井、两口观测井，观测井与抽水井距 $r_1 = 4.3$ m，$r_2 = 9.95$ m（图 3.8），含水层厚度为 12.34 m，当抽水量 $q = 57.89$ m³/d 时，第一口观测井降深 0.43 m，第二口观测井降深 0.31 m。试计算土层的渗透系数。

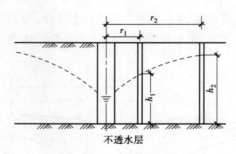

图3.8 例3.6图

【解】 当井底钻至不透水层时称为完整井,完整井的土层渗透系数 k 可由下式计算:

$$k = \frac{q}{\pi} \times \frac{\ln(r_2/r_1)}{h_2^2 - h_1^2} = \frac{57.89 \text{ m}^3/\text{d}}{3.14} \times \frac{\ln(9.95/4.3)}{(12.34 - 0.31)^2 \text{m}^2 - (12.34 - 0.43)^2 \text{m}^2}$$

$$= 18.44 \times \frac{0.84}{144.7 - 141.8} \text{m/d} = 5.34 \text{ m/d}$$

3.2 层状土的等效渗透系数

大多数天然沉积土层是由渗透系数不同的几层土所组成,宏观上具有非均值性。在计算渗流量时,为简单起见;常常把几个土层等效为厚度等于各土层之和,渗透系数为等效渗透系数的单一土层。但要注意,等效渗透系数的大小与水流的方向有关,可按下述方法求之。

3.2.1 层状土水平渗流情况

如图3.9(a)所示为一座建造在多层透水地基上的水闸。已知地基内各土层的渗透系数分别为 $k_1, k_2, k_3 \cdots$,厚度相应为 $H_1, H_2, H_3 \cdots$,总土层厚度即等效土层厚度为 H。渗透水流自断面1—1 流至断面2—2,距离为 L,水头损失为 Δh。这种平行于各层面的水平渗流的特点为:

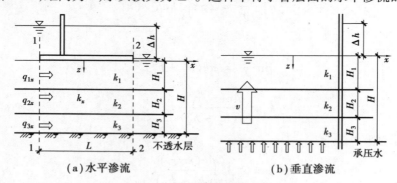

(a)水平渗流　　　　　　(b)垂直渗流

图3.9 层状土的渗流情况

①各层土中的水力坡降 $i(= \frac{\Delta h}{L})$ 与等效土层的平均水力坡降 i 相同。

②垂直 x—z 面取单位宽度,通过等效土层 H 的总渗流量等于各层土渗流量之和,即

$$q_x = q_{1x} + q_{2x} + q_{3x} + \cdots = \sum_{i=1}^{n} q_{ix} \qquad (3.22)$$

将达西定律代入式(3.22)可得：

$$k_x i H = \sum_{i=1}^{n} k_i i H_i = i \sum_{i=1}^{n} k_i H_i \tag{3.23}$$

消去 i 后，即可得出沿水平方向的等效渗透系数 k_x：

$$k_x = \frac{1}{H} \sum_{i=1}^{n} k_i H_i \tag{3.24}$$

【例3.7】　如图3.10所示为一工程地质剖面图，图中虚线为潜水位线。已知：$h_1 = 15$ m，$h_2 = 10$ m，$M = 5$ m，$l = 50$ m，第①层土的渗透系数 $k_1 = 5$ m/d，第②层土的渗透系数 $k_2 = 50$ m/d，其下为不透水层。问通过1，2断面之间的宽度(每米)平均水平渗流流量是多少？

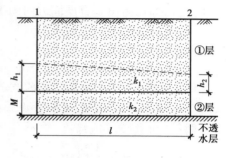

图3.10　例3.7图

【解】　从题目中可以得到计算区间的平均水力坡降为：

$$i = \frac{15 - 10}{50} = 0.1$$

通过第②层土的流量：

$$q_2 = k_2 i M = 50 \times 0.1 \times 5 = 25 \ \text{m}^3/\text{d}$$

通过第①层土的平均流量：

$$q_1 = k_1 i \frac{15 + 10}{2} = 5 \times 0.1 \times 12.5 = 6.25 \ \text{m}^3/\text{d}$$

通过两层土的总流量：$(25 + 6.25)\text{m}^3/\text{d} = 31.25 \ \text{m}^3/\text{d}$。

3.2.2　层状土垂直渗流情况

如图3.9(b)所示为渗流垂直于土层的情况。设承压水流经土层 H 厚度的总水头损失为 Δh，流经每一层土的水头损失为 $\Delta h_1, \Delta h_2, \Delta h_3 \cdots$。这种垂直于各层面的渗流特点是：

①根据水流连续原理，流经各土层的流速与流经等效土层的流速相同，即

$$v_1 = v_2 = v_3 = \cdots = v \tag{3.25}$$

②流经等效土层 H 的总水头损失 Δh 等于各层土的水头损失之和，即

$$\Delta h = \Delta h_1 + \Delta h_2 + \Delta h_3 + \cdots = \sum_{i=1}^{n} \Delta h_i \tag{3.26}$$

将达西定律代入式(3.26)，则

$$k_1 \frac{\Delta h_1}{H_1} = k_2 \frac{\Delta h_2}{H_2} = \cdots = k_i \frac{\Delta h_i}{H_i} = v \tag{3.27}$$

从而可以解出：

$$\Delta h_1, \Delta h_2, \Delta h_3 \cdots = \frac{v H_i}{k_i} \tag{3.28}$$

设竖直等效渗透系数为 k_z，对等效土层，有：

$$v = k_z \frac{\Delta h}{H}$$

从而可得:

$$\Delta h = \frac{vH}{k_z} \tag{3.29}$$

将式(3.28)和式(3.29)代入式(3.27)得:

$$\frac{vH}{k_z} = \sum_{i=1}^{n} \frac{vH_i}{k_i}$$

消去 v,即可得出垂直层面方向的等效渗透系数 k_z:

$$k_z = \frac{H}{\sum_{i=1}^{n} \frac{H_i}{k_i}} \tag{3.30}$$

【例3.8】 不透水岩基上有水平分布的三层土,厚度均为 1 m,渗透系数分别为 $k_1 = 1$ m/d,$k_2 = 2$ m/d,$k_3 = 10$ m/d,试求等效土层的等效渗透系数 k_x 和 k_z。

【解】 由式(3.24)得:

$$k_x = \frac{1}{H}(k_1 H_1 + k_2 H_2 + k_3 H_3) = \frac{1}{3}(1 + 2 + 10) \text{ m/d} = 4.33 \text{ m/d}$$

根据式(3.30)得:

$$k_z = \frac{H}{\sum_{i=1}^{n} \frac{H_i}{k_i}} = \frac{3}{\frac{1}{1} + \frac{1}{2} + \frac{1}{10}} \text{ m/d} = 1.87 \text{ m/d}$$

由例题计算结果可知,平行于层面的等效渗透系数 k_x 值是各土层渗透系数按厚度的加权平均值;而垂直于层面的等效渗透系数 k_z 则是渗透系数小的土层起主要作用,因此 k_x 恒大于 k_z。在实际问题中,选用等效渗透系数时,一定要注意渗透水流的方向,选择正确的等效渗透系数。

3.3 二维渗流及应用

对于边界条件简单的一维渗流问题,可直接利用达西定律进行渗流计算。但工程中遇到的渗流问题,常常属于边界条件复杂一些的二维或三维渗流问题。例如闸坝下透水地基的渗流以及土坝坝身的渗流等(图3.11),其流线都是弯曲的,不能再视为一维渗流。这时,达西定律也需要用微分形式来表达。为了求解和评价渗流在地基或坝体中是否造成有害的影响,需要知道整个渗流场中各处的测管水头、渗流坡降和渗流速度。当闸坝很长且断面轮廓一致时,可按二维平面渗流问题处理。下面简要讨论二维平面渗流问题。

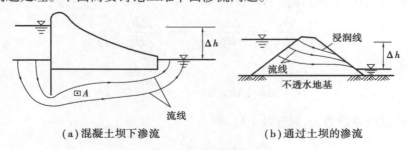

(a)混凝土坝下渗流　　　　　　　(b)通过土坝的渗流

图3.11 二维渗流示意图

3.3.1 二维渗流微分方程

在二维渗流平面中任意点 A 取一微元体，微元体的长度和高度分别为 dx，dz，厚度为 $dy=1$，在 x 和 z 方向各有流速 v_x，v_z，如图 3.12 所示。

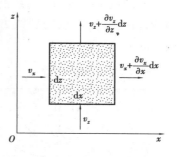

图 3.12 二维渗流的微元体

单位时间内流入这个微元体的水量为 dq_e，则

$$dq_e = v_x dz \cdot 1 + v_z dx \cdot 1$$

单位时间内流出这个微元体的水量为 dq_0，则

$$dq_0 = \left(v_x + \frac{\partial v_x}{\partial x}dx\right)dz \cdot 1 + \left(v_z + \frac{\partial v_z}{\partial z}dz\right)dx \cdot 1$$

假定水体不可压缩，则根据水流连续原理，单位时间内流入和流出微元体的水量应相等，即

$$dq_e = dq_0$$

从而得出：

$$\frac{\partial v_x}{\partial x} + \frac{\partial v_z}{\partial z} = 0 \tag{3.31}$$

式（3.31）即为二维渗流连续方程。

再根据达西定律，对于各向异性土：

$$v_x = k_x i_x = k_x \frac{\partial h}{\partial x} \tag{3.32}$$

$$v_z = k_z i_z = k_z \frac{\partial h}{\partial z} \tag{3.33}$$

式中 k_x，k_z——x 和 z 方向的渗透系数；

h——测压管水头。

将式（3.32）和式（3.33）代入式（3.31）可得出：

$$k_x \frac{\partial^2 h}{\partial x^2} + k_z \frac{\partial^2 h}{\partial z^2} = 0 \tag{3.34}$$

对于各向同性的均质土，$k_x = k_z$，则式（3.34）可表达为：

$$\frac{\partial^2 h}{\partial x^2} + \frac{\partial^2 h}{\partial z^2} = 0 \tag{3.35}$$

式（3.35）即为著名的拉普拉斯（Laplace）方程。它与水力学中的平面势流的拉普拉斯方程一样，该方程描述了渗流场内部的测压管水头 h 的分布，是平面稳定渗流的基本方程式。通过求解一定边界条件下的拉普拉斯方程，即可求得该条件下的渗流场。

3.3.2 流网的特征与绘制

上述拉普拉斯方程表明，渗流场内任一点水头是其坐标的函数，知道了水头分布，即可确定渗流场的其他特征。求解拉普拉斯方程一般有 4 类方法，即数学解析法、数值解法、电模拟法、图解法。其中图解法简便、快速，在工程中实用性强，因此，这里简要介绍图解法。所谓图解法即用绘制流网的方法求解拉普拉斯方程的近似解。

1) 流网的特征

流网是由流线和等势线所组成的曲线正交网格。在稳定渗流场中,流线表示水质点的流动路线,流线上任一点的切线方向就是流速矢量的方向。等势线是渗流场中势能或水头的等值线。

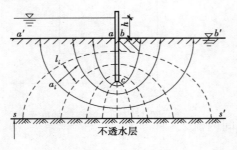

图 3.13　流网的绘制

不透水层

如图 3.13 所示为板桩墙围堰的流网图。图中实线为流线,虚线为等势线。

对于各向同性渗流介质,由水力学可知,流网具有下列特征:

①流线与等势线互相正交;

②流线与等势线构成的各个网格的长宽比为常数,当长宽比为 1 时,网格为曲线正方形,这也是最常见的一种流网;

③相邻等势线之间的水头损失相等;

④各个流槽的渗流量相等。

由这些特征可进一步知道,流网中等势线越密的部位,水力梯度越大,流线越密的部位流速越大。

2) 流网的绘制

如图 3.13 所示,流网绘制步骤如下:

①按一定比例绘出结构物和土层的剖面图;

②判定边界条件:图中 aa' 和 bb' 为等势线(透水面)、acb 和 ss' 为流线(不透水面);

③先试绘若干条流线(应相互平行,不交叉且是缓和曲线),流线应与进水面、出水面(等势线 aa' 和 bb')正交,并与不透水面(流线 ss')接近平行,不交叉;

④加绘等势线:须与流线正交,且每个渗流区的形状接近"方块"。

上述过程不可能一次就合适,经反复修改调整,直到满足上述条件为止。

3.3.3　流网的工程应用

根据流网,就可以直观地获得渗流特性的总体轮廓,并可定量求得渗流场中各点的测管水头、水力坡降、渗流速度和渗流量。

1) 测管水头

根据流网的特征可知,任意两相邻等势线间的势能差相等,即水头损失相等,从而相邻两条等势线之间的水头损失 Δh 为:

$$\Delta h = \frac{\Delta H}{N} = \frac{\Delta H}{n - 1} \quad (N = n - 1) \tag{3.36}$$

式中　ΔH——上、下游水位差,也就是水从上游渗到下游的总水头损失;

　　　N——等势线间隔数;

　　　n——等势线数。

2) 孔隙水压力

渗流场中各点的孔隙水压力,等于该点以上测压管中的水柱高度 h_{ua} 乘以水的容重 γ_w,故 a 点的孔隙水压力为:

$$U_{wa} = h_{ua}\gamma_w \qquad (3.37)$$

3) 水力坡降

流网中任意网格的平均水力坡降 $i = \dfrac{\Delta h}{\Delta l}$,$\Delta l$ 为该网格处流线的平均长度,可从图中量出。由此可知,流网中网格越密处,其水力坡降越大。

4) 渗流速度

各点的水力坡降已知后,渗流速度的大小可根据达西定律求出,即 $v = ki$,其方向为流线的切线方向。

5) 渗透流量

流网中任意两相邻流线间的单宽流量 Δq 是相等的,因为:

$$\Delta q = v\Delta A = ki \cdot \Delta s \cdot 1.0 = k\frac{\Delta h}{\Delta l}\Delta s$$

当取 $\Delta l = \Delta s$ 时:

$$\Delta q = k\Delta h \qquad (3.38)$$

通过坝下渗流区的总单宽流量:

$$q = \sum \Delta q = M \cdot \Delta q = M \cdot k\Delta h \qquad (3.39)$$

式中,M 为流网中的流槽数,数值上等于流线数减1。

通过坝底的总渗流量:

$$Q = qL \qquad (3.40)$$

式中,L 为坝基长度。

此外,还可通过流网上的等势线求解作用于坝底上的渗透压力,可参考水工建筑物教材。

【例3.9】 如图 3.14 所示为一板桩打入透水土层后形成的流网。已知透水土层深 18.0 m,渗透系数 $k = 5 \times 10^{-4}$ mm/s,板桩打入土层表面以下9.0 m,板桩前后水深如图中所示。试求:(1)图中所示 a, b, c, d, e 各点的孔隙水压力;(2)地基的单宽渗流量。

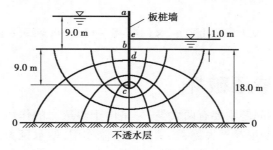

图 3.14 板桩墙下的渗流图

【解】 (1)根据图 3.14 的流网可知,每一等势线间隔的水头降落 $\Delta h = (9-1)$ m/8 = 1.0 m。列表计算 a, b, c, d, e 各点的孔隙水压力见表 3.1($\gamma_w = 9.8$ kN/m^3)。

表 3.1　各点的孔隙水压力

位置	位置水头 z/m	测压管水头 h/m	压力水头 h_u/m	孔隙水压力 u/(kN·m^{-2})
a	27.0	27.0	0	0
b	18.0	27.0	9.0	88.2
c	9.0	23.0	14.0	137.2
d	18.0	19.0	1.0	9.8
e	19.0	19.0	0	0

(2)地基的单宽渗流量：

$$q = \sum \Delta q = M \cdot \Delta q = M \cdot k \Delta h$$

现有 $M = 4$, $\Delta h = 1.0$ m, $k = 5 \times 10^{-4}$ mm/s $= 5 \times 10^{-7}$ m/s, 代入得：

$$q = 4 \times 1 \times 5 \times 10^{-7} \text{ m}^2/\text{s} = 20 \times 10^{-7} \text{ m}^2/\text{s}$$

【例 3.10】　小型均质土坝的蓄水高度为 16 m, 流网如图 3.15 所示。流网中水力梯度等势线均分为 22 条(从下游算起的等势线编号如图 3.15 所示)。土坝中 G 点处于第 20 条等势线上, 其位置在地面以上 11.5 m 处。试问 G 点的孔隙水压力为多少?

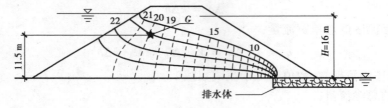

图 3.15　例 3.10 图

【解】　等势线 22 条, $n = 22$, 任意两条等势线间的水头差为：

$$\Delta h' = \frac{\Delta h}{n-1} = \frac{16 \text{ m}}{22-1} = 0.762 \text{ m}$$

G 点的水头高为：

$$h_G = 16 \text{ m} - 0.762 \times 2 \text{ m} = 14.48 \text{ m}$$

G 点孔隙水压力为：

$$U_w = \gamma_w h = 10 \text{ kN/m}^3 \times (14.48 - 11.5) \text{ m} = 29.8 \text{ kPa}$$

3.4　渗透力与渗透破坏

　　渗流引起的渗透破坏问题主要有两大类：一是由于渗透力的作用, 使土体颗粒流失或局部土体产生移动, 导致土体变形甚至失稳；二是由于渗流作用, 使水压力或浮力发生变化, 导致土体或结构失稳。前者主要表现为流砂和管涌, 后者则表现为暗坡滑动或挡土墙等构造物整体失稳。本章先介绍渗透力, 再分析流砂和管涌现象。

3.4.1 渗透力和临界水力坡降

1)渗透力

水在土体流动时,由于受到土体的阻力而引起水头的损失,而从作用力与反作用力的原理可知,水流经过时必定对土颗粒施加一种渗流作用力。为研究方便,称单位体积土颗粒所受到的渗流作用力为渗透力。

如图 3.16 所示,设土样截面积为 A,长为 L。从本质上看,渗透力是水流与土颗粒之间的作用力。基于此,将水和土颗粒的受力情况分开考虑。如图 3.17 所示,等号左边为水土整体的受力情况;等号右边的第一项为土颗粒(骨架)的受力情况,第二项为水的受力情况。

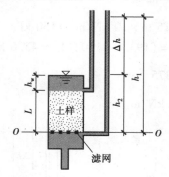

图 3.16 渗流破坏试验示意图

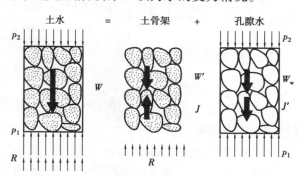

图 3.17 土颗粒和水受力示意图

对于水土整体:

①流入面内的静水压力为 $p_1 = \gamma_w h_1 A$;

②流出面内的静水压力为 $p_2 = \gamma_w h_w A$;

③土样重力在流线上的分量为 $W = \gamma_{sat} L A$;

④土样底面所受的支承反力为 R。

对于土骨架:

①由于土骨架侵入水中,故受浮重力为 $W' = \gamma' L A$;

②总渗透力为 $J = jLA$,方向向上;

③土样底面所受的支承反力为 R。

对于水:

①孔隙水重力加浮力的反力之和为 $W_w = \gamma_w L A$;

②流入面和流出面的静水压力为 $p_1 = \gamma_w h_1 A$ 和 $p_2 = \gamma_w h_w A$;

③ 土颗粒对水的阻力作用为 J',大小与渗流作用相同,方向相反,即 $J' = J = jLA$。

以土样中的水为隔离体进行受力分析,在垂直方向满足力的平衡条件,则

$$\gamma_w h_1 A - \gamma_w L A - \gamma_w h_w A = J' = jLA$$
$$jL = \gamma_w(h_1 - L - h_w)$$

由于 $h_w = h_2 - L$,单位体积土颗粒所受的渗透力为:

$$j = \frac{\gamma_w(h_1 - h_2)}{L} = \frac{\gamma_w \Delta h}{L} = \gamma_w i \tag{3.41}$$

从式(3.41)可以看出,渗透力表示的是水流对单位体积土颗粒的作用力,是由水流的外力转化为均匀布置的体积力,普遍作用于渗流场中所有的土颗粒上,其量纲与 γ_w 相同,大小与水力梯度成正比,方向与渗流的方向一致,总渗透力为:

$$J = \gamma_w \Delta h A \tag{3.42}$$

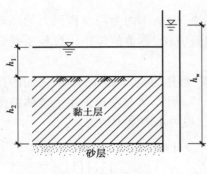

图 3.18　例 3.11 图

【例 3.11】　某场地地下水位如图 3.18 所示,已知黏土层饱和重度 $\gamma_{sat} = 19.2$ kN/m³,砂层中承压水头 $h_w = 15$ m(由砂层顶面算起),$h_1 = 4$ m,$h_2 = 8$ m。问砂层中有效应力及黏土中的单位渗透力是多少?

【解】　砂层顶面总应力、孔隙水压力:

$\sigma = h_1 \gamma_w + h_2 \gamma_{sat} = 4$ m × 10 kN/m³ + 8 m × 19.2 kN/m³ = 193.6 kPa

$u = h_w \times 10$ kN/m³ = 15 m × 10 kN/m³ = 150 kPa

有效应力 $\sigma' = \sigma - u = (193.6 - 150)$ kPa = 43.6 kPa

$$i = \frac{15 - (8 + 4)}{8} = 0.375$$

$$j = \gamma_w i = 10 \text{ kN/m}^3 \times 0.375 = 3.75 \text{ kN/m}^3$$

2)临界水力坡降

若将图 3.19 中左端的贮水器不断上提,则 Δh 逐渐增加,从而作用在土体中的渗透力也逐渐增大。当 Δh 增大到某一数值,向上的渗透力克服了向下的重力时,土体就要发生浮起或受到破坏,俗称流土。这是渗透力已超过土颗粒有效重度(浮重度)的结果。设渗透力为:

$$J = \gamma_w \frac{\Delta h}{L} = \gamma_w i \tag{3.43}$$

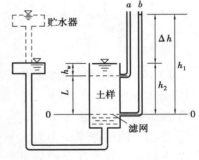

图 3.19　临界水力梯度试验

若渗透水流自下而上作用于砂土,砂土中的有效重度为 γ',则当 $J > \gamma'$ 时,砂土将被渗透力所悬浮,失去其稳定性;当 $J = \gamma'$ 时,砂土将处于悬浮的临界状态,则得:

$$J = \gamma_w i = \gamma' \tag{3.44}$$

此时,式(3.44)中的水力梯度 i 称为临界水力坡降,并记为 i_{cr},即

$$i_{cr} = \frac{\gamma'}{\gamma_w} \tag{3.45}$$

临界水力坡降为渗流作用于土体开始发生流土时的水力梯度。由土的三相比例关系可知,土的浮重度 γ' 为:

$$\gamma' = \frac{(d_s - 1)\gamma_w}{1 + e}$$

则

$$i_{cr} = \frac{d_s - 1}{1 + e} \tag{3.46}$$

式中　d_s, e——土粒的相对密度和孔隙比,e 一般为 0.5 ~ 1.0,$d_s = 2.68$,则 i_{cr} 为 0.8 ~ 1.2,平均为 1.0。

必须指出,式(3.46)是根据竖向渗流且不考虑周围土的约束条件推导出来的,因此按此式求得的水力梯度偏小,比一般试验值小 15% ~ 20%。此外,临界水力梯度的大小还与渗透变形的类型和土的类型有关。

【例3.12】 某砂土试样高度 $H = 30$ cm,初孔隙比 $e_0 = 0.803$,相对密度 $d_s = 2.71$,进行渗透试验(图3.20)。渗透水力梯度达到流土的临界水力梯度时,总水头差应为多少?

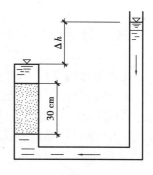

【解】

$$i_{cr} = \frac{d_s - 1}{1 + e_0} = \frac{2.71 - 1}{1 + 0.803} = 0.948\ 4$$

$$\Delta h = i_{cr} L = 0.948\ 4 \times 30 \text{ cm} = 28.452 \text{ cm}$$

图3.20 例3.12图

3.4.2 流土或流砂

在向上的渗流水作用下,表层土局部范围内的土体或颗粒群同时发生悬浮、移动的现象称为流土。任何类型的土,只要水力坡降达到一定的大小,都会发生流土破坏。

实践表明,流土常发生在堤坝下游渗流溢出处无保护的情况下,如图3.21所示为一座建筑在双层地基上的堤坝。地基表层为渗透系数较小的黏性土层,且较薄;下层为渗透性较大的无黏性土层,且 $k_1 \ll k_2$。当渗流经过双层地基时,水头将主要损失在上游水流渗入和下游水流渗出薄黏性土层的流程中,在砂层的流程损失很小,因此造成下游溢出处渗透坡降 i 较大。当 $i > i_{cr}$ 时就会在下游坝脚处出现土表层隆起,裂缝开展,砂粒涌出,以致整块土体被渗透水流抬起的现象,这就是典型的流土破坏。

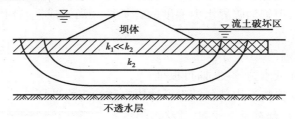

图3.21 堤坝下游溢出处的流土破坏

若地基为比较均匀的砂层(不均匀系数 $C_u < 10$),当水位差较大,渗透途径不够长时,下游渗流溢出处也会有 $i > i_{cr}$。这时地表将普遍出现小泉眼,冒气泡,继而土颗粒群向上鼓起,发生浮动、跳跃,称为砂沸。砂沸也是流土的一种形式。

流砂现象的产生不仅取决于渗透力的大小,同时与土的颗粒级配、密度及透水性等条件有关。

流砂现象的防治原则是:

①减小或消除水头差,如采取基坑外的井点降水法降低地下水位,或采取水下挖掘;

②增长渗流路径,如打板桩;

③在向上渗流出口处地表用透水材料覆盖压重以平衡渗透力;

④土层加固处理,如冻结法、注浆法等。

3.4.3 管涌和潜蚀现象

在水流渗透作用下,土中的细颗粒在粗颗粒形成的孔隙中移动,以致流失;随着土的孔隙不断扩大,渗流速度不断增加,较粗的颗粒也相继被水流逐渐带走,最终导致土体内形成贯通的渗流通道(图 3.22),造成土体坍塌,这种现象称为管涌。可见,管涌破坏一般有一个时间发展过程,是一种渐进性质的破坏。

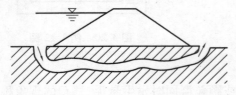

图 3.22 通过坝基的管涌图

在自然界,在一定条件下同样会发生上述渗透破坏作用,为了与人类工程活动所引起的管涌相区别,通常称之为潜蚀。潜蚀作用有机械的和化学的两种。机械潜蚀是指渗流的机械力将细土粒冲走而形成洞穴;化学潜蚀是指水流溶解了土中的易溶盐或胶结物使土变松散,细土粒被水冲走而形成洞穴。机械和化学两种作用往往是同时存在的。

土是否发生管涌,首先取决于土的性质,管涌多发生在砂性土中,其特征是颗粒大小差别较大,往往缺少某种粒径,孔隙直径大且相互连通。无黏性土产生管涌必须具备两个条件:

①几何条件:土中粗颗粒所构成的孔隙直径必须大于细颗粒的直径,这是必要条件,一般不均匀系数 $C_u > 10$ 的土才会发生管涌。

②水受力条件:渗透力能够带动细颗粒在孔隙间滚动或移动是发生管涌的水力条件,可用管涌的水力梯度来表示,但管涌临界水力梯度的计算至今尚未成熟。对于重大工程,该数值应尽量由试验确定。

防治管涌发生的原则:

①改变水力条件,降低水力梯度,如打板桩;

②改变几何条件,在渗流溢出部位铺设反滤层来防治管涌破坏。

【例 3.13】 某基坑在细砂层中开挖,经施工抽水,待水位稳定后,实测水位情况如图 3.23 所示。据场地勘察报告提供:细砂层饱和重度 $\gamma_{sat} = 18.7$ kN/m³, $k = 4.5 \times 10^{-2}$ mm/s,试求渗透水流的平均速度 v 和渗透力 j,并判别是否会产生流砂现象。

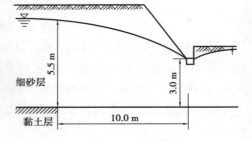

图 3.23 基坑开挖示意图

【解】 $i = \dfrac{5.5 - 3.0}{10.0} = 0.25$

$v = ki = 4.5 \times 10^{-2} \times 0.25$ mm/s
$= 1.125 \times 10^{-2}$ mm/s

$j = \gamma_w i = 10 \times 0.25$ kN/m³ $= 2.5$ kN/m³

细砂的有效重度:$\gamma' = \gamma_{sat} - \gamma_w = (18.7 - 10)$ kN/m³ $= 8.7$ kN/m³

因 $j < \gamma'$(2.5 kN/m³ < 8.7 kN/m³),故不会因基坑抽水而产生流砂现象。

习　题

3.1　在变水头渗透试验中,初始水头由 1.00 m 降至 0.35 m 所需的时间为 3 h。已知玻璃管内径为 5 mm,土样的直径为 100 mm,高度为 200 mm。试求土样的渗透系数。(答案:4.48×10^{-8} m/s)

3.2　对土样进行常水头试验,土样的长度为 25 cm,横截面面积为 100 cm²,作用在土样两端的水头差为 75 cm,通过土样渗出的水量为 100 cm³/min。试计算该土样的渗透系数 k 和水力坡降 i,并根据渗透系数的大小判别该土样的类型。(答案:$k = 5.6 \times 10^{-3}$ cm/s,$i = 3$,细砂)

3.3　为了测定地基的渗透系数,在地下水的流动方向相隔 10 m 挖井两个,如图 3.24 所示。由上游井中投入食盐,在下游井连续检验,经过 13 h 后,已知食盐流到下游井中,试估算出该地基的渗透系数。(答案:1.2 cm/s)

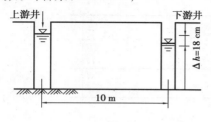

图 3.24　习题 3.3 附图

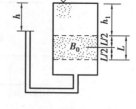

图 3.25　习题 3.4 附图

3.4　渗透试验装置如图 3.25 所示,图中 $h = 20$ cm,$h_1 = 30$ cm,试样高度 L 为 40 cm,土的容重 $\gamma_{sat} = 20$ kN/m³,求图中 B 点的孔隙水压力 u,有效应力 σ' 和总应力 σ。(答案:$u_B = 4$ kPa,$\sigma'_B = 3$ kPa,$\sigma_B = 7$ kPa)

3.5　如图 3.26 所示流网,求:

(1)总水头 h_b,h_d 和静水头 h_{wb},h_{wd};(答案:25 m,20 m,10.5 m,11 m)

(2)阴影部分网格的平均水力坡降,$l = 5.2$;(答案:0.19)

(3)若土的渗透系数 $k = 2 \times 10^{-3}$ m/h,试求流网中单位时间的总流量。(答案:8×10^{-3} m³/h)

3.6　如图 3.27 所示,9 m 厚的黏土层下为 6 m 厚的承压水砂层。现开挖深度为 6 m,砂层顶面的承压水高度为 7.5 m。试求防止基坑发生流土的水深。(答案:1.38 m)

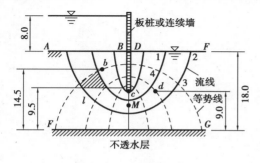

图 3.26　习题 3.5 附图

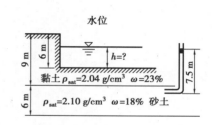

图 3.27　习题 3.6 附图

3.7　一种黏性土的土粒相对密度 $d_s = 2.65$,孔隙比 $e = 0.82$,试求该土的临界水力坡降。(答案:$i_{cr} = 0.91$)

3.8　在常水头渗透试验中,土样 1 和土样 2 分上下两层装样,其渗透系数分别为 $k_1 = 0.03$ cm/s和$k_2 = 0.1$ cm/s,试样截面面积为 $A = 200$ cm^2,土样的长度分别为 $L_1 = 15$ cm 和 $L_2 = 30$ cm,试验时总水头差为 40 cm。试求渗流时土样 1 和土样 2 的水力坡降和单位时间流过土样的流量是多少。(答案:$q_1 = q_2 = 10$ cm^3/s,$i_1 = 1.67$,$i_2 = 0.5$)

3.9　已知基坑底部有一厚1.25 m 的土层,其孔隙率为 $n = 0.35$,土粒相对密度 $d_s = 2.65$,假定该土层受到1.85 m 以上渗流水头的影响,问在土层上面至少要加多厚的粗砂才能抵抗流土现象的发生(假定粗砂与基坑底部土层具有相同的孔隙比和比重)。(答案:48 cm)

3.10　如图 3.28 所示,一地基地表至 4.5 m 深度为砂土层,4.5 m 至 9 m 为黏土层,其下为透水页岩,地下水位距地表为 2.0 m。已知水位以上砂土的孔隙比为 0.52,其饱和度为 0.37,黏土的含水量为 42%,砂土和黏土的相对密度为 2.65。试计算地表至黏土层范围内的总应力、孔隙水压力、有效应力,并绘制相应的应力分布图。(答案:点 2 处:36.68 kPa,0 kPa,36.68 kPa;点 3 处:87.83 kPa,24.53 kPa,63.31 kPa;点 4 处:166.45 kPa,68.67 kPa,97.78 kPa)

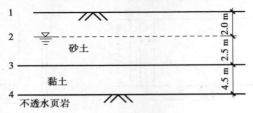

图 3.28　习题 3.10 附图

第4章 土中应力计算

　　土体在自身重力、建筑物荷载、交通荷载或其他因素(如地下水渗流、地震等)作用下,均可产生土中应力。土中应力将引起土体或地基变形,使土工构筑物(如路堤、土坝等)或建筑物(如房屋、桥梁、涵洞等)产生沉降、倾斜以及水平位移。土体或地基的变形过大时,往往会影响路堤、房屋和桥梁等的正常使用。土中应力过大时,又会导致土体的强度破坏,使土工构筑物发生土坡失稳或使建筑物地基的承载力不足而发生失稳。因此,在研究土的变形、强度及稳定性问题时,都必须掌握土中应力状态、土中应力的计算及其分布规律。

　　土中应力按其起因可分为自重应力和附加应力两种。土中自重应力是指土体受到自身重力作用而产生的应力,又可分为两种:一种是成土年代长久,土体在自重作用下已经完成压缩固结,这种自重应力不再引起土体或地基的变形;另一种是成土年代不久,例如新近沉积土(第四纪全新世近期沉积的土)、近期人工填土(包括路堤、土坝、填土垫层等),土体在自身重力作用下尚未完成固结,因而它将引起土体或地基的变形。此外,地下水的升降将会引起土中自重应力大小的变化,使土体发生变形(如压缩、膨胀或湿陷等)。土中附加应力是指土体受外荷载(包括建筑物荷载、交通荷载、堤坝荷载)以及地下水渗流、地震等作用下产生的附加应力增量。它是引起土体变形或地基变形的主要原因,也是导致土体强度破坏和失稳的重要原因。土中自重应力和附加应力产生的原因不同,因而两者计算方法不同,分布规律及对工程的影响也不同。土中竖向自重应力和竖向附加应力也称为土中自重压力和附加压力。土中某点的自重应力与附加应力之和为土体总的应力。

　　土中应力按其作用原理或传递方式可分为有效应力和孔隙应力两种。土中有效应力是指土粒所传递的粒间应力,它是控制土的体积(或变形)和强度两者变化的土中应力。土中孔隙应力是指土中水和土中气所传递的应力,土中水传递的孔隙水应力,即孔隙水压力;土中气传递的孔隙气应力,即孔隙气压力。在研究土体或地基变形以及土的抗剪强度问题时或在理论计算地基沉降(地基表面或基础底面的竖向变形)和承载力时,都必须掌握反映土中应力传递方式的有效应力原理。

4.1 土中自重应力

4.1.1 均质土中自重应力

　　在计算自重应力时,假设天然地面是均匀的半无限空间体,因而任意竖直面和水平面上均无剪应力存在。如图4.1所示,如果土体是均质土,土的天然重度为γ(kN/m^3),则在天然地面

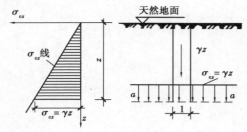

图 4.1　均质土中竖向自重应力

下任意深度 $z(\mathrm{m})$ 处水平面上任意点的竖向自重应力 $\sigma_{cz}(\mathrm{kPa})$，等于作用于该水平面任一单位面积上的土体自重 $\gamma z \times 1$，即

$$\sigma_{cz} = \frac{W}{F} = \frac{\gamma z F}{F} = \gamma z \tag{4.1}$$

式中　γ——土的天然重度，在地下水位以下时用浮重度 γ'，$\mathrm{kN/m^3}$；

　　　　z——天然地面以下任一深度，m；

　　　　F——土柱体的截面积，$\mathrm{m^2}$。

从式(4.1)可以看出，自重应力 σ_{cz} 随深度 z 呈线性增加，并呈三角形分布。若计算点在地下水位以下，水下部分土体自重必须扣去浮力，采用土的浮重度代替天然重度。

地基中除了自重应力 σ_{cz} 外，在竖直面上还作用水平方向的侧向自重应力 σ_{cx} 和 σ_{cy}，对于水平自重应力，可由广义胡克定律计算：

$$\left.\begin{array}{l} \varepsilon_x = \dfrac{\sigma_x}{E} - \dfrac{\mu(\sigma_y + \sigma_z)}{E} \\[2mm] \varepsilon_y = \dfrac{\sigma_y}{E} - \dfrac{\mu(\sigma_x + \sigma_z)}{E} \\[2mm] \varepsilon_z = \dfrac{\sigma_z}{E} - \dfrac{\mu(\sigma_x + \sigma_y)}{E} \end{array}\right\} \tag{4.2}$$

考虑一维问题，由 $\sigma_{cx} = \sigma_{cy}$，$\varepsilon_x = \varepsilon_y = 0$ 可得：

$$\sigma_{cx} = \sigma_{cy} = \frac{\mu}{1-\mu}\sigma_{cz} = K_0 \sigma_{cz} \tag{4.3}$$

式中　K_0——土的静止侧压力系数。它是侧限条件下土中水平向应力与竖向应力之比，可以通过实验确定。

4.1.2　成层土中自重应力

地基土往往是由不同土层组成的，而各层土具有不同的重度，如图 4.2 所示。设各土层的厚度及重度分别为 h_i 和 γ_i（$i = 1,2,3,\cdots,n$），深度 z 处土的竖向自重应力等于单位面积上土柱体中各层土重的总和，计算公式为：

$$\sigma_{cz} = \gamma_1 h_1 + \gamma_2 h_2 + \cdots + \gamma_n h_n = \sum_{i=1}^{n} \gamma_i h_i \tag{4.4}$$

式中　σ_{cz}——天然地面下任意深度 z 处的竖向有效自重应力，kPa；

　　　　n——深度 z 范围内的土层总数；

　　　　h_i——第 i 层土的厚度，m；

　　　　γ_i——第 i 层土的天然重度，对地下水位以下的土层取浮重度 γ_i'，$\mathrm{kN/m^3}$。

在地下水位以下，如埋藏有不透水层（例如岩层或只含结合水的坚硬黏土层），由于不透水层中不存在水的浮力，所以不透水层顶面的自重应力及层面以下的自重应力应按上覆土层的水土总重计算，如图 4.2 中虚线下端所示。

对于无黏性土，由于透水，地下水位以下的土考虑水的浮力作用，自重应力计算时取浮重度

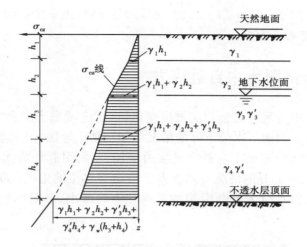

图 4.2 成层土中竖向自重应力沿深度的分布

γ'。对于黏性土,很难确切判定其是否透水,应视土的物理状态而定。一般认为,当水下黏性土的液性指数 $I_L > 1$,该土处于流塑状态,按透水考虑;当 $I_L \leq 0$,表明该土处于坚硬状态,按不透水考虑;当 $0 < I_L < 1$,表明该土处于可塑状态,则按两种情况中不利者考虑。

【例 4.1】 某地基土层情况及其物理性质指标如图 4.3 所示,试计算 a,b,c 3 个点处的自重应力 σ_{cz},并画出应力分布图。

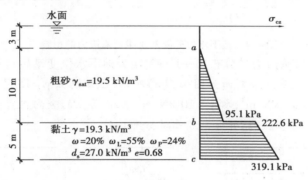

图 4.3 例 4.1 图

【解】 首先确定各层土的重度。

粗砂:在水下且透水,采用浮重度,有:

$$\gamma'_1 = \gamma_{sat} - \gamma_w = (19.5 - 9.81) \text{kN/m}^3 = 9.69 \text{ kN/m}^3$$

黏土层:$\omega < \omega_P$,$I_L = \dfrac{\omega - \omega_P}{\omega_L - \omega_P} < 0$,按不透水考虑,故认为土层不受水的浮力作用;土层上面还受到上面的静水压力作用。土中各点的自重应力计算如下:

a 点:$z = 0$ m,$\sigma_{c(a)} = 0$;

b 点(上):$z = 10$ m,该点位于粗砂层中,按透水情况考虑,有

$$\sigma_{c(b)上} = \gamma' h_1 = (9.69 \times 9.81) \text{kPa} = 95.1 \text{ kPa}$$

b 点(下):$z = 10$ m,该点位于黏土层中,按不透水情况考虑,有

$$\sigma_{c(b)下} = \gamma' h_1 + \gamma_w h_w = (95.1 + 9.81 \times 13) \text{kPa} = 222.6 \text{ kPa}$$

c 点:$z = 15$ m,该点位于黏土层中,有

$$\sigma_{c(c)} = \sigma_{c(b)\text{下}} + \gamma_2 h_2 = (222.6 + 19.3 \times 5)\,\text{kPa} = 319.1\ \text{kPa}$$

自重应力分布如图4.3所示。

4.1.3 地下水升降时土中自重应力

地下水位升降,土中自重应力会相应发生变化,这时应考虑土层自重应力变化对地基的影响。如图4.4(a)所示为地下水位下降的情况。如在软土地区,因大量抽取地下水,以致地下水位长期大幅度下降,使地基中有效自重应力增加,从而引起地面大面积沉降。如图4.4(b)所示为地下水位长期上升的情况。如在人工抬高蓄水位的地区(如筑坝蓄水)或工业废水大量渗入地下的地区,水位上升会引起地基承载力的减小、湿陷性土的塌陷现象等,必须引起注意。

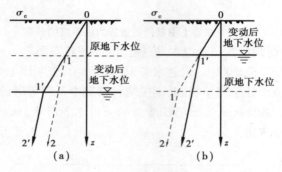

图4.4 地下水位升降对土中自重应力的影响

0—1—2线为原来自重应力的分布;0—1′—2′线为地下水位变动后自重应力的分布。

【例4.2】 已知某地基土层剖面如图4.5(a)所示,已知填土 $\gamma = 15.7\ \text{kN/m}^3$,粉质黏土 $\gamma = 18.0\ \text{kN/m}^3$,淤泥 $\gamma = 16.7\ \text{kN/m}^3$,水 $\gamma = 10\ \text{kN/m}^3$,求各层土的竖向自重应力及地下水位下降至淤泥层顶面时的竖向自重应力,并分别绘出其分布曲线。

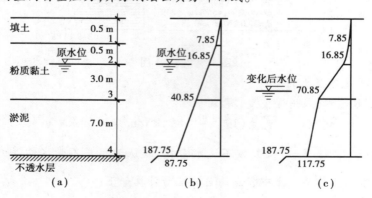

图4.5 例4.2图

【解】 土层中的自重应力计算过程和结果如下所示。

(1)地下水位下降前

$$\sigma_{cz0} = 0$$

$$\sigma_{cz1} = 15.7\ \text{kN/m}^3 \times 0.5\ \text{m} = 7.85\ \text{kPa}$$

$$\sigma_{cz2} = 7.85 \text{ kPa} + 18 \text{ kN/m}^3 \times 0.5 \text{ m} = 16.85 \text{ kPa}$$

$$\sigma_{cz3} = 16.85 \text{ kPa} + (18 - 10) \text{kN/m}^3 \times 3 \text{ m} = 40.85 \text{ kPa}$$

$$\sigma_{cz4}^{\text{上}} = 40.85 \text{ kPa} + (16.7 - 10) \text{kN/m}^3 \times 7 \text{ m} = 87.75 \text{ kPa}$$

$$\sigma_{cz4}^{\text{下}} = 87.75 \text{ kPa} + 10 \text{ kN/m}^3 \times (3 + 7) \text{m} = 187.75 \text{ kPa}$$

（2）当地下水位下降至淤泥层顶面时

$$\sigma_{cz1} = 7.85 \text{ kPa}$$

$$\sigma_{cz2} = 16.85 \text{ kPa}$$

$$\sigma_{cz3} = 16.85 \text{ kPa} + 18 \text{ kN/m}^3 \times 3 \text{ m} = 70.85 \text{ kPa}$$

$$\sigma_{cz4}^{\text{上}} = 70.85 \text{ kPa} + (16.7 - 10) \text{kN/m}^3 \times 7 \text{ m} = 117.75 \text{ kPa}$$

$$\sigma_{cz4}^{\text{下}} = 117.75 \text{ kPa} + 10 \text{ kN/m}^3 \times 7 \text{ m} = 187.75 \text{ kPa}$$

土的自重应力分布如图 4.5 所示。由图可见，降低地下水位，会使地基中的自重应力增加，从而使地基产生附加沉降变形。

4.2　基底压力计算

建筑物荷载通过基础传给地基，基础底面传给地基的单位面积上的压力称为基底压力，或称接触压力。基底压力既是计算地基中附加应力的外荷载，也是计算基础结构内力的外荷载。因此，在计算地基中的附加应力及设计基础结构时，都必须研究基底压力的分布规律和计算方法。

4.2.1　基底压力的分布规律

基底压力分布涉及上部结构、基础和地基土的共同作用，是一个十分复杂的问题，但在简化分析中一般将其看作是弹性理论中的接触压力问题。试验和研究证明，基底压力分布与基础刚度、形状、尺寸、埋置深度、土的性质及荷载大小等许多因素有关。在理论分析中要综合考虑所有因素非常困难。目前在弹性理论分析中，主要研究不同刚度的基础在弹性半空间体表面的接触压力分布问题。

如果基础的抗弯刚度 $EI = 0$，这种基础相当于绝对柔性基础，好像放置于地基上的柔性薄膜，能随地基发生相同的变形，则基底压力分布与作用于基础上的荷载分布相同，如图 4.6(a) 所示；实际工程中可以把柔性较大（刚度较小）能适应地基变形的基础看成柔性基础，如土坝或路堤，可近似认为其本身不传递剪力，自身重力引起的基底压力分布服从温克尔假定，基底压力与该点的地基竖向变形成正比，故其分布与荷载分布相同，如图 4.6(b) 所示。

对于一些刚度很大 $EI \to \infty$，不能适应地基变形的基础可视为刚性基础。刚性基础的基底压力分布随上部荷载的大小、基础的埋深和土的性质而异，建筑工程中的墩式基础、箱形基础，水利工程中的水闸基础、混凝土坝等可看成刚性基础，此类基础受中心荷载作用，若建造于砂土地基上，由于砂土地基没有黏聚力，其基底压力是中间大而边缘等于零，类似于抛物线分布，如图 4.7(a) 所示；若建造于黏性土地基上，由于黏性土具有黏聚力，基础边缘土体能承受一定的压力，荷载较小时基底压力分布中间小，边缘大，呈马鞍形分布；而当荷载逐渐增大并超过粒间

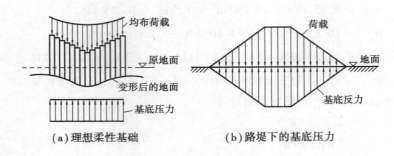

（a）理想柔性基础　　　　　（b）路堤下的基底压力

图4.6　柔性基础基底压力分布

的黏结强度后，基底压力重新分布，向中间集中，当荷载达到使地基产生破坏的极限荷载时，基底压力转为抛物线分布，如图4.7（b）所示。

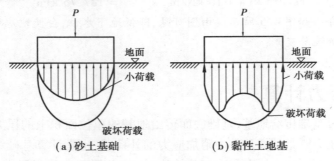

（a）砂土基础　　　　　　（b）黏性土地基

图4.7　刚性基础基底压力

　　工程中许多基础的刚度处于刚性和柔性之间，称为弹性基础。对于有限刚度基础底面的压力分布，可根据基础的实际刚度及土的性质，用弹性地基上梁和板的方法或数值方法进行计算。

4.2.2　基底压力简化计算

　　根据弹性理论中的圣维南原理，基础底面下一定深度处所引起的地基附加应力与基底荷载的分布形态无关，而只决定于荷载合力的大小和位置。因此，对于具有一定刚度及尺寸较小的基础，其基底压力当作近似直线分布，可按材料力学公式进行简化计算。

1）中心荷载作用下的基底压力

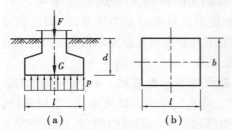

（a）　　　　（b）

图4.8　基底压力分布的简化计算

中心荷载作用下的基础，其所受荷载的合力通过基底形心。基底压力假定为均匀分布，如图4.8所示，此时基底平均压力按下式计算：

$$p = \frac{N}{A} = \frac{F + G}{A} \tag{4.5}$$

式中　N——作用在基础底面形心的竖向荷载，kN。

　　　　A——基础底面积，m^2。

　　　　F——作用在基础顶面通过基底形心的竖向荷载，kN。

G——基础及其台阶上填土的重力，kN，$G = \gamma_G Ad$。其中 γ_G 为基础和填土的平均重度，一般取 20 kN/m³，地下水位以下部分，应取有效重度；d 为基础埋置深度。

2) 偏心荷载作用下的基底压力

对于单向偏心荷载作用下的矩形基础（图4.9），计算时，通常基底长边方向与偏心方向取得一致，基底两短边边缘最大、最小压应力可按材料力学短柱偏心受压计算公式计算：

$$p_{\min}^{\max} = \frac{F + G}{lb} \pm \frac{M}{W} \tag{4.6}$$

式中 $p_{\max}, p_{\min}$——基础底面最大和最小边缘地基反力，kPa；

l, b——基础底平面的长度和宽度，m；

M——作用在基础底面的力矩，$M = Ne$，kN·m；

W——基础底面的抗弯截面模量，$W = \dfrac{bl^2}{6}$，m³。

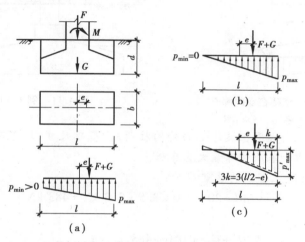

图4.9 单向偏心荷载下矩形基础的基底压力分布图

将偏心矩 $e = \dfrac{M}{N}$ 代入式(4.6)中，得：

$$p_{\min}^{\max} = \frac{F + G}{lb}\left(1 \pm \frac{6e}{l}\right) \tag{4.7}$$

由式(4.7)可知，按荷载偏心距 e 的大小，基底压力的分布可能出现下述3种情况：

①当 $e < l/6$ 时，$p_{\min} > 0$，基底地基反力呈梯形分布，如图4.9(a)所示。

②当 $e = l/6$ 时，$p_{\min} = 0$，基底地基反力呈三角形分布，如图4.9(b)所示。

③当 $e > l/6$ 时，如图4.9(c)所示。由于基底与地基之间不可能承受拉力，此时基底与地基土局部脱开，使基底地基反力重新分布。根据偏心荷载与基底反力的平衡条件，地基反力的合力作用线应与偏心荷载作用线重合，得基底边缘最大地基反力 $p'_{\max}$ 为：

$$p'_{\max} = \frac{2N}{3bk} = \frac{2(F + G)}{3\left(\dfrac{l}{2} - e\right)b} \tag{4.8}$$

式中 k——单向偏心作用点至具有最大压应力的基底边沿的距离，$k = \dfrac{l}{2} - e$。

矩形基础在双向偏心荷载作用下,若基底最小压力 $p_{\min} \geq 0$,则矩形基础边缘 4 个脚点处的压力 $p_{\max}$,$p_{\min}$,p_1,p_2 可按下列公式(图 4.10)计算:

$$p_{\substack{\max \\ \min}} = \frac{F+G}{lb} \pm \frac{M_x}{W_x} \pm \frac{M_y}{W_y} \tag{4.9}$$

$$p_{\substack{1 \\ 2}} = \frac{F+G}{lb} \mp \frac{M_x}{W_x} \pm \frac{M_y}{W_y} \tag{4.10}$$

式中　M_x,M_y——荷载合力分别对 x,y 轴的力矩;

　　　W_x,W_y——基础底面分别对 x,y 轴的抵抗矩。

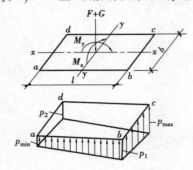

图 4.10　矩形基础在双向偏心
荷载下的基底压力分布图

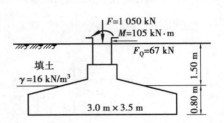

图 4.11　例 4.3 图

【例 4.3】　某柱基础,作用在设计地面处的柱荷载、基础尺寸、埋深及地基条件如图 4.11 所示,计算基底平均压力和基底边缘最大基底压力。

【解】　基础及其台阶上覆土的总重 G 为:

$$G = \gamma_G Ad = 20 \times 3.0 \times 3.5 \times 2.3 \text{ kN} = 483 \text{ kN}$$

基底平均压力为:

$$p = \frac{F+G}{A} = \frac{1\ 050 + 483}{3 \times 3.5} \text{kPa} = 146 \text{ kPa}$$

基底作用力矩为:

$$\sum M = (105 + 67 \times 2.3) \text{kN} \cdot \text{m} = 259.1 \text{ kN} \cdot \text{m}$$

则基底最大压力为:

$$p_{\max} = \frac{F+G}{A} + \frac{M}{W} = \left(146 + \frac{259.1}{3 \times 3.5^2/6}\right) \text{kPa} = 188.3 \text{ kPa}$$

4.2.3　基底附加应力

如前所述,土的自重应力一般不引起地基变形,只有新增的建筑物荷载,即作用于地基表面的附加应力,才是使地基变形的主要原因。实际上,一般基础都埋置于地面下一定深度,该处原有自重应力随地基开挖而卸除。因此,在计算由建筑物造成的基底附加应力时,应扣除基底标高处土中原有的自重应力,才能得到基底平面处新增加的基底附加应力。基底平均附加应力按下式计算:

$$p_0 = p - \sigma_{cz} = p - \gamma_0 d \tag{4.11}$$

式中　σ_{cz}——基底处土的自重应力,kPa;

　　　γ_0——基底标高以上天然土层的加权平均重度,其中地下水位以下取有效重度;

　　　d——基底埋深,一般从天然地面算起,$d = h_1 + h_2 + \cdots$,m。

4.2.4　桥台前后填土引起的基底附加应力

高速公路的桥梁多采用深基础,而桥头路基填方都比较高。当桥台台背填土的高度在 5 m 以上时,应考虑台背填土对桥台基底或桩尖平面处的竖向附加应力。对软土地基,如相邻墩台的距离小于 5 m 时,应考虑临近墩台对软土地基所引起的竖向附加应力。

台背路基填土对桥台基底或桩尖平面的前后边缘处引起的附加应力 p_{01} 按下式计算(图 4.12):

$$p_{01} = \alpha_1 \gamma_1 H_1 \qquad (4.12)$$

对于埋置式桥台,应按下式加算由于台前锥体对基底或桩尖平面处的前边缘引起的附加应力 p_{02}:

$$p_{02} = \alpha_2 \gamma_2 H_2 \qquad (4.13)$$

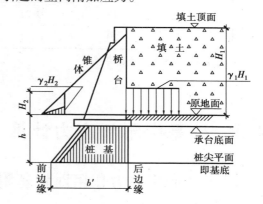

式中　γ_1, γ_2——路基填土、锥体填土的天然重度,
　　　　　　kN/m³;

　　　H_1, H_2——基底或桩尖平面处的后、前边缘
　　　　　　上的填土高度,m;

图 4.12　桥台填土对基底附加压应力的计算图

　　　α_1, α_2——竖向附加应力系数,见表 4.1,参见《公路桥涵地基与基础设计规范》(JTG D63—2007)的附录 J。

表 4.1　桥台基础或桩尖平面边缘附加应力系数 α_1, α_2 表

基础埋置深度 h/m	台背路基填土高度 H_1/m	系数 α_1				系数 α_2
		后边缘	前连续,当前底平面的基础长度 b'			前边缘
			5/m	10/m	15/m	
5	5	0.44	0.07	0.01	0.00	—
	10	0.47	0.09	0.02	0.00	0.04
	20	0.48	0.11	0.04	0.01	0.5
10	5	0.33	0.13	0.05	0.02	—
	10	0.40	0.17	0.06	0.02	0.3
	20	0.45	0.19	0.08	0.03	0.4
15	5	0.26	0.15	0.08	0.04	—
	10	0.33	0.19	0.10	0.05	0.2
	20	0.41	0.24	0.14	0.07	0.3
20	5	0.20	0.13	0.08	0.04	—
	10	0.28	0.18	0.10	0.06	0.1
	20	0.37	0.24	0.16	0.09	0.2

续表

基础埋置深度 h/m	台背路基填土高度 H_1/m	系数 α_1				系数 α_2
		后边缘	前连续,当前底平面的基础长度 b'			前边缘
			5/m	10/m	15/m	
25	5	0.17	0.12	0.08	0.05	—
	10	0.24	0.17	0.12	0.08	0.0
	20	0.33	0.24	0.17	0.10	0.1
30	5	0.15	0.11	0.08	0.06	—
	10	0.21	0.16	0.12	0.08	0.0
	20	0.31	0.24	0.18	0.12	0.0

注:路基断面按黏性土路堤考虑。

4.3 地基中附加应力计算

4.3.1 竖向集中力作用时地基附加应力

1)单个集中荷载作用下地基附加应力计算(布辛奈斯克解)

地基中附加应力是由建筑物荷载引起的应力增加,因此它是地基发生变形,引起建筑物沉降的主要原因。法国 J. 布辛奈斯克(Boussinesq,1885)运用弹性理论推出了在弹性半空间表面上作用一个竖向集中力 P 时,半空间内任意点 M(x,y,z)处的 6 个应力分量和 3 个位移分量的弹性力学解答(图 4.13)。具体公式如下:

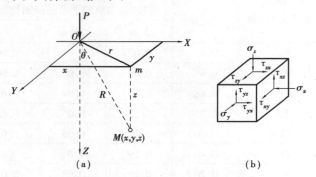

图 4.13 一个竖向集中力作用下所引起的附加应力

$$\sigma_x = \frac{3P}{2\pi}\left[\frac{x^2 z}{R^5} + \frac{1-2\mu}{3}\left(\frac{R^2 - Rz - z^2}{R^3(R+z)} - \frac{x^2(2R+z)}{R^3(R+z)^2}\right)\right] \qquad (4.14\text{a})$$

$$\sigma_y = \frac{3P}{2\pi}\left[\frac{y^2 z}{R^5} + \frac{1-2\mu}{3}\left(\frac{R^2 - Rz - z^2}{R^3(R+z)} - \frac{y^2(2R+z)}{R^3(R+z)^2}\right)\right] \qquad (4.14\text{b})$$

$$\sigma_z = \frac{3P}{2\pi} \frac{z^3}{R^5} = \frac{3P}{2\pi R^2} \cos^3\theta \tag{4.14c}$$

$$\tau_{xy} = -\frac{3P}{2\pi} \left[\frac{xyz}{R^5} - \frac{1-2\mu}{3} \cdot \frac{xy(2R+z)}{R^3(R+z)^2} \right] \tag{4.15a}$$

$$\tau_{yz} = -\frac{3P}{2\pi} \frac{yz^2}{R^5} \tag{4.15b}$$

$$\tau_{zx} = -\frac{3P}{2\pi} \frac{xz^2}{R^5} \tag{4.15c}$$

$$u = \frac{P(1+\mu)}{2\pi E} \left[\frac{xz}{R^3} - (1-2\mu)\frac{x}{R(R+z)} \right] \tag{4.16a}$$

$$v = \frac{P(1+\mu)}{2\pi E} \left[\frac{zy}{R^3} - (1-2\mu)\frac{y}{R(R+z)} \right] \tag{4.16b}$$

$$\omega = \frac{P(1+\mu)}{2\pi E} \left[\frac{z^2}{R^3} + 2(1-\mu)\frac{1}{R} \right] \tag{4.16c}$$

式中　$\sigma_x, \sigma_y, \sigma_z$——$M$ 点平行于 x, y, z 轴的正应力；

　　　$\tau_{xy}, \tau_{yz}, \tau_{zx}$——$M$ 点的剪应力；

　　　u, v, ω——M 点平行于 x, y, z 轴方向的位移；

　　　R——M 点至坐标原点的距离，$R = \sqrt{x^2 + y^2 + z^2} = \sqrt{r^2 + z^2} = \dfrac{z}{\cos\theta}$；

　　　θ——R 线与 z 坐标轴的夹角；

　　　r——M 点与集中力作用点的水平距离；

　　　E——土的变形模量；

　　　μ——土的泊松比。

上述应力和位移分量计算公式，在集中力作用处是不适用的，因为当 $R \rightarrow 0$ 时，应力及位移趋于无穷大，这与实际情况是不符的。这种情况的出现主要是由于点荷载客观上是不存在的，不论多大的荷载都是通过一定的接触面积传递的；而且，当局部土承受足够大的应力时，将因产生塑性变形而发生应力转移，弹性理论已不再适用。

以上 6 个应力分量和 3 个位移分量的公式中，竖向正应力 σ_z 和竖向位移 ω 最为常用，以后有关地基附加应力的计算主要是针对 σ_z 而言的。为了应用方便，上式中的 σ_z 表达式可写成如下形式：

$$\sigma_z = \frac{3P}{2\pi} \cdot \frac{z^3}{R^5} = \frac{3P}{2\pi} \cdot \frac{z^3}{(r^2+z^2)^{\frac{5}{2}}} = \frac{3}{2\pi} \frac{1}{\left[\left(\frac{r}{z}\right)^2 + 1 \right]^{\frac{5}{2}}} \cdot \frac{P}{z^2} = \alpha \frac{P}{z^2} \tag{4.17}$$

式中　α——集中力作用下的地基竖向附加应力系数，简称集中应力系数，它是 (r/z) 的函数，$\alpha = \dfrac{3}{2\pi} \cdot \dfrac{1}{\left[\left(\frac{r}{z}\right)^2 + 1 \right]^{\frac{5}{2}}}$，可制成表格查用，见表4.2。

表 4.2 　集中力作用下的应力系数 α 值

r/z	α	r/z	α	r/z	α	r/z	α	r/z	α
0.00	0.477 5	0.50	0.273 3	1.00	0.084 4	1.50	0.025 1	2.00	0.008 5

续表

r/z	α	r/z	α	r/z	α	r/z	α	r/z	α
0.05	0.474 5	0.55	0.246 6	1.05	0.074 5	1.55	0.022 4	2.20	0.005 8
0.10	0.465 7	0.60	0.221 4	1.10	0.065 8	1.60	0.020 0	2.40	0.004 0
0.15	0.451 6	0.65	0.197 8	1.15	0.058 1	1.65	0.017 9	2.60	0.002 8
0.20	0.432 9	0.70	0.176 2	1.20	0.051 3	1.70	0.016 0	2.80	0.002 1
0.25	0.410 3	0.75	0.156 5	1.25	0.045 4	1.75	0.014 4	3.00	0.001 5
0.30	0.384 9	0.80	0.138 6	1.30	0.040 2	1.80	0.012 9	3.50	0.000 7
0.35	0.357 7	0.85	0.122 6	1.35	0.035 7	1.85	0.011 6	4.00	0.000 4
0.40	0.329 5	0.90	0.108 3	1.40	0.031 7	1.90	0.010 5	4.50	0.000 2
0.45	0.301 1	0.95	0.095 6	1.45	0.028 2	1.95	0.009 4	5.00	0.000 1

【例4.4】 在地基上作用一集中力 $P=200$ kN,要求确定:(1)在地基中 $z=3$ m 的水平面上 $r=0,1,2,3,4,5$ m 处的附加应力 σ_z 值,并绘出分布图;(2)在地基中距 P 作用点 $r=1$ m 的竖直面上距地基表面 $z=0,1,2,3,4,5$ m 处各点的 σ_z 值,并绘出分布图。

【解】 (1)在地基中 $z=3$ m 的水平面上,水平距离 $r=0,1,2,3,4,5$ m 处各点附加应力 σ_z 的计算资料列于表4.3中;σ_z 分布绘于图4.14中。

表4.3 例4.4解表(1)

z/m	r/m	$\dfrac{r}{z}$	α	$\sigma_z = \alpha\dfrac{P}{z^2}/\text{kPa}$
3	0	0	0.478	10.6
3	1	0.33	0.369	8.2
3	2	0.67	0.189	4.2
3	3	1	0.084	1.9
3	4	1.33	0.038	0.8
3	5	1.67	0.017	0.4

(2)在地基中距 P 作用点 $r=1$ m 的竖直面上,距地基表面 $z=0,1,2,3,4,5$ m 处各点的 σ_z 值的计算资料列于表4.4中;σ_z 分布绘于图4.14中。

表4.4 例4.4解表(2)

z/m	r/m	$\dfrac{r}{z}$	α	$\sigma_z = \alpha\dfrac{P}{z^2}/\text{kPa}$
0	1	∞	0	0
1	1	1	0.084	16.8
2	1	0.5	0.273	13.7
3	1	0.33	0.369	8.2
4	1	0.25	0.410	5.1
5	1	0.20	0.433	3.5

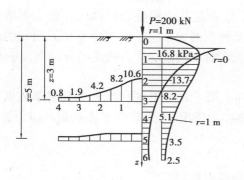

图 4.14 例 4.4 图

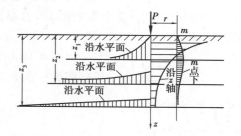

图 4.15 集中力作用下土中附加应力分布

依上述公式及图 4.15 可推导出地基中附加应力 σ_z 的分布规律：

①在集中力 P 作用线上，$r=0$，$\alpha=\dfrac{3}{2\pi}$，$\sigma_z=\dfrac{3}{2\pi}\dfrac{P}{z^2}$。在地面下同一深度处，该水平面上的附加应力不同，沿竖直方向集中力作用线上的附加应力最大，向两边则逐渐减小，即当 z 一定时，在同一水平面上，附加应力 σ_z 随着 r 的增大而减小。

②离地表越深，应力分布范围越大，在同一铅直线上的附加应力随深度的增加而减小。

③当离集中力作用线某一距离 r 时，在地表处的附加应力 $\sigma_z=0$，随着深度的增加，σ_z 逐渐递增，但到一定深度后，σ_z 又随着深度 z 的增加而减小。

④如果在空间将 σ_z 相同的点连接起来形成曲面，就可以得到如图 4.16 所示的等值线，其空间曲面的形状如泡状，所以也称为应力泡。

⑤图 4.17 中曲线 a 表示集中力 P_1 在 z 深度水平线上引起的应力分布，曲线 b 表示集中力 P_2 在同一水平线上引起的应力分布，把曲线 a 和曲线 b 叠加得到曲线 c 就是该水平线上总的应力。

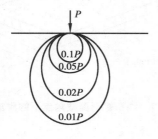

图 4.16 应力泡

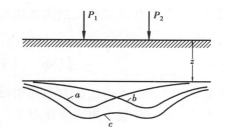

图 4.17 两个集中力作用下
地基中附加应力的叠加

⑥如果在地面上有几个集中力作用时，则地基中任一点 M 处的附加应力 σ_z 可以利用式 $\sigma_z=\alpha\dfrac{P}{z^2}$ 分别求出各集中力对该点所引起的附加应力，然后进行叠加。

2)不规则荷载作用下地基附加应力计算

在工程实践中，荷载很少是以集中力的形式作用在土体上，而往往是通过基础分布在一定面积上。若基础底面的形状或基底下的荷载分布是不规则的，则可以把荷载面(或基础底面)分成若干个形状规则的单元面积(图 4.18)，每个单元面积上的分布荷载近似地以作用在单元面积形心上的集中力来代替,这样就可以利用布辛奈斯克公式和叠加原理计算地基中某点 M 的附加应力。这种近似方法的计算精度取决于单元面积的大小。一般当矩形单元面积的长边小于单元面积形心到计算点距离的 $1/2,1/3,1/4$ 时,所算得的附加应力的误差分别不大于6%,3%和2%。

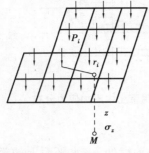

**图4.18　等代荷载法
计算附加应力**

如图4.18所示的任一单元 i,可用集中力 P_i 来代替单元面积上局部荷载。在 P_i 这个集中力作用下,地基中 M 点的附加应力为:

$$\sigma_{z,i} = \alpha_i \frac{P_i}{z^2} \tag{4.18}$$

式中　α_i——第 i 个集中应力系数。

若干个竖向集中力 $P_i(i=1,2,\cdots,n)$ 作用在地基表面上,按叠加原理,则地面下 z 深度处某点 M 的附加应力 σ_z 应为 n 个集中力单独作用时在 M 点所引起的附加应力之总和,即

$$\sigma_z = \sum_{i=1}^{n} \alpha_i \frac{P_i}{z^2} = \frac{1}{z^2} \sum_{i=1}^{n} \alpha_i P_i \tag{4.19}$$

4.3.2　矩形面积竖向均布荷载作用下的地基附加应力

1)均布荷载作用下矩形面积角点下应力

矩形基础当底面受到垂直均布荷载作用时,基础角点下任意深度处的竖向附加应力,可利用基本公式沿着整个矩形面积进行积分求得。

设矩形荷载长度和宽度分别为 l 和 b,作用于地基上的竖向均布荷载为 p_0,如图4.19所示。在矩形面积上取一微面积 $dA = dxdy$,微面积上的合力 $dF = p_0 dxdy$,其在角点 M 处产生的附加应力可由式(4.14c)求得:

$$d\sigma_z = \frac{3}{2\pi} \frac{p_0 z^3}{(x^2 + y^2 + z^2)^{5/2}} dxdy \quad (4.20)$$

整个矩形面积上的均布荷载在 M 点所引起的附加应力,等于对上式在整个矩形荷载面 A 进行积分:

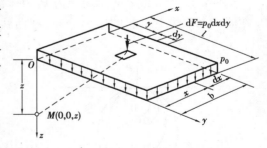

图4.19　均布矩形荷载角点下的附加应力 σ_z

$$\sigma_z = \iint_A d\sigma_z = \frac{3p_0 z^3}{2\pi} \int_0^l \int_0^b \frac{1}{(x^2 + y^2 + z^2)^{5/2}} dxdy$$

$$= \frac{p_0}{2\pi} \left[\frac{mn(m^2 + 2n^2 + 1)}{(m^2 + n^2)(n^2 + 1)\sqrt{m^2 + n^2 + 1}} + \arctan \frac{m}{n\sqrt{m^2 + n^2 + 1}} \right] = \alpha_c p_0 \quad (4.21)$$

式中,$\alpha_c = \dfrac{1}{2\pi} \left[\dfrac{mn}{\sqrt{m^2 + n^2 + 1}} \left(\dfrac{1}{m^2 + n^2} + \dfrac{1}{n^2 + 1} \right) + \arctan \dfrac{m}{n\sqrt{m^2 + n^2 + 1}} \right]$ (其中 $m = \dfrac{l}{b}, n = \dfrac{z}{b}$);$\alpha_c$

为矩形均布荷载角点下地基附加应力系数 m,n 的函数,可从表4.5中查得。

表 4.5 矩形面积受竖直均布荷载作用时角点下的应力系数 α_c

$n = z/b$	$m = l/b$										
	1.0	1.2	1.4	1.6	1.8	2.0	3	4	5	6	10
0.0	0.250	0.250	0.250	0.250	0.250	0.250	0.250	0.250	0.250	0.250	0.250
0.2	0.249	0.249	0.249	0.249	0.249	0.249	0.249	0.249	0.249	0.249	0.249
0.4	0.240	0.242	0.243	0.243	0.244	0.244	0.244	0.244	0.244	0.244	0.244
0.6	0.223	0.228	0.230	0.235	0.232	0.233	0.234	0.234	0.234	0.234	0.234
0.8	0.200	0.208	0.212	0.215	0.217	0.218	0.220	0.220	0.220	0.220	0.220
1.0	0.175	0.185	0.191	0.196	0.198	0.200	0.203	0.204	0.204	0.205	0.205
1.2	0.152	0.163	0.171	0.176	0.179	0.182	0.187	0.188	0.189	0.189	0.189
1.4	0.131	0.142	0.151	0.157	0.161	0.164	0.171	0.173	0.174	0.174	0.174
1.6	0.112	0.124	0.133	0.144	0.145	0.148	0.157	0.159	0.160	0.160	0.160
1.8	0.097	0.108	0.117	0.124	0.129	0.133	0.143	0.146	0.147	0.148	0.148
2.0	0.084	0.095	0.103	0.110	0.116	0.120	0.131	0.135	0.136	0.137	0.137
2.2	0.073	0.083	0.092	0.098	0.104	0.108	0.121	0.125	0.126	0.127	0.128
2.4	0.064	0.073	0.081	0.088	0.093	0.098	0.111	0.116	0.118	0.118	0.119
2.6	0.057	0.065	0.073	0.079	0.084	0.089	0.102	0.107	0.110	0.111	0.112
2.8	0.050	0.058	0.065	0.071	0.076	0.081	0.094	0.100	0.102	0.104	0.105
3.0	0.045	0.052	0.058	0.064	0.069	0.073	0.087	0.093	0.096	0.097	0.099
3.2	0.040	0.047	0.053	0.058	0.063	0.067	0.081	0.087	0.090	0.092	0.093
3.4	0.036	0.042	0.048	0.053	0.057	0.061	0.075	0.081	0.085	0.086	0.088
3.6	0.033	0.038	0.043	0.048	0.052	0.056	0.069	0.076	0.080	0.082	0.084
3.8	0.030	0.035	0.040	0.044	0.048	0.051	0.065	0.072	0.075	0.077	0.080
4.0	0.027	0.032	0.036	0.040	0.044	0.047	0.060	0.067	0.071	0.073	0.076
4.2	0.025	0.029	0.033	0.037	0.041	0.044	0.056	0.063	0.067	0.070	0.072
4.4	0.023	0.027	0.031	0.034	0.038	0.041	0.053	0.060	0.064	0.066	0.070
4.6	0.021	0.025	0.028	0.032	0.035	0.038	0.049	0.056	0.061	0.063	0.066
4.8	0.019	0.023	0.026	0.029	0.032	0.035	0.046	0.053	0.058	0.060	0.064
5.0	0.018	0.021	0.024	0.027	0.030	0.033	0.044	0.050	0.055	0.057	0.061
6.0	0.013	0.015	0.017	0.020	0.022	0.023	0.033	0.039	0.043	0.046	0.051
7.0	0.009	0.011	0.013	0.015	0.016	0.018	0.025	0.031	0.035	0.038	0.043
8.0	0.007	0.009	0.010	0.011	0.013	0.014	0.020	0.025	0.028	0.031	0.037
9.0	0.006	0.007	0.008	0.009	0.010	0.011	0.016	0.020	0.024	0.026	0.032
10.0	0.005	0.006	0.007	0.007	0.008	0.009	0.013	0.017	0.020	0.022	0.028

2)均布荷载作用下矩形面积任意点下附加应力

求矩形面积受垂直均布荷载作用时地基中任一点的附加应力,可将荷载作用面积划分为几部分,每一部分都是矩形,并使待求应力之点处于划分的几个矩形的共同角点之下,然后利用式(4.21)分别计算各部分荷载产生的附加应力,最后利用叠加原理计算出全部附加应力,这种方法称为角点法。角点法通常有以下4种情况(图4.20):

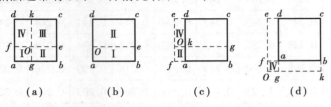

(a)　　　(b)　　　(c)　　　(d)

图4.20　用角点法计算 O 点的附加应力

① O 点在荷载面内:

$$\sigma_z = (\alpha_{cI} + \alpha_{cII} + \alpha_{cIII} + \alpha_{cIV})p_0 \qquad (4.22)$$

若 O 点位于荷载面中心,因 $\alpha_{cI} = \alpha_{cII} = \alpha_{cIII} = \alpha_{cIV}$,则

$$\sigma_z = 4\alpha_{cI}p_0 \qquad (4.23)$$

② O 点在荷载面边缘:

$$\sigma_z = (\alpha_{cI} + \alpha_{cII})p_0 \qquad (4.24)$$

③ O 点在荷载面边缘外侧:

$$\sigma_z = (\alpha_{cI} - \alpha_{cII} + \alpha_{cIII} - \alpha_{cIV})p_0 \qquad (4.25)$$

④ O 点在荷载面角点外侧:

$$\sigma_z = (\alpha_{cI} - \alpha_{cII} - \alpha_{cIII} + \alpha_{cIV})p_0 \qquad (4.26)$$

式中　α_{cI},α_{cII}——相应面积 I 和 II 的角点应力系数,必须指出的是,查表或用公式计算时所取用边长 l 应为任一矩形荷载面的长边,而 b 则为短边。

采用角点法计算应注意以下几点:

①划分的每一个矩形应有一个角点位于 M 点(计算点);

②划分后用于计算的矩形面积总和应该等于原有受荷载面积,多算的应扣除;

③所划分的每个矩形面积,短边都用 b 表示,长边都用 l 表示。

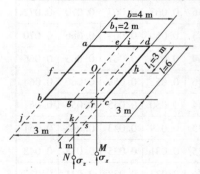

图4.21　例4.5图

【例4.5】 如图4.21所示,在一长度为 $l = 6$ m、宽度为 $b = 4$ m 的矩形面积基础上作用大小为 $p = 200$ kPa 的均布荷载。试计算:(1)矩形基础中点 O 下深度 $z = 8$ m 处 M 点竖向应力 σ_z 值;(2)矩形基础外 k 点下深度 $z = 6$ m 处 N 点竖向应力 σ_z 值。

【解】 (1)将矩形面积 $abcd$ 通过中心点 O 划分成4个相等的小矩形面积($afOe$,$Ofbg$,$eOhd$,$Ogch$),此时 M 点位于4个小矩形面积的角点下,可按角点法进行计算。

考虑矩形面积 $afOe$,已知 $l_1/b_1 = 3/2 = 1.5$,$z/b_1 = 8/2 = 4$,由表4.5查得应力系数 $\alpha_c = 0.038$,故得:

$$\sigma_z = 4\alpha_{c,afOe} \cdot p = 4\sigma_{z,afOe} = 4 \times 0.038 \times 200 \text{ kPa} = 30.4 \text{ kPa}$$

则矩形基础中点 O 下深度 $z=8$ m 处 M 点竖向应力 σ_z 值为 30.4 kPa。

（2）将 k 点置于假设的矩形受荷面积的角点处，按角点法计算 N 点的竖向应力。可以将 N 点竖向应力看作是由矩形受荷面积 $ajki$ 与 $iksd$ 引起的竖向应力之和，再减去矩形受荷面积 $bjkr$ 与 $rksc$ 引起的竖向应力，即

$$\sigma_z = (\alpha_{ajki} + \alpha_{iksd} - \alpha_{bjkr} - \alpha_{rksc})p$$
$$= (0.131 + 0.051 - 0.084 - 0.033) \times 200 \text{ kPa} = 13 \text{ kPa}$$

故矩形基础外 k 点下深度 $z=6$ m 处 N 点竖向应力 σ_z 值为 13 kPa。

4.3.3　矩形面积竖向三角形荷载作用下的地基附加应力

在矩形面积上作用着三角形分布荷载，最大荷载强度为 p_0，如图 4.22 所示。取荷载零边的角点为坐标原点。角点 1 下深度 z 处 M 点的竖向附加应力 σ_z 可由式（4.14c）求解。取面积微元 $dF = dxdy$，作用于微元上的集中力为 $dP = \dfrac{x}{b}p_0 dxdy$，则

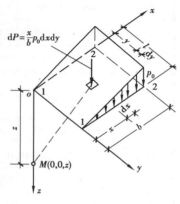

图 4.22　三角形分布矩形荷载角点下的竖向附加应力计算

$$\sigma_z = \frac{3p_0 z^3}{2\pi} \int_0^l \int_0^b \frac{x}{b(x^2 + y^2 + z^2)^{5/2}} dxdy$$
$$= \frac{mn}{2\pi}\left[\frac{1}{\sqrt{m^2 + n^2}} - \frac{n^2}{(n^2 + 1)\sqrt{m^2 + n^2 + 1}}\right]p_0$$
$$= \alpha_{t1} p_0 \tag{4.27}$$

式中，应力系数 $\alpha_{t1} = \dfrac{mn}{2\pi}\left[\dfrac{1}{\sqrt{m^2 + n^2}} - \dfrac{n^2}{(n^2 + 1)\sqrt{m^2 + n^2 + 1}}\right]$。

α_{t1} 是角点 1 下的竖向附加应力系数，为 $m = l/b$，$n = z/b$ 的函数，其值可由表 4.6 查得。

表 4.6　矩形基底在竖直三角形分布荷载作用下地基中的附加应力系数 α_{t1}，α_{t2}

z/b	l/b									
	0.2		0.4		0.6		0.8		1.0	
	1 点	2 点	1 点	2 点	1 点	2 点	1 点	2 点	1 点	2 点
0.0	0.000 0	0.250 0	0.000 0	0.250 0	0.000 0	0.250 0	0.000 0	0.250 0	0.000 0	0.250 0
0.2	0.022 3	0.182 1	0.028 0	0.211 5	0.029 6	0.216 5	0.030 1	0.217 8	0.030 4	0.218 2
0.4	0.026 9	0.109 4	0.042 0	0.160 4	0.048 7	0.178 1	0.051 7	0.184 4	0.053 1	0.187 0
0.6	0.025 9	0.070 0	0.044 8	0.116 5	0.056 0	0.140 5	0.062 1	0.152 0	0.065 4	0.157 5
0.8	0.023 2	0.048 0	0.042 1	0.085 3	0.055 3	0.109 3	0.063 7	0.123 2	0.068 8	0.131 1
1.0	0.020 1	0.034 6	0.037 5	0.063 8	0.050 8	0.085 2	0.060 2	0.099 6	0.066 6	0.108 6
1.2	0.017 1	0.026 0	0.032 4	0.049 1	0.045 0	0.067 3	0.054 6	0.080 7	0.061 5	0.090 1
1.4	0.014 5	0.020 2	0.027 8	0.038 6	0.039 2	0.054 0	0.048 1	0.066 1	0.055 4	0.075 1
1.6	0.012 3	0.016 0	0.023 8	0.031 0	0.033 9	0.044 0	0.042 4	0.054 7	0.049 2	0.062 8

续表

z/b	l/b									
	0.2		0.4		0.6		0.8		1.0	
	1点	2点	1点	2点	1点	2点	1点	2点	1点	2点
1.8	0.105 0	0.013 0	0.020 4	0.025 4	0.029 4	0.036 3	0.037 1	0.045 7	0.043 5	0.053 4
2.0	0.009 0	0.010 8	0.017 6	0.021 1	0.025 5	0.030 4	0.032 4	0.038 7	0.038 4	0.045 6
2.5	0.006 3	0.007 2	0.012 5	0.014 0	0.018 3	0.020 5	0.023 6	0.026 5	0.028 4	0.031 8
3.0	0.004 6	0.005 1	0.009 2	0.010 0	0.013 5	0.014 8	0.017 6	0.019 2	0.021 4	0.023 3
5.0	0.001 8	0.001 9	0.003 6	0.003 8	0.005 4	0.005 6	0.007 1	0.007 4	0.008 8	0.009 1
7.0	0.000 9	0.001 0	0.001 9	0.001 9	0.002 8	0.029 0	0.003 8	0.003 8	0.004 7	0.004 7
10.0	0.000 5	0.000 4	0.000 9	0.001 0	0.001 4	0.001 4	0.001 9	0.001 9	0.002 3	0.002 4

z/b	l/b									
	1.2		1.4		1.6		1.8		2.0	
	1点	2点	1点	2点	1点	2点	1点	2点	1点	2点
0.0	0.000 0	0.250 0	0.000 0	0.250 0	0.000 0	0.250 0	0.000 0	0.250 0	0.000 0	0.250 0
0.2	0.030 5	0.218 4	0.030 5	0.218 5	0.030 6	0.218 5	0.030 6	0.218 5	0.030 6	0.218 5
0.4	0.053 9	0.188 1	0.054 3	0.188 6	0.054 5	0.188 9	0.054 6	0.189 1	0.054 7	0.189 2
0.6	0.067 3	0.160 2	0.068 4	0.161 6	0.069 0	0.162 5	0.069 4	0.163 0	0.069 6	0.163 3
0.8	0.072 0	0.135 5	0.073 9	0.138 1	0.075 1	0.139 6	0.075 9	0.140 5	0.076 4	0.141 2
1.0	0.070 8	0.114 3	0.073 5	0.117 6	0.075 3	0.120 2	0.076 6	0.121 5	0.077 4	0.112 5
1.2	0.066 4	0.096 2	0.069 8	0.100 7	0.072 1	0.103 7	0.073 8	0.105 5	0.074 9	0.106 9
1.4	0.060 6	0.081 7	0.064 4	0.086 4	0.067 2	0.089 7	0.069 2	0.092 1	0.070 7	0.093 7
1.6	0.054 5	0.069 6	0.058 6	0.074 3	0.061 6	0.078 0	0.063 9	0.080 6	0.065 6	0.082 6
1.8	0.048 7	0.059 6	0.052 8	0.064 4	0.056 0	0.068 1	0.058 5	0.070 9	0.060 4	0.073 0
2.0	0.043 4	0.051 3	0.047 4	0.056 0	0.050 7	0.059 6	0.053 3	0.062 5	0.055 3	0.064 9
2.5	0.032 6	0.036 5	0.036 2	0.040 5	0.039 3	0.044 0	0.041 9	0.046 9	0.044 0	0.049 1
3.0	0.024 9	0.027 0	0.028 0	0.030 3	0.030 7	0.033 3	0.033 1	0.035 9	0.035 2	0.038 0
5.0	0.010 4	0.010 8	0.012 0	0.012 3	0.013 5	0.013 9	0.014 8	0.015 4	0.016 1	0.016 7
7.0	0.005 6	0.005 6	0.006 4	0.006 6	0.007 3	0.007 4	0.008 1	0.008 3	0.008 9	0.009 1
10.0	0.002 8	0.002 8	0.003 3	0.003 2	0.003 7	0.003 7	0.004 1	0.004 2	0.004 6	0.004 6

续表

z/b	l/b									
	3.0		4.0		6.0		8.0		10.0	
	1点	2点	1点	2点	1点	2点	1点	2点	1点	2点
0.0	0.000 0	0.250 0	0.000 0	0.250 0	0.000 0	0.250 0	0.000 0	0.250 0	0.000 0	0.250 0
0.2	0.030 6	0.218 6	0.030 6	0.218 6	0.030 6	0.218 6	0.030 6	0.218 6	0.030 6	0.218 6
0.4	0.054 8	0.189 4	0.054 9	0.189 4	0.054 9	0.189 4	0.054 9	0.189 4	0.054 9	0.189 4
0.6	0.070 1	0.163 8	0.070 2	0.163 9	0.070 2	0.164 0	0.070 2	0.164 0	0.070 2	0.164 0
0.8	0.077 3	0.142 3	0.077 6	0.142 4	0.077 6	0.142 6	0.077 6	0.142 6	0.077 6	0.142 6
1.0	0.079 0	0.124 4	0.079 4	0.124 8	0.079 5	0.125 0	0.079 6	0.125 0	0.079 6	0.125 0
1.2	0.077 4	0.109 6	0.077 9	0.110 3	0.078 2	0.110 5	0.078 3	0.110 5	0.078 3	0.110 5
1.4	0.073 9	0.097 3	0.074 8	0.098 2	0.075 2	0.098 6	0.075 2	0.098 7	0.075 2	0.098 7
1.6	0.069 7	0.087 0	0.070 8	0.088 2	0.071 4	0.088 7	0.071 5	0.088 8	0.071 5	0.088 9
1.8	0.065 2	0.078 2	0.066 6	0.079 7	0.067 3	0.080 5	0.067 5	0.080 6	0.067 5	0.080 8
2.0	0.060 7	0.070 7	0.062 4	0.072 6	0.063 3	0.073 4	0.063 6	0.073 6	0.063 6	0.073 8
2.5	0.050 4	0.055 9	0.052 9	0.058 5	0.054 3	0.060 1	0.054 7	0.060 4	0.054 8	0.060 5
3.0	0.041 9	0.045 1	0.044 9	0.048 2	0.046 9	0.050 0	0.047 4	0.050 9	0.047 6	0.051 1
5.0	0.021 4	0.022 1	0.024 8	0.025 6	0.028 3	0.029 0	0.029 6	0.030 3	0.030 1	0.030 9
7.0	0.012 4	0.012 6	0.015 2	0.015 4	0.018 6	0.019 0	0.020 4	0.020 7	0.021 2	0.021 6
10.0	0.006 6	0.006 6	0.008 4	0.008 3	0.011 1	0.011 1	0.012 8	0.013 0	0.013 9	0.014 1

如果要求荷载最大边的角点 2 下深度 z 处的竖向附加应力 σ_z，则可利用应力叠加原理来计算。如图 4.23 所示，已知的三角形分布荷载等于一个矩形均布荷载与一个倒三角形荷载之差，则荷载最大边的角点 2 下深度 z 处的竖向附加应力 σ_z 为：

$$\sigma_z = \alpha_{t2} p_0 = (\alpha_c - \alpha_{t1}) p_0 \tag{4.28}$$

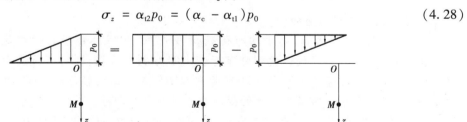

图 4.23　求荷载最大边角点下的竖向附加应力

应力系数 α_{t2} 也是 $m = l/b$，$n = z/b$ 的函数，可由表 4.6 查得。必须注意：b 是沿三角形分布荷载方向的边长。

【**例 4.6**】　如图 4.24 所示，有一矩形面积基础长 $l = 5$ m、宽 $b = 3$ m，三角形分布荷载作用在地基表面，荷载最大值 $p_t = 150$ kPa。试计算矩形截面内 O 点下深度 $z = 3$ m 处的竖向附加应力 σ_z。

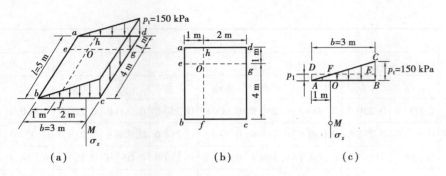

图4.24　例4.6图

【解】　求解时需要通过两次叠加来计算。第一次是荷载作用面积的叠加,可利用前面的角点法进行计算;第二次是荷载分布图形的叠加。

(1)荷载作用面积的叠加

如图4.24(a)、(b)所示,由于 O 点位于矩形面积 $abcd$ 内,通过 O 点将矩形面积划分为4块,假定其上作用均布荷载 p_1,即图4.24(c)中的荷载 $DABE$。而 $p_1 = 50$ kPa 作用下点 M 处产生的竖向应力 σ_{z1} 可用前面介绍的角点法进行计算,即

$$\sigma_{z1} = \sigma_{z1,aeOh} + \sigma_{z1,ebfO} + \sigma_{z1,Ofcg} + \sigma_{z1,hOgd} = p_1(\alpha_{c1} + \alpha_{c2} + \alpha_{c3} + \alpha_{c4})$$

式中　$\alpha_{c1}, \alpha_{c2}, \alpha_{c3}, \alpha_{c4}$ ——各块面积的应力系数,可由表4.5查得,结果列于表4.7中。

$$\sigma_{z1} = p_1 \sum \alpha_{ci} = 50 \times (0.045 + 0.093 + 0.156 + 0.073)$$
$$= 50 \times 0.367 \text{ kPa} = 18.35 \text{ kPa}$$

表4.7　应力系数 α_{ci} 的计算

编号	荷载作用面积	$l/b = m$	$z/b = n$	α_{ci}^{tl}
1	$aeOh$	$1/1 = 1$	$3/1 = 3$	0.045
2	$ebfO$	4	3	0.093
3	$Ofcg$	2	1.5	0.156
4	$hOgd$	2	3	0.073

(2)荷载分布图形的叠加

由角点法求得的应力 σ_{z1} 是由均布荷载 p_1 引起的,但实际作用的荷载是三角形分布。为此,可以将图4.24(c)所示的三角形分布荷载 ABC 分割成3块,即均布荷载 $DABE$、三角形荷载 AFD 和 CFE。三角形荷载 ABC 等于均布荷载 $DABE$ 减去三角形荷载 AFD,再加上三角形荷载 CFE。这样,将此3块分布荷载产生的附加应力进行叠加即可。

三角形分布荷载 AFD,其最大值为 p_1,作用在矩形面积 $aeOh$ 及 $ebfO$ 上,并且 O 点在荷载为0处。因此,它在 M 点引起的竖向应力 σ_{z2} 是两块矩形面积上三角形分布荷载引起的附加应力之和,即:

$$\sigma_{z2} = \sigma_{z2,aeOh} + \sigma_{z2,ebfO} = p_1(\alpha_{c1}^{tl} + \alpha_{c2}^{tl})$$

式中,应力系数 $\alpha_{c1}^{tl}, \alpha_{c2}^{tl}$ 可由表4.6查得,结果列于表4.8中。于是可求得 σ_{z2} 为:

$$\sigma_{z2} = 50 \times (0.021 + 0.045) \text{ kPa} = 3.3 \text{ kPa}$$

表 4.8　应力系数 α_{ci}^{tl} 的计算

编号	荷载作用面积	$l/b = m$	$z/b = n$	α_{ci}^{tl}
1	$aeOh$	$1/1 = 1$	$3/1 = 3$	0.021
2	$ebfO$	4	3	0.045
3	$Ofcg$	2	1.5	0.069
4	$hOgd$	0.5	1.5	0.032

三角形分布荷载 CEF 的最大值为 $p_t - p_1$，作用在矩形面积 $Ofcg$ 及 $hOgd$ 上，同样 O 点也在荷载为 0 处。因此，它在 M 点处产生的竖向应力 σ_{z3} 是这两块矩形面积上三角形分布荷载引起的附加应力之和，即

$$\sigma_{z3} = \sigma_{z3,Ofcg} + \sigma_{z3,hOgd} = (p_t - p_1)(\alpha_{c3}^{tl} + \alpha_{c4}^{tl})$$
$$= (150 - 50) \times (0.069 + 0.032)\text{kPa} = 10.1 \text{ kPa}$$

将上述计算结果进行叠加，即可求得三角形分布荷载 ABC 在 M 点产生的竖向应力 σ_z，即

$$\sigma_z = \sigma_{z1} - \sigma_{z2} + \sigma_{z3} = (18.35 - 3.3 + 10.1)\text{kPa} = 25.15 \text{ kPa}$$

4.3.4　条形面积竖向均布荷载作用下的地基附加应力

在地基表面上作用无限长的条形荷载，荷载沿宽度可按任何形式分布，且在每一个截面上的荷载分布相同（沿长度方向则不变），此时地基中产生的应力状态属于平面问题。当荷载面积的长宽比 $l/b > 10$ 时，计算的地基附加应力值与按 $l/b = 10$ 时的解相比误差甚少。因此，对于条形基础，如墙基、挡土墙基础、路基、坝基等，常可按平面问题考虑。

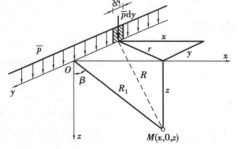

图 4.25　线荷载作用下地基附加应力

1）线荷载下的地基附加应力

线荷载是在半空间表面上一条无限长直线上的均布荷载，如图 4.25 所示。设一个竖向线荷载 $\bar{p}$（kN/m）作用在 y 坐标轴上，则沿 y 轴某微分段 dy 上的分布荷载以集中力代替，从而求得地基中任意点 M 处由 $\bar{p}\, dy$ 引起的附加应力 $d\sigma_z$ 为：

$$d\sigma_z = \frac{3pz^3}{2\pi R^5} = \frac{3\bar{p}\,z^3}{2\pi R^5}dy \qquad (4.29)$$

积分求得 M 点的 σ_z：

$$\sigma_z = \int_{-\infty}^{+\infty}d\sigma_z = \int_{-\infty}^{+\infty}\frac{3\bar{p}\,z^3\,dy}{2\pi(x^2 + y^2 + z^2)^{5/2}} = \frac{2\bar{p}\,z^3}{\pi(x^2 + z^2)^2} = \frac{2\bar{p}}{\pi R_1}\cos^3\beta \qquad (4.30)$$

同理按上述方法可推导出：$\qquad \sigma_x = \frac{2\bar{p}\,x^2 z}{\pi(x^2 + z^2)^2} = \frac{2\bar{p}}{\pi R_1}\cos\beta\sin^2\beta \qquad (4.31)$

$$\tau_{xz} = \tau_{zx} = \frac{2\overline{p}\,xz^2}{\pi(x^2+z^2)^2} = \frac{2\overline{p}}{\pi R_1}\cos^2\beta\sin\beta \qquad (4.32)$$

由于线荷载作用下的应力状态属于弹性力学中的平面应变问题,按广义虎克定律和 $\varepsilon_y = 0$ 的条件可得:$\sigma_y = \mu(\sigma_x + \sigma_z)$,$\tau_{xy} = \tau_{yx} = \tau_{yz} = \tau_{zy} = 0$,因此,在平面问题中需要计算的应力分量只有 σ_z,σ_x 和 τ_{xz} 3 个。

2) 条形均布荷载下的地基附加应力

实际上条形基础都有一定宽度的,相应的荷载也是有宽度的,如图 4.26 所示。当地基表面宽度为 b 的条形面积上作用着竖向均布荷载 $p_0(\mathrm{kPa})$,此时,地基内任意点 M 的附加应力 σ_z 可利用弗拉曼解和积分的方法求得。

首先在条形荷载的宽度方向上取微分段 $\mathrm{d}\xi$,将其上作用的荷载 $\mathrm{d}\overline{p} = p_0\mathrm{d}\xi$ 视为线荷载,则 $\mathrm{d}\overline{p}$ 在 M 点引起的竖向附加应力 $\mathrm{d}\sigma_z$ 为:$\mathrm{d}\sigma_z = \dfrac{2z^3\mathrm{d}\overline{p}}{\pi R^4} = \dfrac{2p_0 z^3\mathrm{d}\xi}{\pi[(x-\xi)^2+z^2]^2}$,沿宽度 b 积分,即可得整个条形荷载在 M 点引起的竖向附加应力为:

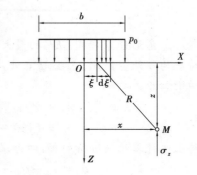

图 4.26　条形荷载作用下地基中的附加应力

$$\begin{aligned}
\sigma_z &= \int_{-b/2}^{b/2} \frac{2z^3 p_0\mathrm{d}\xi}{\pi[(x-\xi)^2+z^2]^2} \\
&= \frac{p_0}{\pi}\left[\arctan\frac{1-2n}{2m} + \arctan\frac{1+2n}{2m} - \frac{4m(4n^2-4m^2-1)}{(4n^2+4m^2-1)+16m^2}\right] \\
&= \alpha_{sz}p_0
\end{aligned} \qquad (4.33)$$

同理可得:

$$\sigma_x = \frac{p_0}{\pi}\left[\arctan\frac{1-2n}{2m} + \arctan\frac{1+2n}{2m} + \frac{4m(4n^2-4m^2-1)}{(4n^2+4m^2-1)+16m^2}\right] = \alpha_{sx}p_0 \qquad (4.34)$$

$$\tau_{xz} = \tau_{zx} = \frac{p_0}{\pi}\frac{32m^2 n}{(4n^2+4m^2-1)+16m^2} = \alpha_{sxz}p_0 \qquad (4.35)$$

以上式中的 α_{sz},α_{sx} 和 α_{sxz} 分别为均布条形荷载下相应的 3 个附加应力系数,都是 $m = l/b$、$n = z/b$ 的函数,可由表 4.9 查得。

表 4.9　均布条形荷载下的附加应力系数

z/b	l/b								
	0.00			0.25			0.50		
	α_{sz}	α_{sx}	α_{sxz}	α_{sz}	α_{sx}	α_{sxz}	α_{sz}	α_{sx}	α_{sxz}
0.00	1.000	1.000	0	1.000	1.000	0	0.500	0.500	0.320
0.25	0.959	0.450	0	0.902	0.393	0.127	0.497	0.347	0.300
0.50	0.818	0.182	0	0.735	0.186	0.157	0.480	0.225	0.255
0.75	0.668	0.081	0	0.607	0.098	0.127	0.448	0.142	0.204

续表

z/b	l/b								
	0.00			0.25			0.50		
	α_{sz}	α_{sx}	α_{sxz}	α_{sz}	α_{sx}	α_{sxz}	α_{sz}	α_{sx}	α_{sxz}
1.00	0.550	0.041	0	0.510	0.055	0.096	0.409	0.091	0.159
1.25	0.462	0.023	0	0.436	0.033	0.072	0.370	0.060	0.124
1.50	0.396	0.014	0	0.379	0.021	0.055	0.334	0.040	0.098
1.75	0.345	0.009	0	0.334	0.014	0.043	0.302	0.028	0.078
2.00	0.306	0.006	0	0.298	0.010	0.034	0.275	0.020	0.064
3.00	0.208	0.002	0	0.206	0.003	0.017	0.198	0.007	0.032
4.00	0.158	0.001	0	0.156	0.001	0.010	0.153	0.003	0.019
5.00	0.126	0.000	0	0.126	0.001	0.006	0.124	0.002	0.012
6.00	0.106	0.000	0	0.105	0.000	0.004	0.104	0.001	0.009

z/b	l/b								
	1.00			1.50			2.00		
	α_{sz}	α_{sx}	α_{sxz}	α_{sz}	α_{sx}	α_{sxz}	α_{sz}	α_{sx}	α_{sxz}
0.00	0	0	0	0	0	0	0	0	0
0.25	0.019	0.171	0.055	0.003	0.074	0.014	0.001	0.041	0.005
0.50	0.084	0.211	0.127	0.017	0.122	0.045	0.005	0.074	0.020
0.75	0.146	0.185	0.157	0.042	0.139	0.075	0.015	0.095	0.037
1.00	0.185	0.146	0.157	0.071	0.134	0.095	0.029	0.103	0.054
1.25	0.205	0.111	0.144	0.095	0.120	0.105	0.044	0.103	0.067
1.50	0.211	0.084	0.127	0.114	0.102	0.106	0.059	0.097	0.075
1.75	0.210	0.064	0.111	0.127	0.085	0.102	0.072	0.088	0.079
2.00	0.205	0.049	0.096	0.134	0.071	0.095	0.083	0.078	0.079
3.00	0.171	0.019	0.055	0.136	0.033	0.066	0.103	0.044	0.067
4.00	0.140	0.009	0.034	0.122	0.017	0.045	0.102	0.025	0.050
5.00	0.117	0.005	0.023	0.107	0.010	0.032	0.095	0.015	0.037
6.00	0.100	0.003	0.017	0.094	0.006	0.023	0.086	0.010	0.028

4.3.5 影响土中应力分布的因素

上面介绍的地基中附加应力的计算,都是按弹性理论把地基土视为均质、等向的线弹性体,而实际遇到的地基均在不同程度上与上述理想条件有所偏离,因此计算出的应力与实际土中的应力相比都有一定的误差。根据一些学者的试验研究及测量结果认为,当土质较均匀,土颗粒较细,且压力不很大时,用上述方法计算出的竖直向附加应力 σ_z 与实测值相比,误差不是很大;不满足这些条件时将会有较大误差。下面简要讨论实际土体的非线性、非均质和各向异性对土中应力分布的影响。

1)非线性材料的影响

土体实际是非线性材料,许多学者的研究表明,非线性对于竖直应力 σ_z 计算值的影响虽不是很大,但最大误差亦可达到25%~30%,而对水平应力则有显著影响。

2)成层地基的影响

天然土层的松密、软硬程度往往很不相同,变形特性可能差别较大。例如,在软土区常可遇到一层硬黏土或密实的砂覆盖在软软的土层上;或是在山区,常可见厚度不大的可压缩土层覆盖于绝对刚性的岩层上。这种情况下,地基中的应力分布显然与连续、均质土体不相同。对这类问题的解答比较复杂,目前弹性力学只对其中某些简单的情况有理论解,可以分为两类:

(1)可压缩土层覆盖于刚性岩层上(图4.27)

由弹性理论解得知,这种情况下,上土层荷载中轴线附近的附加应力 σ_z 将比均质半无限体时增大,这种现象称为"应力集中"现象。应力集中的程度主要与荷载宽度 B 与压缩层厚度 H 之比有关,随着 H/B 增大,应力集中现象减弱。图4.28为条形均布荷载下,岩层位于不同深度时中轴线上的 σ_z 分布图,可以看出 H/B 比值越小,应力集中的程度越高。

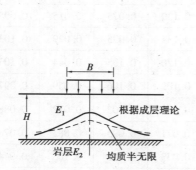

图4.27　$E_2 > E_1$ 时的应力集中现象

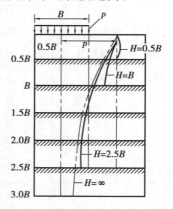

图4.28　岩层在不同深度时基础
轴线的竖向应力分布

(2)硬土层覆盖于软土层上(图4.29)

此种情况将出现在硬层下面,荷载中轴线附近附加应力减小的应力扩散现象。由于应力分布比较均匀,地基的沉降也相应较为均匀。在道路工程路面设计中,用一层比较坚硬的路面来降低地基中的应力集中,减小路面因不均匀变形而破坏,就是这个道理。如图4.30所示为地基土层厚度为 H_1,H_2,H_3,相应的变形模量为 E_1,E_2,E_3,地基表面受半径 $R = 1.6H_1$ 的圆形均布荷载 p 作用。从图中可以看出,当 $E_1 > E_2 > E_3$ 时(曲线 A,B),荷载中心下面土层中的应力 σ_z 明显低于 $E =$ 常数(曲线 C)的均质土情况。

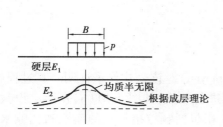

图 4.29 $E_1 > E_2$ 时的应力集中现象

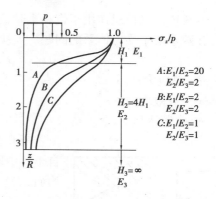

图 4.30 E_1/E_2，E_2/E_3 不同时圆形均布
荷载中心线下的 σ_z 分布

3）变形模量随深度增大的影响

地基土的另一种非均质性表现为变形模量 E 随深度逐渐增大，这在砂土地基中尤为常见。这是一种连续非均质现象，是由土体在沉积过程中的受力条件所决定的。弗劳利施（O. K. Frohlich）研究这种情况，对于集中力作用下地基中附加应力 σ_z 的计算，提出半经验公式：

$$\sigma_z = \frac{\mu P}{2\pi R^2}\cos^\mu\beta \tag{4.36}$$

式中符号意义与图 4.13 相同，μ 为大于 3 的应力集中系数，对于 E 为常数的均质弹性体，例如均匀的黏土，$\mu = 3$，其结果即为布氏解[式（4.14c）]；对于砂土，连续非均质现象最显著，取 $\mu = 6$；介于黏土与砂土之间的土，取 $\mu = 3 \sim 6$。

分析式（4.36），当 R 相同，$\beta = 0$ 或很小时，μ 越大，σ_z 越高；而当 β 很大时，μ 越大，σ_z 越小。这就是说，这种土的非均质现象也使地基中的应力向力的作用线附近集中。当然，地面上作用的不是集中荷载，而是不同类型的分布荷载，根据应力叠加原理也会得到应力 σ_z 向荷载中轴线附近集中的结果。试验研究也证明了这一点。

4）各向异性的影响

天然沉积土因沉积条件和应力状态而常常形成土体具有各向异性的特征。例如层状结构的页片黏土，在垂直方向和水平方向的 E 就不相同，土体的各向异性也会影响到该土层中的附加应力分布。研究表明，土体在水平方向的变形模量 $E_x(=E_y)$ 与竖直方向的变形模量 E_z 不相等，但泊松比 μ 相同时，若 $E_x > E_z$，则在各向异性地基中将出现应力扩散现象；若 $E_x < E_z$，地基中将出现应力集中现象。

4.4 有效应力原理

4.4.1 有效应力基本原理

以上介绍了土体中的应力计算。研究表明，并非所有应力都对地基变形和土体稳定有效。1925 年太沙基在试验的基础上提出了饱和土的有效应力原理。他指出，饱和土是由土颗粒和水组成的两相体。当荷载作用于饱和土时,这些荷载是由土骨架承担还是由孔隙水承担,涉及土骨架和孔隙水两个受力体系的问题。太沙基给出了饱和土体的有效应力表达式:

$$\sigma' = \sigma - u \tag{4.37}$$

式中 σ——总应力;

       σ'——有效应力;

       u——孔隙水压力。

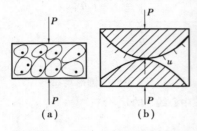

图4.31 土体截面上力的传递

斯开普顿(Skempyon)对该公式作了证明。其过程如下:自土体中取一截面进行放大,如图4.31(a)所示。设截面平均面积为A,其截面积包括颗粒接触点的面积和孔隙水的面积。为了更清晰地表示力的传递,今设想把分散的颗粒集中为大颗粒,如图4.31(b)所示。A_s表示A范围内颗粒的接触面积;σ_s为单位面积上土颗粒受到的压力;P_s表示通过颗粒接触面积传递的总压力。$A_w = (A - A_s)$为孔隙水的接触面积,通过孔隙水传递的总压力为P_w,单位孔隙水面积上受到的压力为μ。设作用于该截面上的总压力为P,根据力的平衡条件:

$$P = P_s + P_w = \sigma_s A + (A - A_s)u \tag{4.38}$$

式(4.38)两边同除以A,得:

$$\sigma = \sigma_s + \left(1 - \frac{A_s}{A}\right)u = \sigma_s + (1 - \alpha)u \tag{4.39}$$

实测证明:α值很小,在一般应力范围内只有千分之几,故式(4.39)的α可忽略不计。$\sigma_s = \sigma'$称为有效应力,则有效应力表达式为:

$$\sigma' = \sigma - u$$

上式说明,通过单位面积上的总应力等于粒间应力和孔隙水压力之和。也就是说,总应力等于有效应力和孔隙水压力之和。这一有效应力的概念是土力学的基本概念之一。

工程中经常会遇到非饱和土。对于非饱和土应力间的关系,目前较为通用的是1955年由毕肖普提出的公式。他认为总应力为孔隙水压力、孔隙气体压力和粒间应力(有效应力)之和。设$\frac{A_s}{A} = \alpha, \frac{A_w}{A} = x, \frac{A_a}{A} = [1 - (\alpha + \chi)]$,则

$$\sigma A = A\sigma_s + A_w u + A_a u_a \tag{4.40}$$

两边除以A得:

$$\sigma = \sigma_s + \chi u + [1 - (\alpha + \chi)]u_a = \sigma' + \chi u + [1 - (\alpha + \chi)]u_a$$
$$\sigma' = \sigma - [u_a - \chi(u_a - u)] \tag{4.41}$$

式中 A_a——孔隙气体面积;

       u_a——单位气体面积上的压力;

       其他符号意义同前。

4.4.2 饱和土的孔隙压力和有效应力

1)静水位条件下自重应力和基底压力

如图4.32(a)所示为一土层剖面,地下水位位于地面下深度H_1处,地下水位以上土的湿容

重为 γ_1，地下水位以下为饱和容重 γ_{sat}。现在欲求地下水位以下饱水土层 A 点竖直方向的总应力 σ、孔隙水压力 u 和有效应力 σ'。

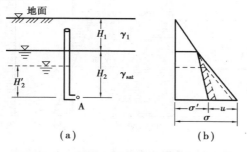

图 4.32 静水条件下的 u 和 σ'

作用在 A 点水平面上的总应力 σ，应等于该点以上的单位土柱和水柱的总重量，故：

$$\sigma = \gamma_1 H_1 + \gamma_{sat} H_2 \qquad (4.42)$$

孔隙水压力 u 应等于该点的静水压强。由于土孔隙互相联通，如果把测压管插入土中，管端在 A 点，则管中水位会慢慢上升至与地下水位齐平处稳定。所以：

$$u = \gamma_w H_2 \qquad (4.43)$$

根据有效应力原理，A 点处竖向有效应力 σ' 应为：

$$\begin{aligned}
\sigma' = \sigma - u &= \gamma_1 H_1 + \gamma_{sat} H_2 - \gamma_w H_2 \\
&= \gamma_1 H_1 + H_2(\gamma_{sat} - \gamma_w) \\
&= \gamma_1 H_1 + \gamma' H_2 \qquad (4.44)
\end{aligned}$$

由计算结果可以看出，σ' 就是 A 点的自重应力，所以自重应力是指有效应力。A 点以上土层深度的 σ，u，σ' 分布如图 4.32(b) 中实线所示。

如果地下水位下降至 H_2' 处稳定下来，假设地下水位以上的土容重仍为 γ_1，则孔隙水压力 u 和有效应力 σ' 沿深度分布如图 4.32(b) 中虚线所示。图中阴影部分表示水位下降至 H_2' 处后，比水位在原 H_2 处时所增加的有效应力。有效应力增加意味着要引起土体压缩，这就是许多城市大量抽水使地下水位下降后引起地面下沉的原因之一。

2) 毛细水上升时土中有效自重应力的计算

若已知土中毛细水的上升高度为 h_c（图 4.33），因为毛细水上升区中的水压力 u 为负值（即拉应力），所以在毛细水弯液面底面的水压力 $u = -\gamma_w h_c$，在地下水位面处 $u = 0$，则可分别计算土中各控制点的总应力 σ、孔隙水压力 u 及有效应力 σ'（见表 4.10）并绘出其分布图（图 4.33）。

表 4.10 毛细水上升时土中的总应力 σ、孔隙水压力 u 和有效应力 σ' 计算

计算点		总应力 σ	孔隙水压力 u	有效应力 σ'
A		0	0	0
B	B 点上	γh_1	0	γh_1
	B 点下		$-\gamma_w h_c$	$\gamma h_1 + \gamma_w h_c$
C		$\gamma h_1 + \gamma_{sat} h_c$	0	$\gamma h_1 + \gamma_{sat} h_c$
D		$\gamma h_1 + \gamma_{sat}(h_c + h_2)$	$\gamma_w h_2$	$\gamma h_1 + \gamma_{sat} h_c + \gamma' h_2$

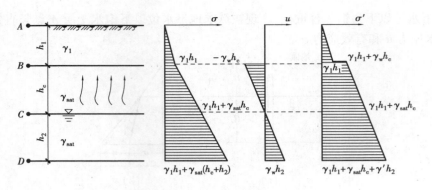

图 4.33　毛细水上升时土中的 σ, u, σ' 分布

从表 4.10 结果可见,在毛细水上升区(即 BC 段范围),由于表面张力的作用使孔隙水压力为负值,这就使土的有效应力增加;在地下水位以下,由于水对土颗粒的浮力作用,使土的有效应力减小。

【例 4.7】　某土层剖面,地下水位及其相应的容重如图 4.34(a)所示。试求:(1)垂直方向总应力 σ、孔隙水压力 u 和有效应力 σ' 沿深度 z 方向的分布;(2)若砂层中地下水位以上 1 m 范围内为毛细饱和区时,总应力 σ、孔隙水压力 u、有效应力 σ' 将如何分布?

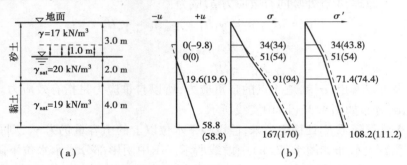

图 4.34　例 4.7 图

【解】　(1)地下水位以上无毛细饱和区时,σ, u, σ' 的分布值见表 4.11。

表 4.11　无毛细饱和区时 σ, u, σ' 分布值

深度 z/m	$\sigma/(kN \cdot m^{-2})$	$u/(kN \cdot m^{-2})$	$\sigma'/(kN \cdot m^{-2})$
2	$2 \times 17 = 34$	0	34
3	$3 \times 17 = 51$	0	51
5	$(3 \times 17) + (2 \times 20) = 91$	$2 \times 9.8 = 19.6$	71.4
9	$(3 \times 17) + (2 \times 20) + (4 \times 19) = 167$	$6 \times 9.8 = 58.8$	108.2

σ, u, σ' 沿深度的分布如图 4.34(b)中实线所示。

(2)当地下水位以上 1 m 内为毛细饱和区时,σ, u, σ' 值见表 4.12。

表4.12 地下水位以上1 m为毛细饱和区时 σ,u,σ' 分布值

深度z/m	$\sigma/(kN\cdot m^{-2})$	$u/(kN\cdot m^{-2})$	$\sigma'/(kN\cdot m^{-2})$
2	$2 \times 17 = 34$	-9.8	43.8
3	$2 \times 17 + 1 \times 20 = 54$	0	54
5	$54 + 2 \times 20 = 94$	$2 \times 9.8 = 19.6$	74.4
9	$94 + 4 \times 19 = 170$	$6 \times 9.8 = 58.8$	111.2

σ,u,σ' 沿深度的分布如图 4.34(b) 中虚线所示。

3)稳定渗流条件下自重应力情况

现在分析当土中发生向上或向下的稳定渗流时,土中孔隙水压力和有效应力的计算。如图 4.35(a)所示为厚度 H 的饱和黏性土层,地下水位位于黏性土层表面,下面为砂层,砂层中有承压水,在黏性土层和砂层的层界面 A 处打一测压管,得知水面高出黏性土层面 Δh,所以黏性土层中将有向上的稳定渗流发生。试计算 A 点 z 方向的 σ,u,σ'。

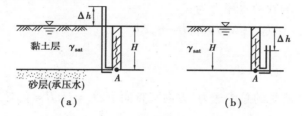

图 4.35 稳定渗流情况下的 σ,u,σ' 值

(1)取土-水整体为隔离体

A 点的总应力 σ 就是 A 点处单位面积上土柱的土-水总重量,故:

$$\sigma = \gamma_{sat}H \tag{4.45a}$$

A 点处的孔隙水压力 u 为:

$$u = \gamma_w(H + \Delta h) = \gamma_w H + \gamma_w \Delta h \tag{4.45b}$$

故 A 点处的有效应力 σ' 为:

$$\begin{aligned}
\sigma' = \sigma - u &= \gamma_{sat}H - \gamma_w(H + \Delta h) \\
&= H(\gamma_{sat} - \gamma_w) - \gamma_w \Delta h \\
&= \gamma'H - \gamma_w \Delta h
\end{aligned} \tag{4.45c}$$

将上述结果与静水条件下的 σ',u 相比较可知,在发生向上渗流时,孔隙水压力 u 多增加了 $\gamma_w \Delta h$,有效应力则相应减小了 $\gamma_w \Delta h$,一般称 $\gamma_w \Delta h$ 为渗透压力。如果发生向下渗流时[图 4.35 (b)],Δh 下降,这时 A 点的总应力不变,仍为:

$$\sigma = \gamma_{sat}H \tag{4.46a}$$

A 点的孔隙水压力 u 为:

$$u = \gamma_w(H - \Delta h) = \gamma_w H - \gamma_w \Delta h \tag{4.46b}$$

则 A 点的有效应力 σ' 为:

$$\begin{aligned}
\sigma' = \sigma - u &= \gamma_{sat}H - \gamma_w H + \gamma_w \Delta h \\
&= \gamma'H + \gamma_w \Delta h
\end{aligned} \tag{4.46c}$$

将式(4.46c)与静水条件下的 σ' 比较可以看出,向下渗流将使有效应力增加,这是抽吸地下水引起地面下沉的一个原因。因为抽水使地下水位下降,就会在土层中产生向下的渗流,从而使 σ' 增加,导致土层发生压密变形,故也称为渗流压密。

(2)取土骨架为隔离体

①向上渗流时,A 点处的孔隙水压力为:

$$u = \gamma_w (H + \Delta h) = \gamma_w H + \gamma_w \Delta h \tag{4.47a}$$

A 点处的有效应力 σ' 为:

$$\sigma' = \gamma' H + J_A$$

J_A 为 A 点以上土柱所受的总渗透力,方向竖直向上,$J_A = -j \times H = -\gamma_w i H = -\gamma_w \dfrac{\Delta h}{H} H = -\gamma_w \Delta h$。

所以
$$\sigma' = \gamma' H - \gamma_w \Delta h \tag{4.47b}$$

故 A 点的总应力 σ 为:

$$\sigma = \sigma' + u = \gamma' H - \gamma_w \Delta h + \gamma_w (H + \Delta h) = \gamma_{sat} H \tag{4.47c}$$

②向下渗流时,A 点的孔隙水压力为:

$$u = \gamma_w (H - \Delta h) = \gamma_w H - \gamma_w \Delta h \tag{4.48a}$$

A 点的有效应力为:

$$\sigma' = \gamma' H + J_A$$

J_A 为 A 点以上土柱所受的总渗透力,方向竖直向下,$J_A = j \times H = \gamma_w \dfrac{\Delta h}{H} H = \gamma_w \Delta h$,故:

$$\sigma' = \gamma' H + \gamma_w \Delta h \tag{4.48b}$$

A 点的总应力则为:

$$\sigma = \sigma' + u = \gamma' H + \gamma_w \Delta h + \gamma_w (H - \Delta h) = \gamma_{sat} H \tag{4.48c}$$

结论与取土-水整体为隔离体是一样的。

4.4.3 非饱和土的孔隙压力和有效应力

在岩土工程中大量遇到的是非饱和土,孔隙中不仅含有水,也包含部分空气,一般视为三相体。近年来人们对非饱和土有了深入研究,认为液相与气相的交接面是一层薄的水膜,具有表面张力,能直接影响到土的力学特征,所以有人认为应该把水膜视为一个独立相,与三相区别开来,使非饱和土形成四相体。由于水膜很薄,所占体积很小,在建立土体各相的体积-质量关系时,仍可按三相体对待,产生误差不大。

当土处于非饱和状态时,孔隙中不仅有水、空气,且含有水膜,当饱和度 S_r 接近于1,则孔隙中形成许多小气泡,为孔隙水所包围,相互不连通,其孔隙气压 u_a 与孔隙水压 u_w 并不相等,而且 u_a 总是大于 u_w 的,其道理不难由图4.36加以说明:设土中孔隙气体为水所包围,形成孤立的小气泡,如图4.36(a)所示。r_m 为气泡半径,孔隙水承受着水压 u_w,而气泡承受气压 u_a,至于包围气泡的水膜将产生表面张力 T。设气泡处于静力平衡状态,如果过气泡中心取一截面 a—a,如图4.36所示,则可建立如下平衡方程:

$$\pi r_m^2 u_w + 2\pi r_m T = \pi r_m^2 u_a$$

或
$$u_a - u_w = \frac{2T}{r_m} \qquad (4.49)$$

如果孔隙中的气体相互贯通,并与大气相连,则孔隙气压 u_a 将约为 0.1 MPa,这样的孔隙可想象为一半径为 r 的毛细管,如图 4.36(b)所示。孔隙水与气体的接触面为一曲面水膜,设其曲面半径为 r_m,水膜的张力 T 与管壁成 α 角,根据水与土颗粒材料分子力的相互作用,α 一般小于 90°,因此按照力的平衡原理,力平衡方程为:

$$\pi r^2 u_a = \pi r^2 u_w + 2\pi r T \cos \alpha$$

或
$$u_a - u_w = \frac{2T \cos \alpha}{r} = \frac{2T}{r_m}$$

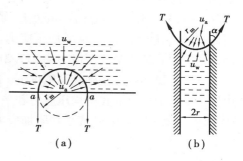

图 4.36　孔隙水压与孔隙气压平衡图

此式与式(4.49)完全相同。由该式可以发现,等式的右边为正值,故能证明 u_a 总是大于 u_w 的。同时,也可以看出孔隙水压和气压差与水膜曲率半径成反比,或者与孔隙平均半径成反比,这说明压力差与土的孔隙大小有关。根据试验观测,在砂土中由于土孔隙较大,水与气的压力差很少超过 5 kPa 的,而在黏土中,孔隙非常小,压力差往往可大过 10 MPa。

关于部分饱和土在外力 σ 作用下的有效压力 σ'、孔隙水压 u_w 和孔隙气压 u_a 的分配关系,按照毕肖普提出的关系式为:

$$\sigma = \sigma' + \chi u_w + (1 - \chi) u_a \qquad (4.50)$$

式中,χ 为试验系数。当土处于完全干燥时,$\chi = 0$;当土处于完全饱和时,$\chi = 1$;当土处于非饱和状态时,χ 值则与饱和度 S_r 以及土的性质等因素有关,在 0 与 1 之间变化。设想土体中存在有气泡和水,通过颗粒之间接触点作一不规则截面 a—a,设截面积为 1,其中颗粒接触面为 a,水截面积为 a_w,气体截面积为 1—a—a_w。由于 a 相对甚小,只不过为总截面积的百分之几,故可忽去不计,这样空气截面积将为 $1 - a_w$。现作用在单位截面颗粒之间的平均有效应力为 σ',而总应力为 σ,则

$$\sigma = \sigma' + (1 - a_w) u_a + a_w u_w - \sum t \qquad (4.51)$$

式中　$\sum t$ —— 气泡水膜之总张力。

如果把式(4.51)换为式(4.50),则式(4.50)中的 χ 就相当于 $a_w + \dfrac{\sum t}{u_a - u_w}$。其中水的表面张力 $\sum t$ 与水溶液的性质有关,压力差 $u_a - u_w$ 与土的类别有关,a_w 表示单位孔隙断面中水所占的面积,在一定程度上能反映土的饱和度 S_r,故 χ 值与上述各因素自然存在着很密切的关系。

习　题

4.1　某建筑场地的地层分布均匀,第一层为杂填土,厚 2.0 m,$\gamma = 18$ kN/m³;第二层为砂土,厚 2.4 m,$\gamma = 17.8$ kN/m³,$d_s = 2.68$,$\omega = 32\%$;第三层为粉质黏土,厚 4 m,$\gamma_{sat} = 19.8$ kN/m³,液性指数为 1.02;粉质黏土层下面为不透水的基岩,地下水位在地面下 3 m 深度处。试计算各层交界处的竖向自重应力并绘出其沿深度的分布图。(答案:粉质黏土层底面处的竖向自

重应力为 104.83 kPa,基岩顶面处的竖向自重应力为 158.83 kPa)

4.2 已知矩形基础底面尺寸 $b=2.0$ m,$l=2.5$ m,作用在基础底面中心的荷载 $F=850$ kN,$M=385$ kN·m(偏心方向在短边上,如图 4.37 所示),水平力 $H=140$ kN,其他条件如图 4.37 所示。求基底最大压应力及平均压应力,并绘出基底压应力分布图。(答案:基底最大压应力为 434.42 kPa,基底平均压应力为 217.21 kPa)

4.3 已知某条形基础底面宽度 $b=1.8$ m,上部结构传来轴向力 $F=252$ kN/m,其他条件如图 4.38 所示。求基底平均压应力和平均附加应力,并绘出基底压应力分布图。(答案:基底平均压应力为 180 kPa,基底平均附加应力为 153 kPa)

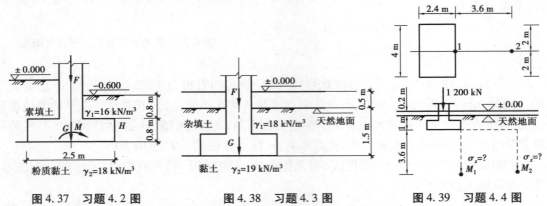

图 4.37 习题 4.2 图　　　　图 4.38 习题 4.3 图　　　　图 4.39 习题 4.4 图

4.4 某矩形基础,底面尺寸为 4.0 m×2.4 m。设计地面以下埋深为 1.2 m(高于天然底面 0.2 m),设计地面以上的荷载为 1 200 kN,基底标高处原有土的加权平均重度为 18.0 kN/m³,如图 4.39 所示。试求基底水平面 1 点及 2 点下各 3.6 m 深度处点 M_1 及点 M_2 的地基附加应力值。(答案:M_1 点处 $\sigma_z=28.3$ kPa,M_2 点处 $\sigma_z=3.67$ kPa)

4.5 如图 4.40 所示,某矩形基础底面上作用有三角形分布荷载,基底尺寸为 2 m×3 m,作用在基底上的附加应力最大值为 $p_{0\max}=210$ kPa,试用角点法计算矩形边上一点 A 下深度 $z=4$ m 处的竖向附加应力 σ_z 值。(答案:A 点处 $\sigma_z=13.17$ kPa)

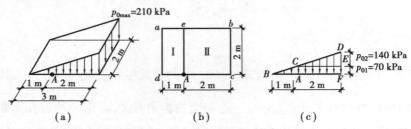

图 4.40 习题 4.5 图

4.6 某工程采用条形基础,其荷载面的尺寸和荷载情况如图 4.41 所示,试计算沿荷载面中线下 6 m 及 8 m 深度处的铅直向附加应力 σ_z 的分布,并按一定比例绘出该应力的分布图。(答案:6 m 深处为 50 kPa,8 m 深处为 39.0 kPa)

4.7 一条形荷载面,其尺寸及荷载如图 4.42 所示。求受荷面中线下 20 m 深度内的铅直向附加应力分布,并按一定比例画出该应力的分布图。假设水平荷载均匀分布于荷载底面上。(答案:10 m 深处为 38.43 kPa,20 m 深处为 21.53 kPa)

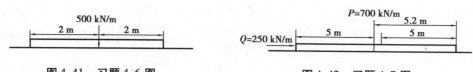

图 4.41　习题 4.6 图　　　　　　　图 4.42　习题 4.7 图

4.8　有 10 m 厚饱和黏土层,其下为砂土,如图 4.43 所示。砂土层中有承压水,已知其水头高出 A 点 6 m。现要在黏土层中开挖基坑,试求基坑的最大开挖深度 H。(答案:$H = 6.89$ m)

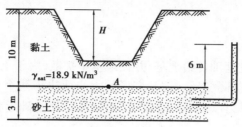

图 4.43　习题 4.8 图

4.9　某场地土层的分布自上而下为:砂土,层厚 2 m,重度为 17.5 kN/m³;黏土,层厚 3 m,饱和重度为 20.0 kN/m³;砾石,层厚 3 m,饱和重度为 20.0 kN/m³。地下水位在黏土层处。试绘出这三个土层中总应力 σ、孔隙水压力 u 和有效应力 σ' 沿深度的分布图形。

第5章 土的压缩性与地基沉降计算

建筑物的上部荷载通过基础传给地基,并在地基中扩散,由于土是可以压缩的,地基在附加应力的作用下,必然会产生沉降变形。地基变形的大小取决于两个方面:一方面是建筑物基底压力 p,它与建筑物的荷载大小、基础底面面积、基础埋深及基础形状有关;另一方面取决于土的压缩性质。

从工程意义上来说,地基的沉降分为均匀沉降和不均匀沉降。当建筑物均匀下沉时,从结构安全的角度,不会对建筑物造成很大影响,但是过大的沉降会严重影响建筑物的美观及正常使用;当建筑物发生不均匀沉降时,将会影响建筑物的结构和使用安全,严重的会造成建筑物倒塌。不少房屋建筑工程事故中,包括建筑物的倾斜或严重下沉、墙体开裂、基础断裂、设备管道排水倒流等,都是由于土的压缩性高或压缩性不均匀,造成地基严重沉降或不均匀沉降。路桥工程中的土工构筑物(如路堤)在本身重力以及车辆荷载作用下,将产生压缩变形,路桥工程的地基土也会产生压缩变形。

因此,在工程设计及施工中,必须根据建筑物的情况和勘探试验资料,计算基础可能发生的沉降量和沉降差,并设法将其控制在建筑物容许范围内。必要时还应采取一些措施,尽量减小地基沉降可能给建筑物带来的危害。

5.1 固结试验及压缩性指标

5.1.1 土的压缩性

土在压力作用下的特性称为土的压缩性。土的压缩通常有三部分:固体土颗粒被压缩;水和气体从孔隙中被压缩;水和气体从孔隙中挤出。试验研究表明,固体颗粒和水的压缩性是微不足道的,在一般压力下(100~600 kPa),土颗粒和水的压缩量都可以忽略不计,所以土的压缩主要是孔隙中一部分水和空气被挤出,封闭气泡被压缩;与此同时,土颗粒相应发生移动,靠拢挤紧,从而使土中孔隙减小。

不同的土压缩性有很大差别,其主要影响因素包括土本身的性状(如颗粒级配、成分、结构构造、孔隙水等)和环境因素(如应力历史、应力路径、温度等)。为了评价土的压缩性质,通常采用固结试验(也叫室内侧限压缩试验)和现场载荷试验来研究。

5.1.2 固结试验

固结试验的主要目的是了解土的孔隙比随压力变化的规律,并测定土的压缩性指标,评定土的压缩性大小。土的固结试验采用如图5.1(a)所示的固结仪(也称为侧限压缩仪),压缩容器部分如图5.1(b)所示。试验时,用金属环刀(内径80 mm,高20 mm)切取原状土样,并置于压缩容器的刚性护环内,使土样在压缩过程中不能侧向膨胀,仅发生竖向变形。土样上、下各垫有一块透水石,土样受压后土中水可以自由排出。在天然状态下或经人工饱和后,对土样进行逐级加压固结,通过百分表对竖向变形量进行量测。每一级荷载通常保持24 h,或者在竖向变形达到稳定后施加下一级荷载,一般施加5级荷载。试验完成后,烘干土样,测其干重。

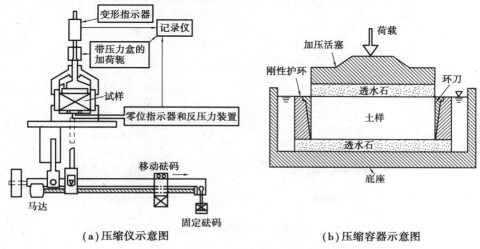

(a)压缩仪示意图 　　　　　　　(b)压缩容器示意图

图5.1 固结仪示意图

如图5.2所示,设土样的初始高度为H_0,在荷载p作用下土样稳定后的总压缩量为s。设土颗粒体积为$V_s=1$,根据土孔隙比的定义,受压前后土的孔隙体积V_v分别为e_0和e,由于试验时土样处于侧限条件下,故受压前后土样的横截面面积不变。据此求得受压前后土样横截面面积分别为$\dfrac{1+e_0}{H_0}$和$\dfrac{1+e}{H_0-s}$,则有$\dfrac{1+e_0}{H_0}=\dfrac{1+e}{H_0-s}$。

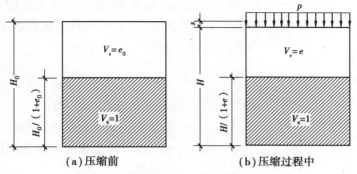

(a)压缩前 　　　　　　　(b)压缩过程中

图5.2 固结试验中土样变形示意图

由上式推得试验过程中孔隙比e的计算公式,即

$$e = e_0 - (1 + e_0) \frac{s}{H_0} \tag{5.1}$$

式中　e——与荷载 p 相对应的孔隙比;

　　　　e_0——初始孔隙比,即 $e_0 = \dfrac{d_s(1 + \omega_0)\rho_w}{\rho_0} - 1$,其中 d_s 为土粒相对密度,ρ_0 为土样的初始

　　　　密度,ω_0 为土样的初始含水量,可根据室内试验测定。

　　只要测得每级荷载 p 下土样压缩稳定后的压缩量 s,就可以根据上式计算出相应的孔隙比 e,从而绘制土的压缩曲线,或称 $e\text{-}p$ 曲线,如图 5.3(a)所示;如果横坐标 p 采用半对数,则得到 $e\text{-}\lg p$ 曲线,如图 5.3(b)所示。

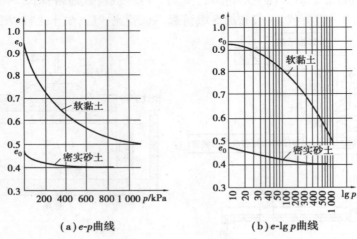

(a)$e\text{-}p$曲线　　　　　　(b)$e\text{-}\lg p$曲线

图 5.3　压缩曲线

5.1.3　压缩系数和压缩指数

1)压缩系数 a

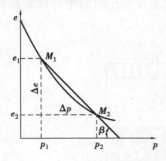

图 5.4　$e\text{-}p$ 曲线确定压缩系数

　　土的压缩曲线的陡降程度可以形象地表明土的压缩性大小,压缩系数 a 定义为 $e\text{-}p$ 曲线某压力段的割线斜率,如图 5.4所示。设压力由 p_1 增至 p_2,相应的孔隙比由 e_1 减小到 e_2,当压力变化不大时,可用割线斜率来表示土在这一段压力范围内的压缩性,即

$$a = \tan \beta = -\frac{\Delta e}{\Delta p} = \frac{e_1 - e_2}{p_2 - p_1} \tag{5.2}$$

式中　a——压缩系数,kPa^{-1} 或 MPa^{-1};

　　　　p_1, p_2——压缩曲线上任意两点的应力,$p_2 \geqslant p_1$,kPa;

　　　　e_1, e_2——压缩曲线上相应于 p_1, p_2 作用下稳定后的孔隙比。

　　压缩系数 a 值与土所受荷载大小有关。在一定压力范围内,压缩系数 a 值越大,土的压缩性越高。不同压力段,压缩系数的大小也不同。为统一标准,方便比较,我国的《建筑地基基础

设计规范》(GB 50007—2011)规定:地基土的压缩性可按 p_1 为 100 kPa、p_2 为 200 kPa 时相对应的压缩系数 a_{1-2} 作为土压缩性高低的指标,见表 5.1。

表 5.1　土的压缩性评价

压缩系数 a_{1-2}/MPa^{-1}	压缩性评价
$a_{1-2} < 0.1$	低压缩性土
$0.1 \leqslant a_{1-2} < 0.5$	中压缩性土
$a_{1-2} \geqslant 0.5$	高压缩性土

2)压缩指数 C_c

如果采用 $e\text{-}\lg p$ 曲线,其后段接近直线(图 5.5),此直线段的斜率称为压缩指数 C_c,即

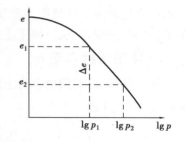

$$C_c = \frac{e_1 - e_2}{\lg p_2 - \lg p_1} = \frac{e_1 - e_2}{\lg \dfrac{p_2}{p_1}} \tag{5.3}$$

压缩指数 C_c 也可以判断土的压缩性大小,压缩指数 C_c 值越大,土的压缩性越高。低压缩性土的 C_c 值一般小于 0.2,C_c 值大于 0.4 的为高压缩性土。

图 5.5　$e\text{-}\lg p$ 曲线确定压缩指数

5.1.4　压缩模量和体积压缩系数

1)压缩模量 E_s

土体在完全侧限条件下,竖向附加应力 σ_z 与相应的应变增量 λ_z 的比值,称为压缩模量,用 E_s 表示,单位为 MPa 或 kPa,亦即

$$E_s = \frac{\sigma_z}{\lambda_z} \tag{5.4}$$

在固结试验中,当竖向压力由 p_1 增加到 p_2 时,土样厚度由 H_1 减小到 H_2,可得到:

$$\sigma_z = p_2 - p_1$$

$$\lambda_z = \frac{H_1 - H_2}{H_1} = \frac{S}{H_1} = \frac{e_1 - e_2}{1 + e_1}$$

将上面两式代入式(5.4)中,可得:

$$E_s = \frac{p_2 - p_1}{e_1 - e_2}(1 + e_1) \tag{5.5}$$

根据压缩系数的定义可知,式(5.5)可以写成:

$$E_s = \frac{1 + e_1}{a} \tag{5.6}$$

由此可见,压缩模量与压缩系数之间并不是完全独立的。由式(5.6)不难看出,E_s 与 a 成反比例关系,E_s 越大,a 就越小,说明土的压缩性就越小。因此,我们也可以采用土的压缩模量判断土的压缩性(在有压缩系数指标时,应以压缩系数进行判断),见表 5.2。

表 5.2　土的压缩性判断

压缩模量 E_s/MPa	压缩性评价
$E_s > 20$	低压缩性土
$4 \leqslant E_s \leqslant 20$	中压缩性土
$E_s < 4$	高压缩性土

值得注意的是,土的压缩模量与钢材或混凝土的弹性模量都是指应力与应变的比值,但是二者的试验条件不同。其一,前者为侧限条件,即只能竖直单向压缩,不能横向膨胀的条件,故又称侧限压缩模量或侧限变形模量;后者侧面不受约束,可自由变形。其二,土的压缩模量既反映了土的弹性变形,也反映了土的残余变形,它是随压应力变化而变化的数值。

2) 体积压缩系数 m_v

压缩模量 E_s 的倒数称为土的体积压缩系数,用 m_v 表示,表示单位压应力变化引起的单位体积的变化,亦即

$$m_v = \frac{1}{E_s} = \frac{a}{1 + e_1} \tag{5.7}$$

体积压缩系数 m_v 值越大,土的压缩性越高。

【例 5.1】　对某一饱和黏性土样进行固结试验,已知土样的原始高度 $H_0 = 20$ mm,初始孔隙比 $e_0 = 0.587$,当压力由 $p_1 = 100$ kPa 增加到 $p_2 = 200$ kPa 时,土样变形稳定后的高度 19.31 mm 减小到 18.76 mm。

(1)计算与 p_1 及 p_2 相对应的孔隙比 e_1 及 e_2;

(2)计算该土样的压缩系数 a_{1-2} 与压缩模量 E_{s1-2},并评价该土的压缩性。

【解】　(1)计算孔隙比 e_1 及 e_2

因为 $p_1 = 100$ kPa 时,土样变形稳定后的高度 $H_1 = 19.31$ mm,则土样变形稳定后压缩量 $s_1 = H_0 - H_1 = (20 - 19.31)$ mm $= 0.69$ mm,相应的孔隙比 e_1 由式(5.1)计算,则

$$e_1 = e_0 - (1 + e_0)\frac{s_1}{H_0} = 0.587 - \frac{0.69}{20} \times (1 + 0.587) = 0.532$$

同样,当 $p_2 = 200$ kPa 时,土样变形稳定后的高度 $H_2 = 18.76$ mm,则土样变形稳定后的压缩量 $s_2 = H_0 - H_2 = (20 - 18.76)$ mm $= 1.24$ mm,相应的孔隙比 e_2 为:

$$e_2 = e_0 - (1 + e_0)\frac{s_2}{H_0} = 0.587 - \frac{1.24}{20} \times (1 + 0.587) = 0.489$$

(2)计算压缩系数 a_{1-2} 与压缩模量 E_{s1-2} 并评价该土的压缩性

由式(5.2)可知,$a_{1-2} = \dfrac{e_1 - e_2}{p_2 - p_1}$,式中 $p_1 = 100$ kPa,$p_2 = 200$ kPa,代入可得:

$$a_{1-2} = \frac{e_1 - e_2}{p_2 - p_1} = \frac{0.532 - 0.489}{200 - 100}\text{kPa}^{-1} = 0.43 \text{ MPa}^{-1}$$

由式(5.6)得:

$$E_{s1-2} = \frac{1 + e_1}{a_{1-2}} = \frac{1 + 0.532}{0.43}\text{MPa} = 3.6 \text{ MPa}$$

由于 $0.1\ \mathrm{MPa}^{-1} \leqslant a_{1\text{-}2} = 0.43\ \mathrm{MPa}^{-1} < 0.5\ \mathrm{MPa}^{-1}$，故该土属于中等压缩性土。

5.1.5　回弹曲线和再压缩曲线

如前所述,常规的压缩曲线是在试验中连续递增加压获得的,在固结试验过程中,当压力加载到 p_i 后不再加压[相应于图5.6(a)中 $e\text{-}p$ 曲线 ab 段的 b 点],而是逐级卸载至零,可观察到土样的回弹,测得各卸载等级下土样回弹稳定后土样的高度,进而换算得到相应的孔隙比,即可绘制出卸载阶段相应的孔隙比与压力的关系曲线,如图5.6(a)中 bc 曲线,称为回弹曲线。

不同于一般的弹性材料,土的回弹曲线与初始加载的曲线 ab 不重合,卸载至零时,土样的孔隙比没有恢复到初始压力为零时的孔隙比 e_0。这表明土中残留了一部分压缩变形(称为残余变形),恢复了一部分压缩变形(称为弹性变形),即土的压缩变形是由弹性变形和残余变形两部分组成的。若接着重新逐级加压,则可测得土样在各级荷载作用下再压缩稳定后的孔隙比,相应地可绘制出再压缩曲线,如图5.6(a)中的 cdf 曲线所示。从图中可以看出,df 段像是 ab 段的延续,犹如其间没有经过卸载和再压缩的过程一样。在半对数压缩曲线上,即图5.6(b)所示 $e\text{-}\lg p$ 曲线,也同样可以看到这种迹象。

利用回弹—再压缩的 $e\text{-}\lg p$ 曲线[图5.6(b)]可以定义回弹指数或再压缩指数 C_e,即回弹—再压缩的 $e\text{-}\lg p$ 曲线卸载段和再加载段的平均斜率称为土的回弹指数或再压缩指数 C_e,且 $C_e \ll C_c$,一般黏性土 $C_e \approx (0.1 \sim 0.2) C_c$。

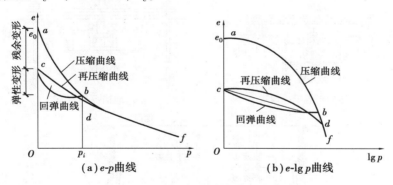

图5.6　回弹曲线及再压缩曲线

再加载段在压力小于曾经达到过的最大压应力,E_s 大,变形小。一旦超过曾经达到过的最大压应力,E_s 又开始减小,再加载段逐渐与初次加载段的延长线重合,说明土样在侧限条件下经过一次加载、卸载后的压缩性比初次加载时的压缩性小得多。由此可见,应力历史对土的压缩性有明显影响。

高层建筑的基础,基础底面和埋置深度往往较大,开挖深基坑后,地基受到较大的减压(也称应力解除),土体将会发生膨胀,造成基坑回弹。因此,在预估基础的沉降量时,应适当考虑这种影响。

5.2 土的压缩性原位测试

5.2.1 载荷试验

1)载荷试验过程

判别土的压缩性大小,除了可用固结试验测定土的压缩系数、压缩指数及压缩模量外,还可以通过现场载荷试验(也称平板载荷试验)确定的变形模量来表示。因为变形模量是现场原位测试所得,所以它能更加真实地反映自然状态下土的压缩性。

载荷试验的原理是通过在自然状态的土上直接逐级施加荷载,观测记录土体在每级荷载下的稳定沉降量,最后根据试验结果绘制相应的沉降-时间(s-t)关系曲线及荷载-沉降(p-s)关系曲线,以此可以测定土的变形模量、地基承载力特征值等。《建筑地基基础设计规范》(GB 50007—2011)中的荷载试验方法包括浅层平板载荷试验和深层平板载荷试验。本章主要介绍浅层平板载荷试验,可适用于确定浅部地基土层的承压板下应力主要影响范围内的承载能力。

载荷试验的装置包括加荷稳压装置、提供反力装置、观测装置3个部分,如图5.7所示。

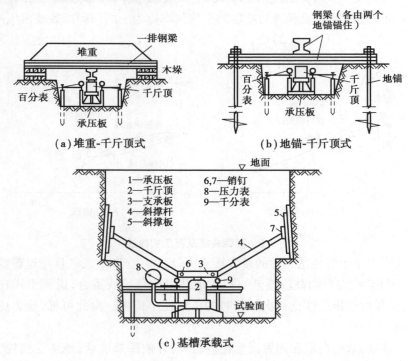

图 5.7　载荷试验装置

在建筑工地现场,选择具有代表性的部位进行试验。在待测土层上开挖试坑到适当深度,一般为基础设计埋置深度 d,并放置一圆形或方形的承压板。承压板的面积不应小于 0.25 m²,对于软土不应小于 0.5 m²。试坑宽度 $B \geqslant 3b$,其中 b 为承压板的宽度或直径。挖土及放置承压板时,应尽量保持土层的原状结构和天然湿度,宜在拟试压表面用不超过 20 mm 厚的粗、中砂找平。在承压板上方设置刚度足够大的横梁、锚锭装置、千斤顶和支柱,由承压板施加单位面积静压 p 于土层上,测读承压板的相应沉降量 s,直至土体达到或接近破坏(沉降急剧增加)。第一级荷载 $p_1 = \gamma d$,相当于开挖试坑卸除土的自重应力。第二级荷载以后,对较松软的土,荷载一般按 $p_i = 10 \sim 25$ kPa;对较坚硬的土,荷载一般按 $p_i = 50$ kPa 的等级依次增加,试验分级加荷不应小于8级,最大加载量不应小于设计要求的2倍。每加一级荷载,按间隔 10,10,10,15,15 min 及以后每隔 30 min 读一次沉降,当连续 2 h 内每小时的沉降量小于 0.1 mm,则认为已趋稳定,可加下一级荷载。当达到下列情况之一时,认为土已达到极限状态,即地基土破坏,应终止加载:

①承压板周围的土明显侧向挤出(砂土)或发生裂纹(黏性土或粉土);

②沉降 s 急剧增大,荷载-沉降(p-s)曲线出现陡降段;

③在某一级荷载下,24 h 内沉降速率不能达到稳定状态;

④沉降量与承压板宽度或者直径之比值 $s/b \geqslant 0.06$(b 为承压板宽度或直径)。

当满足前3种情况之一时,其对应的前一级荷载定义为极限荷载 p_u。终止加载后可按规定逐级卸载,并进行回弹观测,以作为参考。

2)变形模量

地基土的变形模量 E 是指在无侧限条件下的应力与相应应变的比值。土的变形中包括弹性变形与残余变形两部分,因此,为了与一般弹性材料的弹性模量相区别,土体的应力与应变之比称为变形模量或总变形模量。

在弹性理论中,集中力 F 作用在半无限直线变形体表面引起地表上任意点的沉降为:

$$s = \frac{F(1 - \mu^2)}{\pi E r} \tag{5.8}$$

式中　r——地表任意点至竖向集中力 F 作用点的距离,即 $r = \sqrt{x^2 + y^2}$。

上式通过积分,可得均布荷载作用下地基沉降公式:

$$s = \frac{\omega(1 - \mu^2)pB}{E} \tag{5.9}$$

式中　ω——形状系数,对于刚性承压板,方形 $\omega = 0.88$,圆形 $\omega = 0.79$;

　　　B——承压板的边长或直径,cm;

　　　μ——土的泊松比;

　　　p——荷载板的压应力,kPa;

　　　s——地基沉降量,cm;

　　　E——地基土的变形模量。

当荷载较小时,荷载与沉降 p-s 曲线呈线性关系。利用式(5.9)即可反算出地基土的变形模量 E:

$$E = \omega(1 - \mu^2)\frac{p_{cr}B}{s} \tag{5.10}$$

式中　p_{cr}——载荷试验 p-s 曲线比例界限点对应的荷载,kPa;

　　　s——相应于 p-s 曲线上比例界限点处对应的沉降量,cm。

【例5.2】　某建筑基坑宽 5 m,长 20 m,基坑深度为 6 m,基底以下为粉质黏土,在基槽底面中间进行平板载荷试验,采用直径为 800 mm 的圆形承压板。载荷试验结果显示,在 p-s 曲线线性段对应 100 kPa 压力的沉降量为 6 mm。试计算基底土层的变形模量 E 值。

【解】　对于圆形承压板，$\omega = 0.79$；土的泊松比 μ 近似取 0.3。将 $p = 100$ kPa $= 0.1$ MPa，$s = 6$ mm $= 0.006$ m，$B = 800$ mm $= 0.8$ m 代入式(5.10)，可得：

$$E = \frac{0.79 \times (1 - 0.3^2) \times 0.1 \times 0.8}{0.006} \text{MPa} = 9.59 \text{ MPa}$$

5.2.2　旁压试验

　　旁压试验是采用旁压仪在场地的钻孔中直接测定土的应力-应变关系的试验，如图5.8所示。具体方法是将圆柱形旁压器竖直放入土中，通过旁压器在竖直的孔内加压，使旁压器膨胀，并由旁压膜将压力传给周围的土体(岩体)，使土体(岩体)产生变形直至破坏，通过量测施加的压力和土变形之间的关系，即可得到地基土在水平方向的应力应变关系。根据旁压器置入土中的方法，可以将旁压仪分为预钻式旁压仪、自钻式旁压仪和压入式旁压仪。预钻式旁压仪一般需要有竖向的钻孔，自钻式旁压仪利用自转的方式钻到预定试验位置后进行试验，压入式旁压仪以静压的方式压到预定试验位置后进行旁压试验。

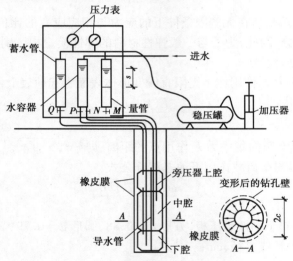

图 5.8　旁压仪示意图

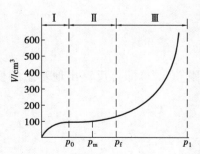

图 5.9　旁压仪压力 p 与体积变化 V 的关系曲线

　　如图 5.9 所示为旁压试验曲线(p-V 曲线)，分为(I)首段曲线、(II)似直线段和(III)尾段曲线。第 I 段是旁压器中腔的橡皮膜膨胀到与土壁完全接触，p_0 为原位水平压力，即初始压力；第 II 段相当于弹性变形阶段，p_f 为开始屈服的压力，即临塑压力；第 III 段相当于塑性变形阶段，p_1 为趋向于纵轴平行的渐近线时所对应的压力，即极限压力。

　　根据压力与体积曲线的直线段斜率，按下式计算旁压模量：

$$E_m = 2(1 + \mu)\left(V_c + \frac{V_0 + V_f}{2}\right)\frac{\Delta p}{\Delta V} \tag{5.11}$$

式中　E_m——旁压模量,kPa;

　　　V_c——旁压器测量腔(中腔)初始固有体积,cm³;

　　　V_0——与初始压力 p_0 对应的体积,cm³;

　　　V_f——与初始压力 p_f 对应的体积,cm³;

　　　$\Delta p / \Delta V$——旁压曲线直线段的斜率,kPa/cm³;

　　　μ——土的泊松比(碎石土取 0.27,砂土取 0.30,粉土取 0.35,粉质黏土取 0.38,黏土取 0.42)。

旁压试验适用于碎石土、砂土、粉土、黏性土、残积土、极软岩和软岩等。根据测定初始压力、临塑压力、极限压力和旁压模量,结合地区经验可确定地基承载力和评定地基变形参数。和静压试验相比,旁压试验有精度高、设备轻便、测试时间短等特点,但其精度受成孔质量的影响较大。

5.2.3　变形模量与压缩模量的关系

变形模量 E 与压缩模量 E_s 虽都是竖向应力与竖向应变的比值,但是概念上有所区别。土的变形模量在现场测试获得,是靠基底正下方土柱周围土体起到一定的侧限作用,而压缩模量 E_s 则是土体在完全侧限条件下的应力与应变的比值。与其他弹性材料的弹性模量不同,具有相当部分的残余变形。E 与 E_s 两者在理论上是可以互相换算的。

现在侧向压缩试验土样中取一微单元体进行应力分析,如图 5.10 所示。单元体受到三向应力 σ_x,σ_y,σ_z 作用,在 z 轴方向的压力作用下,试样中的竖向正应力为 σ_z,由于试样的受力条件属轴向对称问题,所以相应的水平向正应力 $\sigma_x = \sigma_y$,即

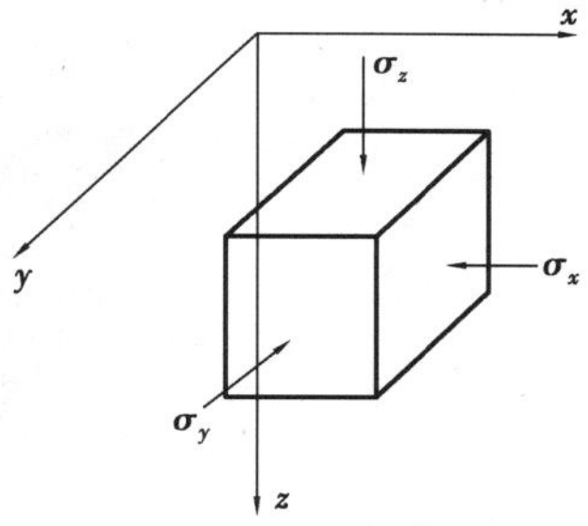

图 5.10　三向应力单元土体

$$\sigma_x = \sigma_y = K_0 \sigma_z \qquad (5.12)$$

式中　K_0——土的侧压力系数或静止土压力系数,侧压力系数表示侧限条件下侧向水平力与竖向应力的比值。具体计算中,竖向应力取有效应力值,因此,水平应力也为有效侧向应力。当无试验资料时,可采用表 5.3 所列的经验值。其值一般小于 1,如果地面是经过剥蚀后留下的,或者所考虑的土层曾受到其他超固结作用,则 K_0 值可大于 1。

表 5.3　K_0,μ,β 参考值

土的名称	状态	K_0	μ	β
碎石土		0.18 ~ 0.25	0.15 ~ 0.20	0.95 ~ 0.90
砂土		0.25 ~ 0.33	0.20 ~ 0.25	0.90 ~ 0.83
粉土		0.33	0.25	0.83
粉质黏土	坚硬状态	0.33	0.25	0.83
	可塑状态	0.43	0.30	0.74
	软塑及流塑状态	0.53	0.35	0.62

续表

土的名称	状态	K_0	μ	β
黏土	坚硬状态	0.33	0.25	0.83
	可塑状态	0.53	0.35	0.62
	软塑及流塑状态	0.72	0.42	0.39

根据压缩模量的定义 $E_s = \dfrac{\sigma_z}{\lambda_z}$，可得竖向应变：

$$\lambda_z = \frac{\sigma_z}{E_s} \tag{a}$$

在三向受力情况下的应变：

$$\lambda_x = \frac{\sigma_x}{E} - \frac{\mu}{E}(\sigma_y + \sigma_z) \tag{b}$$

$$\lambda_y = \frac{\sigma_y}{E} - \frac{\mu}{E}(\sigma_z + \sigma_x) \tag{c}$$

$$\lambda_z = \frac{\sigma_z}{E} - \frac{\mu}{E}(\sigma_x + \sigma_y) \tag{d}$$

在侧限压力条件下，$\lambda_x = \lambda_y = 0$，由式(b)、式(c)可得：

$$\sigma_x = \sigma_y = \frac{\mu}{1-\mu}\sigma_z \tag{e}$$

与式(5.12)比较可得，侧压力系数 K_0 与泊松比 μ 的关系为：

$$K_0 = \frac{\mu}{1-\mu} \tag{5.13}$$

$$\mu = \frac{K_0}{1+K_0} \tag{5.14}$$

将式(e)代入式(d)得：

$$\lambda_z = \left(1 - \frac{2\mu^2}{1-\mu}\right)\frac{\sigma_z}{E} \tag{f}$$

比较式(a)与式(f)得：

$$\frac{1}{E_s} = \left(1 - \frac{2\mu^2}{1-\mu}\right)\frac{1}{E} \tag{g}$$

即

$$E = \left(1 - \frac{2\mu^2}{1-\mu}\right)E_s = (1 - 2\mu K_0)E_s \tag{5.15}$$

令 $\beta = \left(1 - \dfrac{2\mu^2}{1-\mu}\right) = 1 - 2\mu K_0$，可得：

$$E = \beta E_s \tag{5.16}$$

必须指出，式(5.16)只不过是 E 与 E_s 之间的理论关系。实际上，由于在现场荷载试验测定 E 和室内压缩试验测定 E_s 时，各有一些无法考虑到的因素，使得式(5.16)不能准确反映 E

与 E_s 之间的实际关系。这些因素主要是:用于压缩试验的土样容易受到较大的扰动(尤其是高压缩性土);荷载试验与压缩试验的加荷速率、压缩稳定标准都不一样;μ 值不易精确确定等。根据统计资料知道,E 值可能是 βE_s 值的几倍,一般来说,土越坚硬则倍数越大,而软土的 E 与 βE_s 值比较接近。

5.3 应力历史对压缩性的影响

5.3.1 先期固结压力

1)应力历史及先期固结压力的概念

所谓应力历史是指天然土层在形成过程及其他地质历史中,土中有效应力的变化过程。黏性土在形成及存在过程中所经受的地质作用和应力变化不同,压缩过程和固结状态也不同,而土体的加荷与卸荷,对黏性土的压缩性影响十分显著。天然土层在其应力历史中所受过的最大竖向有效应力称为先期固结压力,用 p_c 表示。

先期固结压力 p_c 与土层现有上覆压力 p_1 之比值,称为超固结比,通常表示为 OCR,即 $OCR = p_c/p_1$($p_1 = \gamma z$ 即自重压力)。根据 OCR 可将天然土层划分为 3 种固结状态,如图 5.11 所示。

(1)正常固结状态($OCR = 1$)

如图 5.11(a)所示,这一状态是指土层在历史上最大固结压力 p_c 作用下压缩稳定,沉积后土层厚度无大变化,也没有受到过其他荷载的继续作用,即 $p_c = p_1 = \gamma h$。

(2)超固结状态($OCR > 1$)

如图 5.11(b)所示,这一状态是指天然土层在地质历史上受到过的固结压力 p_c 大于目前的上覆压力 p_1。上覆压力由 p_c 减小到 p_1,可能是由于地面上升或水流冲刷,将其上部的一部分土体剥蚀掉,或古冰川下的土层曾经经受过冰荷载的压缩,后由于气候变暖、冰川融化以致上覆压力减小等。

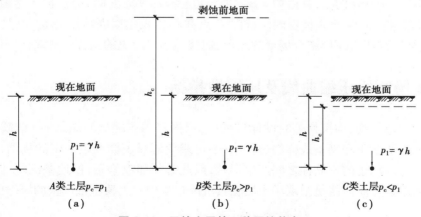

图 5.11 天然土层的 3 种固结状态

(3)欠固结状态($OCR < 1$)

如图 5.11(c)所示,这一状态是指土层在历史上最大固结压力 p_c 作用下压缩稳定,固结完成。以后由于某种原因使土层继续沉积或加载,形成目前大于 p_c 的自重压力 γh,但因时间不长,γh 作用下的压缩固结还没有完成,还在继续压缩中。因此,这种固结状态下的土层 $p_c <$ $p_1 = \gamma h$,称为欠固结土。

工程中遇到的土一般都是经过漫长的地质年代而形成的,在土的自重应力作用下已达到固结稳定状态,因此工程中的土大多是正常固结或超固结土。欠固结土比较少见,主要包括如下两种情况:

①新近沉积或堆填土层;

②在正常固结土层中施工时,采取降水措施,使得土中的有效应力增加,土层从正常固结状态转化到欠固结状态。

2)先期固结压力的确定

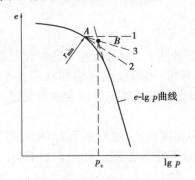

图5.12 用卡萨格兰德作图法确定先期固结压力

由于先期固结压力是区分土为正常固结土、超固结土和欠固结土的关键指标,因此如何确定土的先期固结压力是很重要的。确定先期固结压力的方法有很多,但是应用最广泛的是美国学者卡萨格兰德(Casagrande,1936)提出的根据 e-$\lg p$ 曲线,采用作图法来确定先期固结压力的方法,其作图步骤如图5.12所示。

①在 e-$\lg p$ 曲线上找出曲率半径最小的一点 A,过 A 点作水平线 $A1$ 及切线 $A2$;

②作 $\angle 2A1$ 的角平分线 $A3$;

③作 e-$\lg p$ 曲线中直线段的延长线,与 $A3$ 交于 B 点,B 点所对应的应力即为先期固结压力 p_c。

显然,此法仅适用于 e-$\lg p$ 曲线曲率变化明显的土层,否则 A 点难以确定。此外,曲线曲率随 e 轴坐标比例的变化而改变,目前尚无统一的坐标比例,且人为因素影响很大,所得 p_c 值不一定准确。

另外,有些结构性强的土,其室内 e-$\lg p$ 曲线也会有曲率突变的 B 点,但不是由于先期固结压力所致,而是结构强度的一种反映。此时 B 点并不代表先期固结压力 p_c,而是土的结构强度。因此,先期固结压力还应结合场地的地形、地貌等形成历史的调查资料综合分析确定。

5.3.2 现场原始压缩曲线及压缩性指标

土木工程中建筑物、构筑物等的设计过程中,根据室内压缩试验结果 e-p 曲线进行地基沉降计算。由于取原状土和制备式样的过程中,不可避免地对土样产生一定的扰动,致使室内试验的压缩曲线与现场土的压缩性之间产生误差,因此必须加以修正,使地基沉降计算与实际更加吻合。现场原始压缩曲线是指现场土层在其沉降过程中由上覆土重产生的压缩曲线,简称原始压缩曲线。

1)正常固结土现场原始压缩曲线

(1)Terzaghi 和 Peck 法

假定现场土的孔隙比就是试样压缩前的孔隙比 e_0,e_0 与先期固结压力 p_c 的交点 a,表示原始压缩曲线上代表土体现状的一点。再由 $e\text{-}\lg p$ 曲线直线段,向下延伸与横坐标交于 b 点,a,b 两点连线 ab 即是所求的现场原始压缩曲线,如图 5.13 所示。

（2）J. H. 施默特曼（Schmertmann）法

此法与 Terzaghi 和 Peck 法相似,不同之处在于 b 点的选择。取 $e\text{-}\lg p$ 曲线上纵坐标 $e = 0.42e_0$ 处的 b' 点,连接直线 ab',即是所求的现场原始压缩曲线。根据大量的室内压缩试验结果,分析发现各种土的扰动不同,得到的压缩曲线却大致相交于 $0.42e_0$ 处,由此推得该经验值。

由上述两种方法求得的现场原始压缩曲线 ab 和

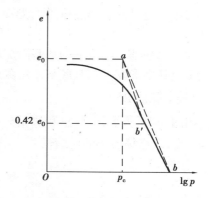

图 5.13　正常固结土原始压缩曲线的确定

ab',可由其斜率计算压缩指数 C_c 值[参考式(5.3)],即 $C_c = \dfrac{e_1 - e_2}{\lg p_2/p_1}$。

也可以根据 $e\text{-}\lg p$ 曲线绘制出原始的 $e\text{-}p$ 压缩曲线,从而求得压缩系数 a 和压缩模量 E_s 值,由此估算出正常固结黏性土的压缩量,误差一般不超过 25%。

2）超固结土现场原始压缩曲线

超固结土可按下述步骤对室内 $e\text{-}\lg p$ 压缩曲线进行修正,如图 5.14 所示。

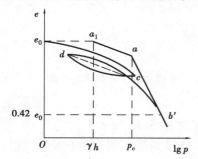

①在 $e\text{-}\lg p$ 曲线纵坐标上取初始孔隙比 e_0,在横坐标上取土的自重应力 γh,相交于 a_1 点;

②过 a_1 点作 $\overline{a_1a} /\!/ \overline{cd}$;

③在 $e\text{-}\lg p$ 曲线上取纵坐标 $e = 0.42e_0$ 处的 b' 点;

④连接 b',a 两点,$\overline{ab'}$ 直线即为所求超固结土的现场原始压缩曲线的直线段,其斜率为压缩指数 C_c。

鉴别黏性土是否为超固结土的方法,可以通过侧限压缩试验,找出先期固结压力 p_c,并计算目前土的自重应力 γh,求出超固结比 OCR,如果 OCR > 1,则为超固结土。也可以采用下列简便的鉴别方法:在实验室

图 5.14　超固结土原始压缩曲线的确定

测定黏性土的天然含水率、液限和塑限进行比较,如果天然含水率与塑限接近,而离液限较远,则为超固结土。

3）欠固结土现场原始压缩曲线

因为欠固结土在土的自重作用下,压缩尚未稳定,只能近似地按照正常固结土的方法,求现场原始压缩曲线,从而确定压缩指数 C_c 值。

5.4　地基沉降计算

5.4.1　分层总和法计算地基沉降

1）几点假定

①地基为均匀、连续、等向的半无限空间弹性体;

②地基土仅发生竖向压缩变形而无侧向变形,采用完全侧限条件下的压缩性指标计算沉降量;

③采用基础中心点下的地基附加应力计算地基沉降量;

④地基变形发生在基底下一定深度范围内,该深度以下土层的沉降量小到可以忽略不计。

2)计算原理

如图 5.15 所示,分层总和法是先将地基土分为若干水平土层,各土层厚度分别为 h_1, h_2, h_3, $\cdots$, h_n;计算每层土的压缩量 s_1, s_2, s_3, $\cdots$, s_n,然后累加起来,即为总的地基沉降量。

$$s = s_1 + s_2 + s_3 + \cdots + s_n = \sum_{i=1}^{n} s_i \tag{5.17}$$

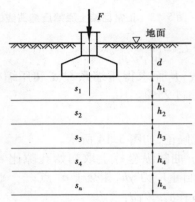

图 5.15 分层总和法计算原理   图 5.16 分层总和法计算地基沉降

3)计算方法与步骤

①用坐标纸按比例绘制土层分布剖面图和基础剖面图,如图 5.16 所示。

②计算地基土的自重应力 σ_c,土层变化处为计算点。计算结果按照力的比例尺(如 1 cm 代表 100 kPa)绘于基础中心线左侧,注意自重应力分布曲线的横坐标只表示该点的自重应力值,应力的方向都是竖直方向。

③计算基础底面的接触压力。

④计算基础底面的附加应力。

⑤沉降计算分层。为使地基沉降计算比较精确,除按 $0.4b$ 和 $1 \sim 2$ m 分层以外,还需考虑下列因素:

a. 地质剖面图中,不同的土层,因压缩性不同应为分层面;

b. 地下水位应为分层面;

c. 基础底面附近的附加应力数值大且曲线的曲率大,分层厚度应小些,使各计算分层的附加应力分布曲线以直线代替计算时误差较小。

⑥计算地基中的附加应力分布。按分层情况将附加应力数值按比例尺绘于基础中心线的右侧。例如,深度 z 处,M 点的竖向附加应力 σ_z 值,以线段 $\overline{Mm}$ 表示。各计算点的附加应力连成一条曲线 $\overset{\frown}{KmK'}$,表示基础中心点 O 以下附加应力随深度的变化。

⑦确定地基受压层深度 z_n。由图 5.16 中自重应力和附加应力分布两条曲线,可以找到某一深度处附加应力 σ_z 为自重应力 σ_{cz} 的20%,此深度称为地基受压层深度 z_n。此处:

对于一般土：　　　$\sigma_z = 0.2\sigma_{cz}$

对于软土：　　　　$\sigma_z = 0.1\sigma_{cz}$

式中　σ_z——基础底面中心 O 点下深度 z 处的附加应力，kPa；

　　　σ_{cz}——同一深度 z 处的自重应力，kPa。

⑧计算各土层的压缩量。由式(5.18)可计算第 i 层土的压缩量 s_i，即

$$s = \frac{\overline{\sigma}_{zi}}{E_{si}} h_i = \left(\frac{a}{1+e_1}\right)_i \overline{\sigma}_{zi} h_i = \left(\frac{e_1-e_2}{1+e_1}\right)_i h_i \tag{5.18}$$

⑨计算地基沉降量。将地基受压层 z_n 范围内各土层按式(5.17)相加，即

$$s = s_1 + s_2 + s_3 + \cdots s_n = \sum_{i=1}^{n} s_i$$

【例5.3】　某厂房为框架结构，柱基底面为正方形，边长 $b = l = 4.0$ m，基础埋置深度 $d = 1.0$ m。上部结构传至基础顶面的荷重 $P = 1\ 440$ kN。地基为粉质黏土，土的天然重度 $\gamma = 16.0$ kN/m³，土的天然孔隙比 $e = 0.97$，地下水位深3.4 m，地下水位以下土的饱和重度 $\gamma_{sat} = 18.2$ kN/m³。土的压缩性系数：地下水位以上 $a_1 = 0.30$ MPa⁻¹，地下水位以下 $a_2 = 0.25$ MPa⁻¹。计算柱基中点的沉降量。

【解】　(1)绘制柱基剖面图与地基土的剖面图，如图5.17所示。

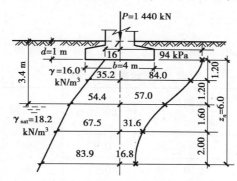

图5.17　地基应力分布图

(2)计算地基土的自重应力

基础底面　　　　$\sigma_{cd} = \gamma d = 16\ \text{kN/m}^3 \times 1\ \text{m} = 16\ \text{kPa}$

地下水位处　　　$\sigma_{cw} = 3.4\gamma = 16\ \text{kN/m}^3 \times 3.4\ \text{m} = 54.4\ \text{kPa}$

地面下 $2b$ 处　　$\sigma_{c8} = 3.4\gamma + 3.6\gamma' = 54.4\ \text{kPa} + 3.6 \times 8.2\ \text{kPa} = 83.9\ \text{kPa}$

(3)基础底面接触压力 p

设基础以上基础和回填土的平均重度 $\gamma_G = 20$ kN/m³，则

$$p = \frac{p}{lb} + \gamma_G d = \frac{1\ 440}{4 \times 4}\text{kPa} + 20 \times 1\ \text{kPa} = 110.0\ \text{kPa}$$

(4)基础底面附加应力

$$p_0 = p - \gamma d = 110.0\ \text{kPa} - 16.0\ \text{kPa} = 94.0\ \text{kPa}$$

(5)地基中的附加应力

基础底面为正方形，用角点法计算，分成相等的4小块，计算边长 $l = b = 2.0$ m。附加应力 $\sigma_z = 4\alpha_c \sigma_0$ kPa，其中应力系数 α_c 查表可得，列表计算见表5.4。

表5.4 附加应力计算

深度 z/m	l/b	z/b	应力系数 α_c	附加应力 $\sigma_z = 4\alpha_c\sigma_0/kPa$
0	1.0	0	0.250 0	94.0
1.2	1.0	0.6	0.222 9	84.0
2.4	1.0	1.2	0.151 6	57.0
4.0	1.0	2.0	0.084 0	31.6
6.0	1.0	3.0	0.044 7	16.8

(6)地基受压深度 z_n

由图5.17中自重应力分布与附加应力分布两条曲线,寻找 $\sigma_z = 0.2\sigma_{cz}$ 的深度 z:当深度 $z = 6.0$ m 时,$\sigma_z = 16.8$ kPa,$\sigma_{cz} = 83.9$ kPa,$\sigma_z \approx 0.2\sigma_{cz} = 16.8$ kPa,故受压层深度 $z_n = 6.0$ m。

(7)地基沉降计算分层

计算分层的厚度 $h_i \leq 0.4b = 1.6$ m。地下水位以上2.4 m分两层,各1.2 m;第三层1.6 m;第四层因附加压力很小,可取2.0 m。

(8)地基沉降计算(见表5.5)。

按照公式 $s_i = \left(\dfrac{a}{1 + e_1}\right)_i \bar{\sigma}_{zi}h_i$ 计算。

表5.5 地基沉降计算

土层编号	土层厚度 h_i/m	土的压缩系数 a/MPa^{-1}	孔隙比 e_1	平均附加应力 $\bar{\sigma}_{zi}/kPa$	沉降量 s_i/mm
1	1.20	0.30	0.97	$(94 + 84)/2 = 89.0$	16.3
2	1.20	0.30	0.97	$(84 + 57)/2 = 70.5$	12.9
3	1.60	0.25	0.97	$(57 + 31.6)/2 = 44.3$	9.0
4	2.00	0.25	0.97	$(31.6 + 16.8)/2 = 24.2$	6.1

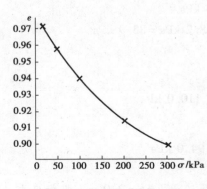

图5.18 地基土的压缩曲线

(9)柱基中点总沉降量

$$s = \sum s_i = 16.3 \text{ mm} + 12.9 \text{ mm} + 9.0 \text{ mm} + 6.1 \text{ mm} = 44.3 \text{ mm}$$

【例5.4】 某厂房为框架结构独立基础,柱基底面为正方形,边长 $b = l = 4.0$ m,基础埋置深度 $d = 1.0$ m。上部结构传至基础顶面的荷重 $P = 1\,440$ kN。地基为粉质黏土,土的天然重度 $\gamma = 16.0$ kN/m^3,土的天然孔隙比 $e = 0.97$,地下水位深3.4 m,地下水位以下土的饱和重度 $\gamma_{sat} = 18.2$ kN/m^3。土的固结试验 $e\text{-}\sigma$ 曲线如图5.18所示。计算柱基中点的沉降量。

【解】 计算步骤(1)~(7),同【例5.3】。

（8）沉降计算

根据公式 $s_i = \left(\dfrac{e_1 - e_2}{1 + e_1}\right)_i h_i$

根据图中地基土的压缩曲线，由各层土的平均自重应力 $\overline{\sigma}_{ci}$ 数值，查出相应的孔隙比 e_1；由各层土的平均自重应力与平均附加应力之和 $\overline{\sigma}_{ci} + \overline{\sigma}_{zi}$，查出相应的孔隙比 e_2；再由上述公式即可计算各层土的沉降量 s_i。列表计算，如表 5.6 所示。

表 5.6　各层沉降计算

编号	土层厚度 h_i/mm	平均自重应力 $\overline{\sigma}_{ci}$/kPa	平均附加应力 $\overline{\sigma}_{zi}$/kPa	$\overline{\sigma}_{ci} + \overline{\sigma}_{zi}$/kPa	由 $\overline{\sigma}_{ci}$ 查 e_1	根据 $\overline{\sigma}_{ci} + \overline{\sigma}_{zi}$ 查 e_2	$\left(\dfrac{e_1 - e_2}{1 + e_1}\right)_i$	沉降量 s_i/mm
1	1 200	25.6	89.0	114.6	0.970	0.937	0.016 8	20.16
2	1 200	44.8	70.5	115.3	0.960	0.936	0.012 2	14.64
3	1 600	61.0	44.3	105.3	0.954	0.940	0.007 16	11.46
4	2 000	75.7	24.2	99.9	0.948	0.941	0.003 59	7.18

（9）柱基中点总沉降量

$$s = \sum s_i = (20.16 + 14.64 + 11.46 + 7.18)\,\text{mm} = 53.44\ \text{mm}$$

4）几个问题讨论

分层总和法计算沉降的优点是概念比较明确，计算过程及变形指标的选取比较简便，易于理解掌握，适用于不同地基土层的情况。但是采用上述方法进行建筑物地基沉降计算，并与大量建筑物的沉降观测值比较，发现具有下列规律：

①对于中等地基，计算沉降量与实测沉降量相近，即 $s_{计} \approx s_{实}$；

②对于软弱地基，计算沉降量远小于实测沉降量，即 $s_{计} < s_{实}$；

③对于坚实地基，计算沉降量远大于实测沉降量，即 $s_{计} > s_{实}$。

地基沉降量计算值与实测值不一致的原因主要有以下 3 个方面：

①分层总和法计算所作的几点假定，与实际情况不完全相符；

②土的压缩性指标试样的代表性、取原状土的技术及试验的准确度都存在问题；

③在地基沉降计算中，没有考虑地基、基础与上部结构的共同作用。

多年来，改进分层总和法的研究结果表明，单纯从理论上去解决这些问题是有困难的，因此更多的是通过不同工程对象实测资料的对比，采取合理的经验修正系数修正的方法以满足工程上的精度要求。

5.4.2　《建筑地基基础设计规范》推荐的地基沉降计算方法

《建筑地基基础设计规范》（GB 50007—2011）所推荐的地基最终沉降量计算方法是一种简化了的分层总和法。该方法采用"应力面积"的概念，因而又称为应力面积法。

1）压缩变形量的计算及应力面积的概念

如图 5.19 所示，假设地基是均匀的，即土在侧限条件下的压缩模量 E_s 不随深度而变化，则

从基底至地基任意深度 z 范围的压缩量为:

$$s' = \int_0^z \varepsilon_z \mathrm{d}z = \frac{1}{E_s}\int_0^z \sigma_z \mathrm{d}z = \frac{A}{E_s} \tag{5.19}$$

式中 ε_z——土的侧限压缩应变,$\varepsilon_z = \dfrac{\sigma_z}{E_s}$;

  A——深度 z 范围内的附加应力面积,$A = \int_0^z \sigma_z \mathrm{d}z$。

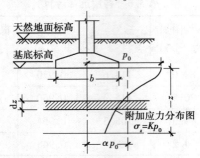

图 5.19 匀质土"应力面积"法计算最终沉降量示意图

因为 $\sigma_z = \alpha p_0$,α 为基底下任意深度 z 处的竖向附加应力系数,因此附加应力面积 A 为:

$$A = \int_0^z \sigma_z \mathrm{d}z = p_0\int_0^z \alpha \mathrm{d}z \tag{5.20}$$

为便于计算,引入一个竖向平均附加应力系数 $\overline{\alpha} = \dfrac{A}{p_0 z}$,则式(5.19)可改写为:

$$s' = \frac{p_0 \overline{\alpha} z}{E_s} \tag{5.21}$$

式(5.21)就是以附加应力面积等代值,引出一个平均附加应力系数表达的,从基底至任意深度 z 范围内地基沉降量的计算公式。

由此可得成层地基沉降量的计算公式为:

$$s' = \sum_{i=1}^n s_i' = \sum_{i=1}^n \frac{A_i - A_{i-1}}{E_{si}} = \sum_{i=1}^n \frac{p_0}{E_{si}}(\overline{\alpha}_i z_i - \overline{\alpha}_{i-1} z_{i-1}) \tag{5.22}$$

式中 $p_0\overline{\alpha}_i z_i,p_0\overline{\alpha}_{i-1} z_{i-1}$——$z_i$ 和 z_{i-1} 深度范围内竖向附加应力面积 $A_i(A_{abef})$ 和 $A_{i-1}(A_{abcd})$ 的等代值。

因此,用式(5.22)计算成层地基的沉降量,关键是确定竖向平均附加应力系数 $\overline{\alpha}$。且为了提高计算准确度,地基沉降计算深度范围内的计算沉降量 s',尚需乘以一个沉降计算经验系数 ψ_s。综上所述,《建筑地基基础设计规范》(GB 50007—2011)推荐的地基最终沉降量 s 的计算公式如下:

$$s = \psi_s s' = \psi_s \sum_{i=1}^n \frac{p_0}{E_{si}}(z_i\overline{\alpha}_i - z_{i-1}\overline{\alpha}_{i-1}) \tag{5.23}$$

式中 s——地基最终变形量,mm;

  s'——按分层总和法计算出的地基变形量,mm;

  ψ_s——沉降计算经验系数,根据地区沉降观测资料及经验确定,无地区经验时可根据变形计算深度范围内的压缩模量的当量值、基底附加压力按表5.8取值;

  n——地基变形计算深度范围内所划分的土层数(图5.20);

p_0——相应于作用的准永久组合时基础底面处的附加压力,kPa;

E_{si}——基础底面下第 i 层土的压缩模量,应取土的自重压力至土的自重压力与附加压力之和的压力段计算,MPa;

z_i,z_{i-1}——基础底面下第 i 层土、第 $i-1$ 层土底面的距离,m;

$\overline{\alpha}_i$,$\overline{\alpha}_{i-1}$——计算点基础底面至第 i 层土、第 $i-1$ 层土底面范围内平均附加应力系数,可采用表5.7的数值。

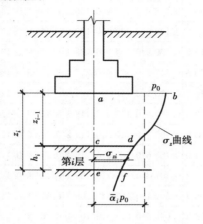

图 5.20 成层土规范法计算最终沉降量示意图

表 5.7 矩形面积上均布荷载作用下角点的平均附加应力系数 $\overline{\alpha}$

$\dfrac{z}{b}$ \ $\dfrac{l}{b}$	1.0	1.2	1.4	1.6	1.8	2.0	2.4	2.8	3.2	3.6	4.0	5.0	10.0
0.0	0.250 0	0.250 0	0.250 0	0.250 0	0.250 0	0.250 0	0.250 0	0.250 0	0.250 0	0.250 0	0.250 0	0.250 0	0.250 0
0.2	0.249 6	0.249 7	0.249 7	0.249 8	0.249 8	0.249 8	0.249 8	0.249 8	0.249 8	0.249 8	0.249 8	0.249 8	0.249 8
0.4	0.247 4	0.247 9	0.248 1	0.248 3	0.248 3	0.248 4	0.248 5	0.248 5	0.248 5	0.248 5	0.248 5	0.248 5	0.248 5
0.6	0.242 3	0.243 7	0.244 4	0.244 8	0.245 1	0.245 2	0.245 4	0.245 5	0.245 5	0.245 5	0.245 5	0.245 5	0.245 6
0.8	0.234 6	0.237 2	0.238 7	0.239 5	0.240 0	0.240 3	0.240 7	0.240 8	0.240 9	0.240 9	0.241 0	0.241 0	0.241 0
1.0	0.225 2	0.229 1	0.231 3	0.232 6	0.233 5	0.234 0	0.234 6	0.234 9	0.235 1	0.235 2	0.235 2	0.235 3	0.235 3
1.2	0.214 9	0.219 9	0.222 9	0.224 8	0.226 0	0.226 8	0.227 8	0.228 2	0.228 5	0.228 6	0.228 7	0.228 8	0.228 9
1.4	0.204 3	0.210 2	0.214 0	0.216 4	0.218 0	0.219 1	0.220 4	0.221 1	0.221 5	0.221 7	0.221 8	0.222 0	0.222 1
1.6	0.193 9	0.200 6	0.204 9	0.207 7	0.209 9	0.211 3	0.213 0	0.213 8	0.214 3	0.214 6	0.214 8	0.215 0	0.215 2
1.8	0.184 0	0.191 2	0.196 0	0.199 4	0.201 8	0.203 4	0.205 5	0.206 6	0.207 3	0.207 7	0.207 9	0.208 2	0.208 4
2.0	0.174 6	0.182 2	0.187 5	0.191 2	0.193 8	0.195 8	0.198 2	0.199 6	0.200 4	0.200 9	0.201 2	0.201 5	0.201 8
2.2	0.165 9	0.173 7	0.179 3	0.183 3	0.186 2	0.188 3	0.191 1	0.192 7	0.193 7	0.194 3	0.194 7	0.195 2	0.195 5
2.4	0.157 8	0.165 7	0.171 5	0.175 7	0.178 9	0.181 2	0.184 3	0.186 2	0.187 3	0.188 0	0.188 5	0.189 0	0.189 5
2.6	0.150 3	0.158 3	0.164 2	0.168 6	0.171 9	0.174 5	0.177 9	0.179 9	0.181 2	0.182 0	0.182 5	0.183 2	0.183 8
2.8	0.143 3	0.151 4	0.157 4	0.162 1	0.165 4	0.168 0	0.171 7	0.173 9	0.175 3	0.176 1	0.176 9	0.177 7	0.178 4
3.0	0.136 9	0.144 9	0.151 0	0.155 6	0.159 2	0.161 9	0.165 8	0.168 2	0.169 8	0.170 8	0.171 5	0.172 5	0.173 3
3.2	0.131 0	0.139 0	0.145 0	0.149 7	0.153 3	0.156 2	0.160 2	0.162 8	0.164 5	0.165 7	0.164 4	0.167 5	0.168 5
3.4	0.125 6	0.133 4	0.139 4	0.144 1	0.147 8	0.150 8	0.155 0	0.157 7	0.159 5	0.160 7	0.161 6	0.162 8	0.163 9

续表

$\dfrac{z}{b}$ \ $\dfrac{l}{b}$	1.0	1.2	1.4	1.6	1.8	2.0	2.4	2.8	3.2	3.6	4.0	5.0	10.0
3.6	0.120 5	0.128 2	0.134 2	0.138 9	0.142 7	0.145 6	0.150 0	0.152 8	0.154 8	0.156 1	0.157 0	0.158 3	0.159 5
3.8	0.115 8	0.123 4	0.129 3	0.134 0	0.137 8	0.140 8	0.145 2	0.148 2	0.150 2	0.151 6	0.152 6	0.154 1	0.155 4
4.0	0.111 4	0.118 9	0.124 8	0.129 4	0.133 2	0.136 2	0.140 8	0.143 8	0.145 9	0.147 4	0.148 5	0.150 0	0.151 6
4.2	0.107 3	0.114 7	0.120 5	0.125 1	0.128 9	0.131 9	0.136 5	0.139 6	0.141 8	0.143 4	0.144 5	0.146 2	0.147 9
4.4	0.103 5	0.110 7	0.116 4	0.121 0	0.124 8	0.127 9	0.132 5	0.135 7	0.137 9	0.139 6	0.140 7	0.142 5	0.144 4
4.6	0.100 0	0.107 0	0.112 7	0.117 2	0.120 9	0.124 0	0.128 7	0.131 9	0.134 2	0.135 9	0.137 1	0.139 0	0.141 0
4.8	0.096 7	0.103 6	0.109 1	0.113 6	0.117 3	0.120 4	0.125 0	0.128 3	0.130 7	0.132 4	0.133 7	0.135 7	0.137 9
5.0	0.093 5	0.100 3	0.105 7	0.110 2	0.113 9	0.116 9	0.121 6	0.124 9	0.127 3	0.129 1	0.130 4	0.132 5	0.134 8
5.2	0.090 6	0.097 2	0.102 6	0.107 0	0.110 6	0.113 6	0.118 3	0.121 7	0.124 1	0.125 9	0.127 3	0.129 5	0.132 0
5.4	0.087 8	0.094 3	0.099 6	0.103 9	0.107 5	0.110 5	0.115 2	0.118 6	0.121 1	0.122 9	0.124 3	0.126 5	0.129 2
5.6	0.085 2	0.091 6	0.096 8	0.101 0	0.104 6	0.107 6	0.112 2	0.115 6	0.118 1	0.120 0	0.121 5	0.123 8	0.126 6
5.8	0.082 8	0.089 0	0.094 1	0.098 3	0.101 8	0.104 7	0.109 4	0.112 8	0.115 3	0.117 2	0.118 7	0.121 1	0.124 0
6.0	0.080 5	0.086 6	0.091 6	0.095 7	0.099 1	0.102 1	0.106 7	0.110 1	0.112 6	0.114 6	0.116 1	0.118 5	0.121 6
6.2	0.078 3	0.084 2	0.089 1	0.093 2	0.096 6	0.099 5	0.104 1	0.107 5	0.110 1	0.112 0	0.113 6	0.116 1	0.119 3
6.4	0.076 2	0.082 0	0.086 9	0.090 9	0.094 2	0.097 1	0.101 6	0.105 0	0.107 6	0.109 6	0.111 1	0.113 7	0.117 1
6.6	0.074 2	0.079 9	0.084 7	0.088 6	0.091 9	0.094 8	0.099 3	0.102 7	0.105 3	0.107 3	0.108 8	0.111 4	0.114 9
6.8	0.072 3	0.077 9	0.082 6	0.086 5	0.089 8	0.092 6	0.097 0	0.100 4	0.103 0	0.105 0	0.106 6	0.109 2	0.112 9
7.0	0.070 5	0.076 1	0.080 6	0.084 4	0.087 7	0.090 4	0.094 9	0.098 2	0.100 8	0.102 8	0.104 4	0.107 1	0.1109
7.2	0.068 8	0.074 2	0.078 7	0.082 5	0.085 7	0.088 4	0.092 8	0.096 2	0.098 7	0.100 8	0.102 3	0.105 1	0.109 0
7.4	0.067 2	0.072 5	0.076 9	0.080 6	0.083 8	0.086 5	0.090 8	0.094 2	0.096 7	0.098 8	0.100 4	0.103 1	0.107 1
7.6	0.656 0	0.070 9	0.075 2	0.078 9	0.082 0	0.084 6	0.088 9	0.092 2	0.094 8	0.096 8	0.098 4	0.101 2	0.105 4
7.8	0.064 2	0.069 3	0.073 6	0.077 1	0.080 2	0.082 8	0.087 1	0.090 4	0.092 9	0.095 0	0.096 6	0.099 4	0.103 6
8.0	0.062 7	0.067 8	0.072 0	0.075 5	0.078 5	0.081 1	0.085 3	0.088 6	0.091 2	0.093 2	0.094 8	0.097 6	0.102 0
8.2	0.061 4	0.066 3	0.070 5	0.073 9	0.076 9	0.079 5	0.083 7	0.086 9	0.089 4	0.091 4	0.093 1	0.095 9	0.100 4
8.4	0.060 1	0.064 9	0.069 0	0.072 4	0.075 4	0.077 9	0.082 0	0.085 2	0.087 8	0.089 8	0.091 4	0.094 3	0.098 8
8.6	0.058 8	0.063 6	0.067 6	0.071 0	0.073 9	0.076 4	0.080 5	0.083 6	0.086 2	0.088 2	0.089 8	0.092 7	0.097 3
8.8	0.057 6	0.062 3	0.066 3	0.069 6	0.072 4	0.074 9	0.079 0	0.082 1	0.084 6	0.086 6	0.088 2	0.091 2	0.095 9
9.2	0.055 4	0.059 9	0.063 7	0.067 0	0.069 7	0.072 1	0.076 1	0.079 2	0.081 7	0.083 7	0.085 3	0.088 2	0.093 1
9.6	0.053 3	0.057 7	0.061 4	0.064 5	0.067 2	0.069 6	0.073 4	0.076 5	0.078 9	0.080 9	0.082 5	0.085 5	0.090 5
10.0	0.051 4	0.055 6	0.059 2	0.062 2	0.064 9	0.067 2	0.071 0	0.073 9	0.076 3	0.078 3	0.079 9	0.082 9	0.088 0
10.4	0.049 6	0.053 7	0.057 2	0.060 1	0.062 7	0.064 9	0.068 6	0.071 6	0.073 9	0.075 9	0.077 5	0.080 4	0.085 7
10.8	0.047 9	0.051 9	0.055 3	0.058 1	0.060 6	0.062 8	0.066 4	0.069 3	0.071 7	0.073 6	0.075 1	0.078 1	0.083 4
11.2	0.046 3	0.050 2	0.053 5	0.056 3	0.058 7	0.060 9	0.064 4	0.067 2	0.069 5	0.071 4	0.073 0	0.075 9	0.081 3
11.6	0.044 8	0.048 6	0.051 8	0.054 5	0.056 9	0.059 0	0.062 5	0.065 2	0.067 5	0.069 4	0.070 9	0.073 8	0.079 3
12.0	0.043 5	0.047 1	0.050 2	0.052 9	0.055 2	0.057 3	0.060 6	0.063 4	0.065 6	0.067 4	0.069 0	0.071 9	0.077 4

$\dfrac{z}{b}$ \ $\dfrac{l}{b}$	1.0	1.2	1.4	1.6	1.8	2.0	2.4	2.8	3.2	3.6	4.0	5.0	10.0
12.8	0.040 9	0.044 4	0.047 4	0.049 9	0.052 1	0.054 1	0.057 3	0.059 9	0.062 1	0.063 9	0.065 4	0.068 2	0.073 9
13.6	0.038 7	0.042 0	0.044 8	0.047 2	0.049 3	0.051 2	0.054 2	0.056 8	0.058 9	0.060 7	0.062 1	0.064 9	0.070 7
14.4	0.036 7	0.039 8	0.042 5	0.044 8	0.046 8	0.048 6	0.051 6	0.054 0	0.056 1	0.057 7	0.059 2	0.061 9	0.067 7
15.2	0.034 9	0.037 9	0.040 4	0.042 6	0.044 6	0.046 3	0.049 2	0.051 5	0.053 5	0.055 1	0.056 5	0.059 2	0.065 0
16.0	0.033 2	0.036 1	0.038 5	0.040 7	0.042 5	0.044 2	0.046 9	0.049 2	0.051 1	0.052 7	0.054 0	0.056 7	0.062 5
18.0	0.029 7	0.032 3	0.034 5	0.036 4	0.038 1	0.039 6	0.042 2	0.044 2	0.046 0	0.047 5	0.048 7	0.051 2	0.057 0
20.0	0.026 9	0.029 2	0.031 2	0.033 0	0.034 5	0.035 9	0.038 3	0.040 2	0.041 8	0.043 2	0.044 4	0.046 8	0.052 4

表 5.8   沉降计算经验系数

基底附加压力 p_0/kPa	压缩模量 $\overline{E}_s$/MPa				
	2.5	4.0	7.0	15.0	20
$p_0 \geqslant f_{ak}$	1.4	1.3	1.0	0.4	0.2
$p_0 \leqslant 0.75 f_{ak}$	1.1	1.0	0.7	0.4	0.2

注:①$\overline{E}_s$ 为沉降计算深度范围内压缩模量的当量值,应按下式计算:

$$\overline{E}_s = \frac{\sum A_i}{\sum A_i/E_{si}}$$

式中,A_i 为第 i 层土附加应力系数沿土层厚度的积分值。

②f_{ak} 为地基承载力特征值。

2)确定地基沉降计算深度 z_n

地基沉降计算深度 z_n 可通过试算确定,要求满足下式条件:

$$\Delta s'_n \leqslant 0.025 \sum_{i=1}^{n} \Delta s'_i \tag{5.24}$$

式中 $\Delta s'_i$——在计算深度 z_n 范围内,第 i 层土的计算变形值,mm;

$\Delta s'_n$——在由计算深度 z_n 向上取厚度 Δz 的土层计算变形值,mm,Δz 见图 5.20 及按表 5.9 确定。

表 5.9   计算层厚度 Δz 值

b/m	$b \leqslant 2$	$2 < b \leqslant 4$	$4 < b \leqslant 8$	$b > 8$
Δz/m	0.3	0.6	0.8	1.0

当计算深度下部仍有较软土层时,尚应向下计算。

在计算范围内存在基岩时,z_n 可取至基岩表面;当存在较厚的坚硬黏性土层(孔隙比小于 0.5,压缩模量大于 50 MPa)或存在较厚的密实砂卵石层(压缩模量大于 80 MPa)时,z_n 可取至该层土表面。

当无相邻荷载影响时,基础宽度在 $1 \sim 30$ m 时,基础中点的地基变形计算深度按简化公式进行计算:

$$z_n = b(2.5 - 0.4 \ln b) \tag{5.25}$$

式中　b——基础宽度,m。

【例5.5】　某柱基础已知荷载 $F = 1\ 176$ kN,基础底面尺寸 4.0 m $\times 2.0$ m,基础埋置深度 $d = 1.5$ m,地基基础剖面图如图5.21所示,试用应力面积法计算最终沉降量。(设 $p_0 = f_{ak}$)

【解】　(1)地基分层

按地基土的天然分层暂将土层分为3层,即粉质黏土层、黏土层、粉土层。

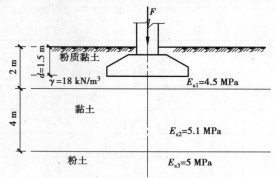

图5.21　例5.5示意图

(2)计算基底附加压力 p_0

$$p_0 = \frac{F + G}{A} - \gamma_m d = \left(\frac{1\ 176 + 20 \times 4 \times 2 \times 1.5}{4 \times 2} - 18 \times 1.5 \right) \text{kPa} = 150 \text{ kPa}$$

(3)计算各分层土的沉降量 s_i'

①预估沉降量计算深度 z_n。因为不存在相邻荷载的影响,故可按式(5.25)估算:

$$z_n = b(2.5 - 0.4 \ln b) = [2 \times (2.5 - 0.4 \ln 2)] \text{m} \approx 4.5 \text{ m}$$

按该深度,沉降量计算至黏土层底面。

②各分层土的沉降量 s_i' 由式 $s_i' = \dfrac{p_0}{E_{si}}(\overline{\alpha}_i z_i - \overline{\alpha}_{i-1} z_{i-1})$ 计算。使用表5.7确定平均附加应力系数 $\overline{\alpha}$ 时,因为需计算基础中心点下的沉降量,因此,查表时要应用"角点法",即将基础分为4块相同的小面积,按 $l/b = \dfrac{l/2}{b/2}$ 与 $z/b = \dfrac{z}{b/2}$ 查表,查得附加应力系数应乘以4。

对于基础底面下第一层粉质黏土层:$z_1 = 0.5$ m,$z_0 = 0$

$l/b = 2/1 = 2$,$z_1/b = 0.5/1 = 0.5$,得 $\overline{\alpha} = 4 \times 0.246\ 8 = 0.987\ 2$

$l/b = 2/1 = 2$,$z_0/b = 0/1 = 0$,得 $\overline{\alpha}_0 = 4 \times 0.25 = 1.0$

所以,粉质黏土层沉降量:

$$s_1' = \frac{p_0}{E_{s1}}(z_1 \overline{\alpha}_1 - z_0 \overline{\alpha}_0)$$

$$= \frac{150}{4.5 \times 10^3} \times (4 \times 0.246\ 8 \times 0.5 - 4 \times 0.25 \times 0) \times 10^3 \text{ mm} = 16.45 \text{ mm}$$

其他各分层土的沉降量计算见表5.10。

表5.10 用应力面积法计算地基最终沉降量

点号	z_i/m	$\dfrac{l}{b}$	$\dfrac{z}{b}$	$\overline{\alpha}_i$	$z_i\overline{\alpha}_i$/mm	$z_i\overline{\alpha}_i - z_{i-1}\overline{\alpha}_{i-1}$ /mm	s'_i/mm	$s' = \sum s'_i$ /mm	$\Delta s'_n/s'$ $\leqslant 0.025$ mm
0	0		0	1.0	0				
1	0.5	2	0.5	0.987 2	493.60	493.60	16.45		
2	4.2		4.2	0.527 6	2 215.92	1 722.32	50.66		
3	4.5		4.5	0.503 8	2 267.10	51.18	1.51	68.62	0.022

(4)确定沉降计算深度 z_n

根据规范规定,由 $b = 2$ m 从表5.9查出,$\Delta z = 0.3$ m,计算 $\Delta s'_n = 1.51$ mm,见表5.10。
$\Delta s'_n/s' = 1.51/68.62 = 0.022 \leqslant 0.025$,表明所取 $z_n = 4.5$ m 符合要求。

(5)确定沉降经验系数 ψ_s 沉降计算深度范围内压缩模量的当量值 $\overline{E}_s$ 为

$$\overline{E}_s = \frac{\sum A_i}{\sum \dfrac{A_i}{E_{si}}} = \frac{p_0 z_n \overline{\alpha}_n}{s'} = \frac{150 \times 4.5 \times 4 \times 0.126}{(16.45 + 50.66 + 1.51) \times 10^{-3}} \text{kPa} = 5 \text{ MPa}$$

由 $p_0 = f_{ak}$,按表5.8内插求得 $\psi_s = 1.2$。

(6)计算地基最终沉降量 s

$$s = \psi_s \sum s'_i = \psi_s s' = 1.2 \times 68.62 \text{ mm} = 82.34 \text{ mm}$$

5.4.3 考虑应力历史影响的地基沉降计算方法

考虑应力历史影响的地基最终沉降量的计算方法仍为分层总和法,只是将土的压缩性指标改为从原始压缩曲线 e-$\lg p$ 确定即可,对3种状态下的黏性土分别按下列公式计算。

1)正常固结土($p_c = p_1$)

计算正常固结土的沉降时,由原始压缩曲线确定压缩指数 C_c 后(图5.22)按下列公式计算:

$$s = \sum_{i=1}^{n} \lambda_i h_i \tag{5.26}$$

式中 λ_i——第 i 层土的压缩应变;

h_i——第 i 分层的厚度。

因为 $\lambda_i = \dfrac{\Delta e_i}{1 + e_{0i}} = \dfrac{1}{1 + e_{0i}} C_{ci} \lg \dfrac{p_{1i} + \Delta p_i}{p_{1i}}$,所以

$$s = \sum_{i=1}^{n} \frac{\Delta e_i}{1 + e_{0i}} h_i = \sum_{i=1}^{n} \frac{h_i}{1 + e_{0i}} \left(C_{ci} \lg \frac{p_{1i} + \Delta p_i}{p_{1i}} \right)$$

$$\tag{5.27}$$

式中 Δe_i——原始压缩曲线确定的第 i 层土的孔隙比的变化;

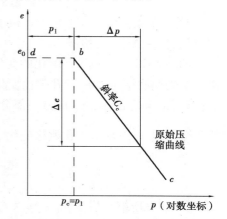

图5.22 正常固结土的孔隙比变化

Δp_i——第 i 层土附加应力的平均值(有效应力增量);

p_{1i}——第 i 层土自重应力的均值;

e_{0i}——第 i 层土的初始孔隙比;

C_{ci}——从原始压缩曲线确定的第 i 层土的压缩指数。

【例5.6】 某正常固结软黏土地基,厚度8.0 m,其下为密实砂层,地下水位与地面平,软黏土压缩指数 $C_c = 0.5$, $e_0 = 1.3$, $\gamma_{sat} = 18$ kN/m^3,采用大面积堆载预压处理,预压荷载120 kPa,求该地基最终沉降量。

【解】 第 i 层土自重应力平均值:
$$p_{1z} = (\gamma_{sat} - \gamma_w)h/2 = (18 - 10) \times 8.0/2 \text{ kPa} = 32 \text{ kPa}$$

由式(5.27)可得地基最终沉降量:
$$s = \frac{8}{1 + 1.3} \times 0.5 \lg\left(\frac{32 + 120}{32}\right) = 1.74 \times \lg 4.75 = 1.74 \times 0.677 \text{ m} = 1.18 \text{ m}$$

2)超固结土($p_c > p_1$)

计算超固结土的沉降时,由原始压缩曲线和再压缩曲线分别确定土的压缩指数 C_c 和回弹指数 C_e,如图5.23所示。

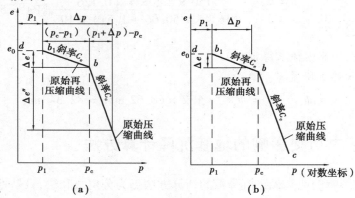

图5.23 超固结土的孔隙比变化

对于超固结土的固结沉降量 s 的计算分下列两种情况:

(1)$p_{1i} + \Delta p_i \geq p_{ci}$ 情况

如图5.23(a)所示,孔隙比的变化 Δe_i 包括两部分:一部分由现有土平均自重应力 p_{1i} 增至该土层先期固结压力 p_{ci} 的孔隙比变化,即沿着图5.23(a)原始再压缩曲线 b_1b 段发生的孔隙比变化为 $\Delta e_i' = C_{ei}\lg(p_{ci}/p_{1i})$;另一部分由先期固结压力 p_{ci} 增至 $p_{1i} + \Delta p_i$ 的孔隙比变化,即沿着原始压缩曲线 bc 段发生的孔隙比变化 $\Delta e_i'' = C_{ci}\lg\dfrac{p_{1i} + \Delta p_i}{p_{ci}}$,所以计算公式为:

$$s_n = \sum_{i=1}^{n} \frac{\Delta e_i}{1 + e_{0i}}h_i = \sum_{i=1}^{n} \frac{\Delta e_i' + \Delta e_i''}{1 + e_{0i}}h_i = \sum_{i=1}^{n} \frac{h_i}{1 + e_{0i}}\left(C_{ei}\lg\frac{p_{ci}}{p_{1i}} + C_{ci}\lg\frac{p_{1i} + \Delta p_i}{p_{ci}}\right) \quad (5.28)$$

式中　n——压缩土层中 $p_{1i} + \Delta p_i \geq p_{ci}$ 的土层数;

Δe_i——第 i 层土总孔隙比的变化;

$\Delta e_i'$——第 i 层土由现有土平均自重应力 p_1 增至该土层先期固结压力 p_c 的孔隙比变化;

$\Delta e_i''$——第 i 层土由先期固结压力 p_c 增至 $p_1 + \Delta p$ 的孔隙比变化;

p_{ci}——第 i 层土的先期固结压力；

C_{ei}——第 i 层土的原始再压缩指数（回弹指数）。

（2）$p_{1i} + \Delta p_i < p_{ci}$ 情况

如图 5.23（b）所示，孔隙比的变化 Δe_i 是从 p_{1i} 至 $p_{1i} + \Delta p_i$ 所引起的孔隙比变化，可见孔隙比变化仅沿着图 5.23（b）原始再压缩曲线 b_1b 段发生，所以固结沉降量的计算公式为：

$$s_m = \sum_{i=1}^{m} \frac{\Delta e_i}{1+e_{0i}} h_i = \sum_{i=1}^{m} \frac{h_i}{1+e_{0i}} C_{ei} \lg \frac{p_{1i}+\Delta p_i}{p_{1i}} \tag{5.29}$$

式中 m——压缩土层中 $p_{1i} + \Delta p_i < p_{ci}$ 的土层数。

【例 5.7】 某超固结黏土层厚 2.0 m，先期固结压力 $p_c = 300$ kPa，由原位压缩曲线得压缩指数 $C_c = 0.5$，回弹指数 $C_e = 0.1$，土层所受的平均自重应力 $p_1 = 100$ kPa，$e_0 = 0.70$，试计算下列条件下黏土层的最终沉降量。

（1）建筑物荷载在土层中引起的平均竖向附加应力 $V_p = 400$ kPa；

（2）建筑物荷载在土层中引起的平均竖向附加应力 $V_p = 180$ kPa。

【解】 （1）先期固结压力 $p_c = 300$ kPa，自重应力 $p_1 = 100$ kPa $< p_c = 300$ kPa，属超固结土，$p_1 + V_p = 100$ kPa $+ 400$ kPa $= 500$ kPa $\geqslant p_c = 300$ kPa，由式（5.28）得土层固结沉降量：

$$s_n = \sum_{i=1}^{n} \frac{\Delta e_i}{1+e_{0i}} h_i = \sum_{i=1}^{n} \frac{\Delta e'_i + \Delta e''_i}{1+e_{0i}} h_i = \sum_{i=1}^{n} \frac{h_i}{1+e_{0i}} \left(C_{ei} \lg \frac{p_{ci}}{p_{1i}} + C_{ci} \lg \frac{p_{1i}+\Delta p_i}{p_{ci}} \right)$$

$$= \frac{2}{1+0.7} \times \left[0.1 \times \lg \frac{300}{100} + 0.5 \times \lg \left(\frac{100+400}{300} \right) \right] \text{m}$$

$$= 1.176 \times (0.1 \times 0.477 + 0.5 \times 0.222) \text{m} = 0.186\,6 \text{ m} = 186.6 \text{ mm}$$

（2）$p_1 + V_p = 100$ kPa $+ 180$ kPa $= 280$ kPa $\leqslant p_c = 300$ kPa，由式（5.29）得土层固结沉降量：

$$s_m = \sum_{i=1}^{m} \frac{\Delta e_i}{1+e_{0i}} h_i = \sum_{i=1}^{m} \frac{h_i}{1+e_{0i}} C_{ei} \lg \frac{p_{1i}+\Delta p_i}{p_{1i}}$$

$$= \frac{2}{1+0.7} \times \left[0.1 \times \lg \left(\frac{100+180}{100} \right) \right] \text{m} = 1.176 \times 0.047\,7 \text{ m} = 0.052\,6 \text{ m} = 52.6 \text{ mm}$$

3）欠固结土（$p_c < p_1$）

欠固结土的沉降量包括两部分：由土的自重应力作用继续固结引起的沉降和由附加应力产生的沉降。欠固结土的孔隙比变化，可近似按与正常固结土一样的方法求得原始压缩曲线确定，如图 5.24 所示。

欠固结土的沉降量按下式计算：

$$s = \sum_{i=1}^{n} \frac{h_i}{1+e_{0i}} C_{ci} \lg \frac{p_{1i}+\Delta p_i}{p_{ci}} \tag{5.30}$$

式中 p_{ci}——第 i 层土的实际有效应力，小于土的自重应力 p_{1i}。

尽管欠固结土并不多见，在计算欠固结土的沉降时，必须考虑土自重应力作用下继续固结所引起的一部分沉降；否则，若按照正常固结土计算欠固结土的沉降，所得结果可能远小于实际观测的沉降量。

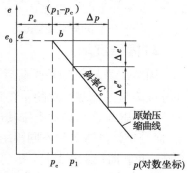

图 5.24 欠固结土的孔隙比变化

5.4.4　斯肯普顿-比伦法的地基沉降计算

根据对黏性土在外荷载作用下,实际变形发展的观察和分析,可以认为地基表面总沉降量 s 由 3 个分量组成(图 5.25),即

$$s = s_d + s_c + s_s \tag{5.31}$$

式中　s_d——瞬时沉降(不排水沉降);

s_c——固结沉降(主固结沉降);

s_s——次压缩沉降(次固结沉降)。

该法是 A. W. 斯肯普顿(Skempton)和 L. 比伦(Bjerrum)在 1955 年提出的比较全面的计算黏性土地基表面最终沉降量的方法,称为斯肯普顿-比伦法。

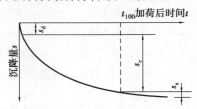

图 5.25　地基表面某点总沉降量 3 个分量示意图

1)瞬时沉降 s_d

瞬时沉降 s_d 是地基受荷后立即发生的沉降。对于饱和土体来说,受荷的瞬间孔隙中的水尚未排出,土体的体积没有发生变化。因此瞬时沉降是由土体产生的剪切变形所引起的沉降,其数值与基础的形状、尺寸及附加应力大小等因素有关。

无黏性土地基由于其透水性大,加荷后固结沉降很快,瞬时沉降和固结沉降已经分不开,次压缩现象不显著,而且由于其弹性模量随深度增加,应用弹性力学公式分开来求瞬时沉降不正确。因此,对于无黏性土的瞬时沉降量,可采用 J. H. 施默特曼(Schmertmann)提出的半经验法计算,可以参阅 H. F. 温特科恩(Winterkorn)和方晓阳主编的《基础工程手册》,本书从略。

黏性土地基上基础的瞬时沉降 s_d,可按下式估算:

$$s_d = \omega(1 - \mu^2)p_0 b/E \tag{5.32}$$

式中　μ——土的泊松比;

E——土的弹性模量。

2)固结沉降 s_c

固结沉降 s_c 是地基受荷后产生附加应力使土体的孔隙减小而产生的沉降。通常情况下这部分沉降量是地基沉降的主要部分。

斯肯普顿认为黏性土按其成因(应力历史)的不同可以分为超固结土、正常固结土、欠固结土,而分别计算这 3 种不同固结状态黏性土在外荷载作用下的固结沉降,它们的压缩性指标必须在 e-$\lg p$ 曲线上得到。

由于所得到的压缩性指标是处于单向压缩条件下的,与实际工程中情况有差异,A. W. 斯肯普顿(Skempton)和 L. 比伦(Bjerrum)建议将单向压缩条件下的固结沉降 s_c 乘上一个修正系数得到考虑侧向变形的修正后的固结沉降 s_c'。

3）次压缩沉降 s_s

次压缩沉降 s_s 被认为是与土的骨架蠕变有关，它是在超孔隙水压力已经消散、有效应力增长基本不变之后仍随时间而缓慢增长的压缩。在次压缩沉降的过程中，土的体积变化速率与孔隙水从土中流出速率无关，即次压缩沉降的时间与土层厚度无关。次压缩沉降与固结沉降相比是不重要的，可是对于软黏土，尤其是土中含有一些有机质，或是在深处可压缩土层中当压力增量比（指土中附加应力与自重应力的比值）较小的情况下，次压缩沉降必须引起注意。根据曾国熙等在1994年研究的成果，次压缩沉降在总沉降所占比例一般小于 10%（按50年计）。

试验结果表明，在主固结完成之后发生的次固结的大小与时间的关系，在半对数坐标图上近似直线，如图 5.26 所示。则次压缩引起的孔隙变化可近似表示为：

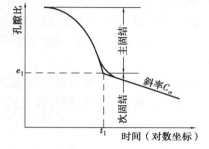

$$\Delta e = C_\alpha \lg \frac{t}{t_1} \qquad (5.33)$$

式中　C_α——半对数坐标图上直线的斜率，称为次压缩系数；

　　t——所求次压缩沉降的时间，$t > t_1$；

图 5.26　次压缩沉降计算时的 e-lg t 曲线

　　t_1——相当于主固结度为 100% 的时间，根据 e-lg t 曲线外推而得。

地基土层单向压缩的次压缩沉降的计算公式为：

$$s_\alpha = \sum_{i=1}^{n} \frac{h_i}{1 + e_{0i}} C_{\alpha i} \lg \frac{t}{t_1} \qquad (5.34)$$

根据试验结果，C_α 值主要取决于土的天然含水量 ω，近似计算时取 $C_\alpha = 0.018\omega$，C_α 值的一般范围见表5.11。

表 5.11　C_α 的一般取值

土　类	C_α
正常固结土	$0.005 \sim 0.020$
超固结土（$OCR > 2$）	< 0.001
高塑性黏土、有机土	$\geqslant 0.03$

5.4.5　路基沉降计算

路基是指按照路线位置和一定技术要求建筑的带状构筑物，它是路面的基础，承受由路面传来的行车荷载。路基按照其填挖条件不同，可分为路堤（全填）、路堑（全挖）和填挖结合3种类型。路堤沉降一般是指路堤底面沉降或地基表面沉降，路堤底面沉降与路堤自身变形相加得出路堤顶面沉降。路堑沉降是指路面结构底面沉降或地基表面沉降。在软土地段修建的高速公路、一级公路等，无论是新建公路还是老路拓宽工程，路堤的过大沉降和不均匀沉降是不可缺少的岩土工程课题。

随着我国改革开放基本建设的深入发展，在软土上兴建铁路、公路、机场、水利以及港口码头等项目日益增多,但是很多工程就因为路基沉降过大而导致路面开裂和桥头错台,经过多次返修也不能彻底改善。各地公路部门相继开展了规模较大的路基沉降和位移观测工作,所取得的成果为我国的基础建设提供了丰富且宝贵的资料。

地基表面的沉降通常采用分层总和法单向压缩公式,土的压缩性指标由固结试验的 e-p 关系曲线求得,将计算沉降量再乘以一个规范提供的沉降计算经验修正系数求得最终沉降量。

国际惯例上,黏性土地基表面沉降一般采用斯肯普顿-比伦法计算(参见 5.4.4 节),由瞬时沉降、固结(主固结)沉降和次压缩(次固结)沉降三分量相加的总沉降量。黏性土的瞬时沉降采用弹性力学公式计算并乘以一个修正系数;固结沉降再考虑应力历史,也以分层总和法的单向压缩公式计算正常固结土、超固结土和欠固结土的沉降量,但是土的压缩性指标必须由侧限条件下的 e-$\lg p$ 曲线得到;次压缩沉降计算则是由侧限压缩条件下的 e-$\lg t$ 曲线得到压缩性指标。

《公路软土地基路堤设计与施工技术细则》(JTG/T D31-02—2013)规定路堤梯形断面荷载作用下地基表面瞬时沉降的计算公式如下:

$$s_d = F\frac{pB}{E} \tag{5.35}$$

$$B = b + \frac{a}{2} \tag{5.36}$$

式中　s_d——路堤的瞬时沉降量,mm;

　　　p——路堤底面中点的最大垂直应力,kPa;

　　　B——计算宽度,如图 5.27 所示;

　　　E——由无侧限抗压试验得到土的弹性模量,应在地基压缩层深度范围内近似按各土层厚度的加权平均取值,MPa;

　　　F——路堤中线沉降系数,由图 5.27 查得,当缺少泊松比的实测资料时,可取泊松比 $\mu = 0.4 \sim 0.5$。

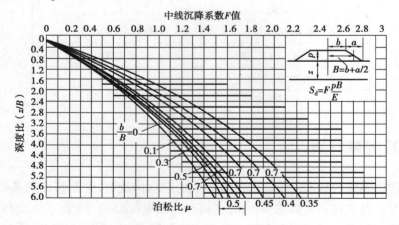

图 5.27　梯形荷载中线地基沉降系数

规定路堤的总沉降量 s 宜采用沉降(经验)系数 m_s 与固结沉降 s_c 的乘积:

$$s = m_s s_c \tag{5.37}$$

式中　m_s——沉降系数,宜根据现场沉降观测资料确定,也可采用下列经验公式(5.38)估算:

$$m_s = 0.123\gamma^{0.7}(\theta H^{0.2} + VH) + Y \tag{5.38}$$

H——路堤中心高度,m。

γ——路堤填料的重度,kN/m³。

θ——地基处理类型系数,用塑料排水板处理时取 $0.95 \sim 1.1$,用水泥搅拌桩处理时取 0.85,预压时取 0.90。

V——加载速率修正系数,加载速率在 $20 \sim 70$ mm/d 时,取 0.025;采用分期加载,速率小于 20 mm/d 时取 0.005;采用快速加载,速率大于 70 mm/d 时取 0.05。

Y——地质因素修正系数,当同时满足软土层不排水抗剪强度小于 25 kPa、软土层的厚度大于 5 m、硬壳层厚度小于 2.5 m 3 个条件时,$Y = 0$,其他情况下可取 $Y = 0.1$。

路堤的总沉降也可由瞬时沉降 s_d、固结沉降 s_c 和次压缩沉降 s_s 之和计算,即

$$s = s_d + s_c + s_s$$

5.5　地基沉降与时间的关系

5.5.1　一维渗流固结理论

饱和土体在附加应力作用下,孔隙水随时间逐渐向外排出,孔隙体积逐渐缩小,土颗粒重新排列,相互挤紧,由孔隙水承担的压力逐渐转移到土骨架上来承受,成为有效应力的过程,称为渗流(渗透)固结。渗流固结即为饱和土体排水、压缩、应力转移三者同时进行的一个过程。在实际工程中,土的一维渗流固结并不存在(除了在实验室内侧限固结试验中),但对于大面积均布荷载作用下的固结可近似看作一维固结问题。

1)一维渗流固结物理模型

为了形象阐明上述饱和土体的渗流固结过程,饱和土的渗流固结过程可以借助如图 5.28 所示的弹簧活塞力学模型。在一个刚性的容器中装着一个带有弹簧的活塞,活塞上有很多细小的排水孔,弹簧的下端与容器底部相连。其中弹簧代表土体骨架,容器内的水相当于土体孔隙中的自由水,而活塞上的小孔用来模拟土的渗透性,刚性容器象征侧限条件,整个模型代表饱和土体的一个土单元。所模拟的渗流固结过程包括以下 4 个阶段:

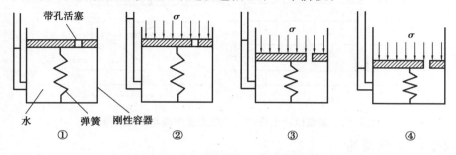

图 5.28　饱和土体一维渗流固结的弹簧活塞力学模型

①活塞上尚未施加荷载时,容器中完全充满水,测压管水位与容器中水位齐平。

②当施加均布荷载 σ 在活塞顶面的瞬间,即 $t = 0$ 时刻,容器中水位来不及向外排出,加上

水可被认为是不可压缩的,因此弹簧没有变形,故弹簧的有效应力(相当于土体骨架的有效应力)为0,则施加荷载的瞬间,刚性容器单位水平截面面积上的荷载σ全部由超静孔隙水压力(超静孔压或超孔压)承担,即超孔压$u=\sigma$,$\sigma'=0$。此时,测压管水位上升$h_0=u/\gamma_w=\sigma/\gamma_w$,此水头称为超静水头。

③经过时间t,容器中水在压力作用下不断从活塞中的细小孔隙向外排出,容器中水的超孔压力u下降,测压管水位下降,超静水头$h<h_0$。此时,活塞下降,弹簧的有效压力σ'增加,迫使弹簧受压,相当于土体骨架已经产生有效压力σ'。

④随着活塞继续下降,超孔压力不断减小,弹簧的有效应力增加,最后当时间$t\rightarrow\infty$时,超孔压力完全消散,即$u=0$,容器中水停止排出,超静水头$h=0$,测压管水位与容器中水位又保持齐平状态,此时,弹簧的有效应力$\sigma'=\sigma$,相当于土体骨架有效压力σ'达到了σ。土体渗流固结过程结束。

从以上利用弹簧—活塞模型模拟土的固结过程可以看出:饱和土体的渗流固结过程就是土中的孔隙水压力u消散并逐渐转移为有效应力的过程。在这个过程中,任意时刻任意位置的应力都满足有效应力原理,即

$$\sigma'=\sigma-u \tag{5.39}$$

实际工程中,土体的有效应力σ'与孔隙水压力u的变化,不仅与时间t有关,而且还与该点距透水层的距离有关,如图5.29所示。即孔隙水压力u是距离z和时间t的函数:

$$u=f(z,t) \tag{5.40}$$

如图5.29所示为固结试验的土样,土样厚度为$2H$,上半部的孔隙水向上排,下半部的孔隙水向下排。在施加外力σ后,经历不同时间t,沿土样深度方向孔隙水压力u和有效应力σ'的分布:

①当时间$t=0$,即外力施加以后的一瞬间,孔隙水压力$u=\sigma$,有效应力$\sigma'=0$,两种应力分布如图5.29右端竖直线所示;

②当经历一段时间后,$t=t_1$时,两种应力都存在,$\sigma=\sigma'+u$,两种应力分布如图5.29中部曲线所示;

③当经历很长时间后,时间$t=\infty$,此时孔隙水压力$u=0$,有效应力$\sigma'=\sigma$,两种应力分布如图5.29左侧竖直线所示。

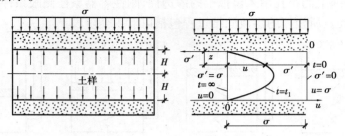

图5.29 固结试验土样中两种应力随时间与深度的分布

2)一维渗流固结理论

(1)基本假设

一维渗流固结理论也称为单向固结理论,此理论提出了以下几点假设:

①土的排水和压缩只限竖直单向,水平方向不排水,不发生压缩;

②土层均匀,完全饱和;

③水的渗流服从达西定律,在压缩过程中渗透系数 k 不发生变化;

④相对于土的孔隙,土颗粒和水都是不可压缩的,即土的变形仅仅是孔隙体积压缩的结果;

⑤孔隙比的变化与有效应力的变化成反比,即 $-de/d\sigma' = a$,且压缩系数 a 保持不变;

⑥附加应力一次骤加,沿土层深度 z 呈均匀分布。

(2)一维渗流固结微分方程的建立

设厚度为 H 的饱和黏土层,土层顶面是透水层,底面为不透水层和不可压缩层。假设该饱和土层在自重应力作用下的固结已经完成,现在顶面受到一次骤然施加的无限均布荷载 p_0 作用。由于土层厚度远小于荷载面积,故土中附加应力图形近似可看作矩形分布,即附加应力不随深度变化而变化,而孔隙水压力 u 和有效应力 σ' 均为坐标 z 和时间 t 的函数。

现在从饱和土层顶面下深度为 z 处取一个微单元体进行分析。该微单元体断面为 $dxdy$,厚度为 dz,令 $V_s = 1$。

在单位时间内,该单元体内挤出的水量 Δq 等于单元体孔隙体积的压缩量 ΔV。设单元体底面渗流速度为 v,顶面流速为 $v + \dfrac{\partial v}{\partial z}dz$,则

$$\Delta q = \left[\left(v + \frac{\partial v}{\partial z}dz\right) - v\right]dxdydt = \frac{\partial v}{\partial z}dxdydzdt \qquad (a)$$

根据达西定律 $v = ki$,则有 $v = k\dfrac{\partial h}{\partial z}$。

式中,h 为孔隙水压力的水头,$u = \gamma_w h$,即 $h = \dfrac{u}{\gamma_w}$,因此

$$v = k\frac{\partial h}{\partial z} = \frac{k}{\gamma_w}\frac{\partial u}{\partial z}$$

求偏导,得:

$$\frac{\partial v}{\partial z} = \frac{k}{\gamma_w}\frac{\partial^2 u}{\partial z^2}$$

代入式(a)得:

$$\Delta q = \frac{k}{\gamma_w}\frac{\partial^2 u}{\partial z^2}dxdydzdt \qquad (b)$$

而孔隙体积的压缩量:

$$\Delta V = dV_V = d(nV) = d\left(\frac{e}{1+e_1}dxdydz\right) = \frac{de}{1+e_1}dxdydz \qquad (c)$$

因 $\dfrac{de}{d\sigma'} = -a$,$de = -ad\sigma_z' = -ad(\sigma_z - u) = adu = a\dfrac{\partial u}{\partial t}dt$,代入式(c)得:

$$\Delta V = \frac{a}{1+e_1}\frac{\partial u}{\partial t}dxdydzdt \qquad (d)$$

对饱和土体,dt 时间内,$\Delta q = \Delta V$,式(b) = 式(d),即

$$\frac{k}{\gamma_w}\frac{\partial^2 u}{\partial z^2}dxdydzdt = \frac{a}{1+e_1}\frac{\partial u}{\partial t}dxdydzdt$$

化简得:

$$\frac{\partial u}{\partial t} = \left(\frac{k}{\gamma_w}\frac{1+e_1}{a}\right)\frac{\partial^2 u}{\partial z^2} = C_v\frac{\partial^2 u}{\partial z^2} \tag{5.41}$$

式中　C_v——土的竖向固结系数，$C_v = \dfrac{k(1+e_1)}{\gamma_w a}$，$cm^2/$年；

　　　e_1——土层固结前的孔隙比；

　　　γ_w——水的重度；

　　　a——土的压缩系数。

此方程是一个抛物线型方程，用它求解热传导问题和渗流问题。

（3）一维渗流固结微分方程解答

根据图5.30所示，上述微分方程的初始条件和边界条件：

当 $t=0$ 且 $0 \leqslant z \leqslant H$ 时，$u = p_0 = $ 常数；

当 $0 < t < \infty$ 且 $z = H$ 时，$\dfrac{\partial u}{\partial z} = 0$；

当 $t = \infty$ 且 $0 \leqslant z \leqslant H$ 时，$u = 0$。

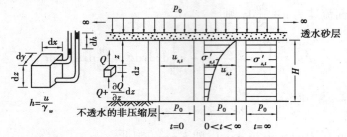

图5.30　饱和土层的固结过程

应用傅里叶级数，采用分离变量法，可求得式（5.41）的解为：

$$u = \frac{4\sigma_z}{\pi}\sum_{m=1}^{\infty}\frac{1}{m}\sin\frac{m\pi z}{2H}\exp\left(-m^2\frac{\pi^2}{4}T_v\right) \tag{5.42}$$

式中　m——奇数正整数，即 $1,3,5,\cdots$。

　　　H——土层最大排水距离，若为双面排水，H 为土层厚度的一半；若为单面排水，H 为土层的总厚度。

　　　σ_z——附加应力，不随深度变化。

　　　T_v——时间因子，$T_v = \dfrac{C_v}{H^2}t = \dfrac{k(1+e_1)t}{a\gamma_w H^2}$。

5.5.2　地基固结度

1）地基固结度的概念

地基的固结度是指地基土层在某一压力作用下，经历时间 t 所产生的固结变形量与最终固结变形量之比值，或孔隙水压力的消散程度，通常用 U 表示，对于土层任一深度 z 处经时间 t 后的固结度可表示为：

$$U_t = \frac{s_t}{s} \tag{5.43}$$

或
$$U_t = \frac{u_0 - u}{u_0} \qquad (5.44)$$

式中 s_t——在某一时刻 t 的地基固结变形量；

　　　s——地基最终固结变形量,对于正常固结土,简化分析取分层总和法单向压缩基本公式计算的地基最终变形量(基础最终沉降量)；

　　　u_0——$t=0$ 时的起始孔隙水压力(应力)；

　　　u——t 时刻的孔隙水压力(应力)。

根据有效应力原理,土的变形只取决于有效应力,经历时间 t 所产生的固结变形量取决于该时刻的有效应力,结合前面所介绍的应力面积法计算沉降量的原理可知：

$$U_t = \frac{\dfrac{a}{1+e_0}\displaystyle\int_0^H \sigma'_{z,t}\mathrm{d}z}{\dfrac{a}{1+e_0}\displaystyle\int_0^H \sigma_z\mathrm{d}z} = \frac{\displaystyle\int_0^H \sigma_z\mathrm{d}z - \int_0^H u_{z,t}\mathrm{d}z}{\displaystyle\int_0^H \sigma_z\mathrm{d}z} = 1 - \frac{\displaystyle\int_0^H u_{z,t}\mathrm{d}z}{\displaystyle\int_0^H \sigma_z\mathrm{d}z} \qquad (5.45)$$

即

$$U_t = \frac{\text{有效应力所围面积}}{\text{起始超孔隙水压力所围面积}} = 1 - \frac{t\,\text{时刻超孔隙水压力所围面积}}{\text{起始超孔隙水压力所围面积}} \qquad (5.46)$$

式中 $u_{z,t}$——深度 z 处某一时刻 t 的超孔隙水压力；

　　　$\sigma'_{z,t}$——深度 z 处某一时刻 t 的有效应力；

　　　σ_z——深度 z 处的竖向附加应力(即 $t=0$ 时刻的起始超孔隙水压力)。

2) 荷载一次瞬时施加情况的地基平均固结度

在地基的固结应力、土层性质和排水条件已定的前提下,u 仅是时间 t 的函数。对于附加应力呈矩形分布的饱和黏性土的单向固结情况,将式(5.42)代入式(5.45)得：

$$U_{t1} = 1 - \frac{8}{\pi^2}\sum_{m=1}^{\infty}\frac{1}{m^2}\exp\left(-\frac{m^2\pi^2 T_v}{4}\right) \quad (m = 1,3,5,7,\cdots) \qquad (5.47)$$

上式为一收敛很快的级数,当 $U_t > 30\%$ 时,可以近似取其中第一项,即

$$U_{t1} = 1 - \frac{8}{\pi^2}\exp\left(-\frac{\pi^2 T_v}{4}\right) \qquad (5.48)$$

对于附加应力呈三角形分布(透水面处 $\sigma = 0$,不透水面处 $\sigma = p$)的饱和黏性土单向固结情况,其平均固结度可根据此时的边界条件,解微分方程(5.41)并积分得：

$$U_{t2} = 1 - \frac{32}{\pi^3}\sum_{n=1}^{\infty}\frac{(-1)^{n-1}}{(2n-1)^3}\exp\left(-\frac{(2n-1)^2\pi^2 T_v}{4}\right) \quad (n = 1,2,3,\cdots) \qquad (5.49)$$

实用中常取第一项,即

$$U_{t2} = 1 - \frac{32}{\pi^3}\exp\left(-\frac{\pi^2 T_v}{4}\right) \qquad (5.50)$$

实际应用中,作用于饱和土层中的附加应力要比以上两种情况复杂,实用上把可能遇到的压力分布近似的分为以下5种情况,如图5.31所示。

情况1:应力图形为矩形,适用于土层在自重应力下固结,基础底面积较大,而压缩层较薄弱的情况。

情况2:应力图形为三角形,相当于大面积填土层(饱和时)由于土层自重应力引起的固结；或者土层由于地下水大幅度下降,在地下水变化范围内,自重应力随深度增加的情况。

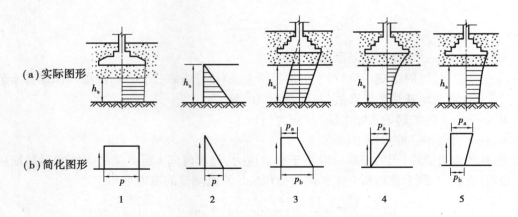

（a）实际图形

（b）简化图形

1   2   3   4   5

图 5.31　地基中应力分布图形（单面排水）

情况 3：适用于土层在自重应力作用下尚未固结，又在其上施加荷载。

情况 4：其底面积小，土层厚，土层底面附加应力已接近零的情况。

情况 5：土层厚度 $h_s > b/2$（b 为基础的宽度），附加应力随深度增加而减小，但深度 h_s 处的附加应力大于零。

情况 3,4,5 的固结度 U_{t3}，U_{t4}，U_{t5} 可以利用 U_{t1}，U_{t2} 的 $U_t - T_v$ 关系式推算；按照式（5.43）的意义，土层在某时刻 t 的固结度等于该时刻土层中有效应力分布图的面积与总应力分布图的面积之比，则情况 3 可分为矩形和三角形两部分，经过时间 t 时刻，矩形部分的固结度 U_{t1} 可用式（5.48）计算，该时刻土层中的有效应力分布面积应为：

$$A_1 = U_{t1} p_a H \tag{a}$$

同一时刻三角形部分的固结度 U_{t2} 可用式（5.50）求得，该时刻土层中的有效应力面积应为：

$$A_2 = U_{t2} \frac{H}{2} (p_b - p_a) \tag{b}$$

因而 t 时刻土层中有效应力面积之和为 $A_1 + A_2$。按上述固结度定义，这时情况 3 的固结度为：

$$U_{t3} = \frac{A_1 + A_2}{A_0} \tag{c}$$

式中，A_0 为土层中总应力分布图面积，即 $A_0 = \frac{H}{2}(p_a + p_b)$。将式（a）、式（b）、式（c）代入式（5.45）得：

$$U_{t3} = \frac{U_{t1} p_a H + \frac{1}{2} U_{t2}(p_a - p_b) H}{\frac{1}{2} H(p_a + p_b)} = \frac{2 U_{t1} + U_{t2}(\alpha - 1)}{1 + \alpha} \tag{5.51}$$

式中　α——附加应力比，即 $\alpha = \dfrac{p_b}{p_a}$。

采用同样的方法可以推出情况 4 和情况 5 的固结度：

$$U_{t4} = 2 U_{t1} - U_{t2} \tag{5.52}$$

$$U_{t5} = \frac{1}{1+\alpha}\left[2U_{t1} - (\alpha - 1)U_{t2}\right] \tag{5.53}$$

或
$$U_{t5} = \frac{1}{1+\alpha}\left[2\alpha U_{t1} + (\alpha - 1)U_{t4}\right] \tag{5.54}$$

应当注意,在式(5.51)~式(5.54)中,p_a 表示排水面的应力,p_b 表示不排水面的应力。

以上结果都是单面排水,若是双面排水,则不管附加应力分布如何,只要是线性分布,均按照情况 1 计算,此时应当注意时间因子 T_v 计算中的 H 应取 $H/2$,应力应取平均值。

3)一级或多级等速加载情况的地基平均固结度

上述荷载一次瞬时施加情况的地基平均固结度计算是偏大的,因为在实际工程中多为一级或多级等速加载情况,如图 5.32 所示,当固结时间为 t 时,对应于累加荷载 $\sum \Delta p$ 的地基平均固结度可按下式计算:

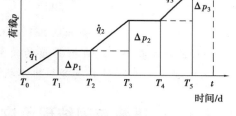

图 5.32　多级等速加载图

$$\overline{U}_t = \sum_{i=1}^{n} \frac{\dot{q}_i}{\sum \Delta p}\left[(T_i - T_{i-1}) - \frac{\alpha}{\beta}(e^{\beta T_i} - e^{\beta T_{i-1}})e^{-\beta t}\right] \tag{5.55}$$

式中　$\overline{U}_t$——t 时间地基平均固结度;

$\dot{q}_i$——第 i 级荷载的加载速度(kPa/d),$\dot{q}_i = \Delta p_i/(T_i - T_{i-1})$;

$\sum \Delta p$——与一级或多级等速加载历时 t 所对应的累加荷载,kPa;

T_i,T_{i-1}——第 i 级荷载加载的起始和终止时间(从零点算起)(d),但计算第 i 级荷载加载过程中某时间 t 的固结度时,T_i 改为 t;

α,β——参数,根据地基土的排水条件确定,参见《建筑地基处理技术规范》(JGJ 79—2012),对于天然地基的竖向排水固结条件($U > 30\%$),α,β 分别取 $8/\pi^2$ 和 $\pi^2 C_v/4H^2$,其中 C_v 为竖向固结系数。

【例 5.8】　设某一软土地基上的路堤工程,软土层厚度 16 m,下卧坚硬黏土层(可视为不可压缩的不透水层)。经勘探试验得到地基土的竖向固结系数 $C_v = 1.5 \times 10^{-3} \text{cm}^2/\text{s}$。路堤填筑荷载分为三级等速施加(图 5.33),$\Delta p_1 = 80$ kPa,$\Delta p_2 = 80$ kPa,$\Delta p_3 = 40$ kPa,各级累加荷载分别为 80,160,200 kPa;填筑时间 T_0,T_1,T_2,T_4,T_5 分别为 0,30,50,120,140 d;三级加载速率 $\dot{q}_1$,$\dot{q}_2,\dot{q}_3$ 分别为 2.67,2.67,1.0 kPa/d。试求历时 150 d 的地基平均固结度。

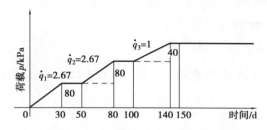

图 5.33　路堤填筑荷载的施加过程

【解】　根据已知 C_v 值、$h = 1\,600$ cm(单面排水),即可计算出参数 $\alpha = \pi^2/8$。

$$\beta = \pi^2 C_v/4h^2 = \pi^2 \times 1.5 \times 10^{-3}\text{cm}^2/\text{s} \times 60 \times 60 \times 24/(4 \times 1\,600^2 \text{cm}^2)$$
$$= 1.249 \times 10^{-4}\ /\text{d}$$

$$\alpha/\beta = 6.489 \times 10^3$$

本路堤在三级等速加载条件下历时 150 d 的累加荷载为 200 kPa,由式(5.55)计算天然地基平均固结度为:

$$\overline{U}_t = \frac{2.67}{200}\left[(30-0) - 6.489 \times 10^3 \frac{(e^{0.000\,125 \times 30} - 1)}{e^{0.000\,125 \times 150}}\right]$$

$$+ \frac{2.67}{200}\left[(80-50) - 6.489 \times 10^3 \frac{(e^{0.000\,125 \times 80} - e^{0.000\,125 \times 50})}{e^{0.000\,125 \times 150}}\right]$$

$$+ \frac{1}{200}\left[(140-100) - 6.489 \times 10^3 \frac{(e^{0.000\,125 \times 140} - e^{0.000\,125 \times 80})}{e^{0.000\,125 \times 150}}\right]$$

$$= 0.081 + 0.079 + 0.038 = 19.8\%$$

上述结果表明,在 16 m 厚度的软土层上填筑路堤 150 d 时,天然地基的平均固结度仅接近 20%,需要采用打入砂井或塑料排水板等地基处理方案,以提高地基软土层的平均固结度。

5.5.3　一维渗流固结理论应用

1)地基固结过程中任意时刻的变形量

地基固结过程中任意时刻的变形量计算步骤如下:

①计算地基附加应力沿深度的分布;

②计算地基竖向固结变形量;

③计算土层的竖向固结系数和竖向固结时间因素;

④计算时间 t 的沉降量 s_t。由 $U_t = \dfrac{s_t}{s}$ 可得:

$$s_t = U_t s \tag{5.56}$$

⑤求解地基固结过程中某一时刻 t 的(竖向)变形量。

【例5.9】　已知某饱和黏土层厚度为 10.0 m,在大面积荷载 $p_0 = 120$ kPa 作用下,设该土层的初始孔隙比 $e_0 = 1$,压缩系数 $\alpha = 0.3$ MPa^{-1},压缩模量 $E_s = 6.0$ MPa,渗透系数 $k = 5.7 \times 10^{-8}$ cm/s。对黏土层在单面排水或双面排水条件下分别求:

(1)加荷一年时的变形量;

(2)变形量达到 156 mm 所需的时间。

【解】　(1)求 $t = 1$ 年时的竖向变形量

黏土层中附加应力沿深度是均布的,$\sigma_z = p_0 = 120$ kPa,黏土层的最终变形量 $s = \dfrac{\sigma_z}{E_s}H = \dfrac{120}{6\,000} \times 10^4$ mm $= 200$ mm。

黏土层的竖向固结系数

$$C_v = \frac{k(1+e_0)}{\alpha\gamma_w} = \frac{5.7 \times 10^{-8}(1+1)}{10 \times 10^{-6} \times 3} = 3.8 \times 10^{-3} \text{ cm}^2/\text{s} = 1.2 \times 10^5 \text{ cm}^2/\text{年}$$

①对于单向排水条件下:

竖向固结时间因素 $T_v = \dfrac{C_v}{H^2}t = \dfrac{1.2 \times 10^5 \times 1}{1\,000^2} = 0.12$

相应的固结度 $U_{t1} = 1 - \dfrac{8}{\pi^2}\exp\left(-\dfrac{\pi^2 T_v}{4}\right) = 1 - \dfrac{8}{\pi^2}\exp\left(-\dfrac{\pi^2 \times 0.12}{4}\right) = 0.39$，则 $t=1$ 年时的竖向变形量 $s_t = U_t s = 0.39 \times 200\text{ mm} = 78\text{ mm}$。

②对于双面排水条件下(压缩土层厚度取半数):

竖向固结时间因素 $T_v = \dfrac{C_v}{H^2}t = \dfrac{1.2 \times 10^5 \times 1}{500^2} = 0.48$

相应的固结度 $U_{t1} = 1 - \dfrac{8}{\pi^2}\exp\left(-\dfrac{\pi^2 T_v}{4}\right) = 1 - \dfrac{8}{\pi^2}\exp\left(-\dfrac{\pi^2 \times 0.48}{4}\right) = 0.75$，则 $t=1$ 年时的竖向变形量 $s_t = U_t s = 0.75 \times 200\text{ mm} = 150\text{ mm}$。

(2)求变形量达到 156 mm 所需的时间

平均固结度 $U_t = \dfrac{s_t}{s} = \dfrac{156}{200} = 0.78$

$$T_v = -\dfrac{4}{\pi^2}\ln\left[\dfrac{\pi^2}{8}(1 - U_{t1})\right] = -\dfrac{4}{\pi^2}\ln\left[\dfrac{\pi^2}{8}(1 - 0.78)\right] = 0.53$$

在单向排水条件下: $t = \dfrac{T_v H^2}{C_v} = \dfrac{0.53 \times 1\,000^2}{1.2 \times 10^5}$ 年 $= 4.4$ 年

在双面排水条件下: $t = \dfrac{T_v H^2}{C_v} = \dfrac{0.53 \times 500^2}{1.2 \times 10^5}$ 年 $= 1.1$ 年

【例5.10】 场地为饱和淤泥质黏性土,厚 5.0 m,压缩模量 E_s 为 2.0 MPa,重度为 17.0 kN/m³,淤泥质黏性土下为良好的地基土,地下水位埋深 0.5 m。现拟打设塑料排水板至淤泥质黏性土层底,然后分层铺设砂垫层,砂垫层厚度为 0.8 m,重度为 20.0 kN/m³,采用 80 kPa 大面积真空预压 3 个月(预压时地下水位不变)。试求固结度达到 85% 时的沉降量。

【解】 根据单向压缩公式计算地基土最终沉降量:

$$s_c = \sum_{i=1}^{n} \dfrac{p_i}{E_{si}}H_i = \dfrac{0.8\text{ m} \times 20\text{ kN/m}^3 + 80\text{ kPa}}{2.0\text{ MPa}} \times 5\text{ m} = 240\text{ mm}$$

固结度达到 85% 时的沉降量为:

$$s_{ct} = s_c U = 240\text{ mm} \times 0.85 = 204\text{ mm}$$

2)利用沉降观测资料推算后期沉降量

基础最终沉降量考虑应力历史影响由瞬时沉降、固结沉降和次压缩沉降 3 个分量组成。但是对于大多数工程实际问题,次压缩沉降与固结沉降相比是不重要的。因此,基础最终沉降量通常仅取瞬时沉降和固结沉降之和,即 $s = s_d + s_c$,相应地施工期 T 以后($t > T$)的沉降量为:

$$s_t = s_{dt} + s_{ct} \tag{5.57}$$

或
$$s_t = s_d + U_t s_c \tag{5.58}$$

上式中的沉降量如果按一维固结理论计算,其结果往往与实测结果不相符合,因为基础沉降多属于三维课题而实际情况又很复杂。因此,利用沉降观测资料推算后期沉降(包括最终沉降量)有其重要的意义。下面将介绍常用的两种经验方法,即对数曲线法(三点法)和双曲线法(二点法)。

（1）对数曲线法

不同条件的固结度 U_t 的计算公式，均可以用一个普遍表达式来概括：

$$U_t = 1 - A\exp(-Bt) \tag{5.59}$$

上式中 A,B 是两个参数。将该式与一维固结理论的公式（5.48）相比较可见，在理论上参数 A 是个常数 $8/\pi^2$，B 则是与时间因子 T_v 中的固结系数、排水距离有关。如果 A,B 作为实测的沉降与时间关系曲线中的参数，则其值是特定的。

将式（5.59）代入式（5.58）中，可得：

$$\frac{s_t - s_d}{s_c} = 1 - A\exp(-Bt)$$

再将 $s = s_d + s_c$ 代入上式，并以此推算的最终沉降量 s_∞ 代替 s，得：

$$s_t = s_\infty \left[1 - A\exp(-Bt) \right] + s_d A\exp(-Bt) \tag{5.60}$$

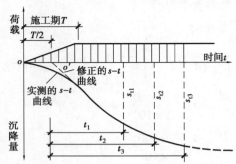

图 5.34 沉降与时间关系实测曲线

如果 s_∞ 和 s_d 也是未知数，加上 A,B，则上式包含 4 个未知数。从实测的早期 s-t 曲线（图 5.34）选择荷载停止施加以后的 3 个时间 t_1,t_2 和 t_3，其中 t_3 尽可能与曲线末端对应，时间差 $(t_3 - t_2)$ 和 $(t_2 - t_1)$ 必须相等且尽量大些。将所选时间分别代入上式，得：

$$s_{t1} = s_\infty \left[1 - A\exp(-Bt_1) \right] + s_d A\exp(-Bt_1)$$

$$s_{t2} = s_\infty \left[1 - A\exp(-Bt_2) \right] + s_d A\exp(-Bt_2)$$

$$s_{t3} = s_\infty \left[1 - A\exp(-Bt_3) \right] + s_d A\exp(-Bt_3)$$

$$s_d = \frac{s_{t1} - s_\infty \left[1 - A\exp(-Bt_1) \right]}{A\exp(-Bt_1)} = \frac{s_{t2} - s_\infty \left[1 - A\exp(-Bt_2) \right]}{A\exp(-Bt_2)}$$

$$= \frac{s_{t3} - s_\infty \left[1 - A\exp(-Bt_3) \right]}{A\exp(-Bt_3)} \tag{a}$$

附加条件：

$$t_2 - t_1 = t_3 - t_2$$

或

$$\exp\left[B(t_2 - t_1) \right] = \exp\left[B(t_3 - t_2) \right] \tag{b}$$

联立（a）、（b）两式，解得：

$$B = \frac{1}{t_2 - t_1} \ln \frac{s_{t2} - s_{t1}}{s_{t3} - s_{t2}} \tag{5.61}$$

$$s_\infty = \frac{s_{t3}(s_{t2} - s_{t1}) - s_{t2}(s_{t3} - s_{t2})}{(s_{t2} - s_{t1}) - (s_{t3} - s_{t2})} \tag{5.62}$$

将实测的 t_1,t_2 和 s_{t1},s_{t2},s_{t3} 计算出 B 和 s_∞，一并代入式(5.60)求算 s_d，式中参数 A 一般采用一维固结理论近似值 $8/\pi^2$，然后按式(5.60)推算任意时刻的后期沉降量。

以上各式的时间 t 均应由修正后的 O' 算起，如施工期荷载等速增长，则 O' 点在加荷期的中点，如图 5.34 所示。

（2）双曲线法（二点法）

建筑物的沉降观测资料表明其沉降与时间的关系曲线，即 $s\text{-}t$ 曲线接近于双曲线（除施工期间）。双曲线经验公式如下：

$$s_{t1} = s_\infty t_1/(a_t + t_1)$$
$$s_{t2} = s_\infty t_2/(a_t + t_2)$$

式中　s_∞——推算最终沉降量，理论上所需时间 $t = \infty$；

　　　s_{t1},s_{t2}——经历时间 t_1 和 t_2 出现的沉降量，时间应从工期一半算起（假设为一级等速加荷）；

　　　a_t——曲线常数，待定。

在上面两式中，两组 s_{t1},t_1 和 s_{t2},t_2 为实测已知值，就可以求解 s_∞ 和 a_t 如下：

$$s_\infty = (t_2 - t_1)/\left(\frac{t_2}{s_{t2}} - \frac{t_1}{s_{t1}}\right) \tag{5.63}$$

和

$$a_t = s_\infty \frac{t_1}{s_{t1}} - t_1 = s_\infty \frac{t_2}{s_{t2}} - t_2 \tag{5.64}$$

为了消除观测资料可能的误差（包括仪器设备的系统误差、人为误差以及随机误差），一般将后段的观测点 s_{ti} 和 t_i 都要加以利用，然后计算各 t_i/s_{ti} 值，点在 $t\text{-}t/s_t$ 直角坐标图上，其后段为一直线，如图 5.35 所示。从测定的直线上任选两个代表性点 t_1',t_2' 和 s_1',s_2' 即可代入式(5.63)和式(5.64)确定最终沉降量 s_∞ 和常数 a_t，这两值又代入式(5.64)确定后期任意时刻沉降量。

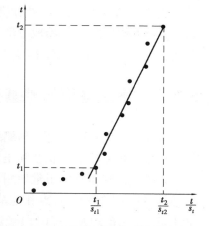

图 5.35　双曲线法推算后期沉降量

5.6　地基变形特征与地基允许变形值

5.6.1　地基变形特征

建筑物地基变形特征可以分为沉降量、沉降差、倾斜、局部倾斜 4 种。

1）沉降量

沉降量是指基础中心的沉降量，以 mm 为单位。

基础沉降量过大，势必会影响建筑物的正常使用。例如，沉降过大会导致室内外的给排水管、照明与通信电缆,以及煤气管道的连接折断,污水倒灌,雨水积聚,室内外交通不便等。因此,在北京、上海等地区用沉降量作为建筑物地基变形的控制指标之一。

2)沉降差

沉降差是指同一建筑物中,相邻两个基础沉降量的差值,以 mm 为单位。

若建筑物中相邻两个基础的沉降差过大,会使上部结构产生额外的应力,超过限度时,建筑物将会产生裂缝、倾斜甚至破坏。由于地基软硬不均匀、荷载大小有差异、建筑物体型复杂等因素,引起地基变形不同。对于框架结构和排架结构,设计时应由相邻柱基沉降差控制。

3)倾斜

倾斜是指独立基础在倾斜方向两端点的沉降差与其距离的比值,以"‰"表示。

建筑物倾斜过大,将影响正常使用,遇到台风或强烈地震时危及建筑物整体稳定,甚至倾覆。对于多层或高层建筑和烟囱、水塔、高炉等高耸结构,应以倾斜值作为控制标准。

4)局部倾斜

局部倾斜是指砖石砌体承重结构,沿纵向 6~10 m 内基础两点的沉降差与其距离的比值,以"‰"表示。

建筑物局部倾斜过大,往往会使砖石砌体受弯矩而拉裂。例如,某大学库房楼为两层砖混结构,采用条形基础,因场地中部存在高压缩性泥炭,使局部倾斜超过标准导致墙体大裂缝 30 余条,变成危房。因此,对于砌体承重结构设计,应由局部倾斜控制。

5.6.2 房屋建筑的地基变形允许值

沉降计算的目的是为了预测建筑物建成后基础的沉降量(包括沉降差、倾斜和局部倾斜),验算其是否超过建筑物安全和正常使用所允许的数值。

为了保证建筑物的正常使用,防止建筑物因地基变形过大而发生裂缝、倾斜甚至破坏等事故,根据各类建筑物的特点和地基土的不同类别,总结了大量的实践经验,我国《建筑地基基础设计规范》(GB 50007—2011)规定了建筑物的地基变形允许值,如表 5.12 所示。

表 5.12 建筑物的地基变形允许值

变形特征		地基土类别	
		中、低压缩性土	高压缩性土
砌体承重结构基础的局部倾斜		0.002	0.003
工业与民用建筑相邻柱基的沉降差	框架结构	$0.002l$	$0.003l$
	砌体墙填充的边排柱	$0.000\,7l$	$0.001l$
	当基础不均匀沉降时不产生附加应力的结构	$0.005l$	$0.005l$
单层排架结构(柱距为 6 m)柱基沉降量/mm		(120)	200

续表

变形特征		地基土类别	
		中、低压缩性土	高压缩性土
桥式吊车轨面的倾斜（按不调整轨道考虑）	纵向	0.004	
	横向	0.003	
多层和高层建筑的整体倾斜	$H_g \leqslant 24$	0.004	
	$24 < H_g \leqslant 60$	0.003	
	$60 < H_g \leqslant 100$	0.002 5	
	$H_g > 100$	0.002	
体型简单的高层建筑基础平均沉降量/mm		200	
高耸结构基础的倾斜	$H_g \leqslant 20$	0.008	
	$20 < H_g \leqslant 50$	0.006	
	$50 < H_g \leqslant 100$	0.005	
	$100 < H_g \leqslant 150$	0.004	
	$150 < H_g \leqslant 200$	0.003	
	$200 < H_g \leqslant 250$	0.002	
高耸结构基础的沉降量/mm	$H_g \leqslant 100$	400	
	$100 < H_g \leqslant 200$	300	
	$200 < H_g \leqslant 250$	200	

注:①本表数值为建筑物地基实际最终变形允许值。

②有括号者仅适用于中压缩性土。

③l 为相邻柱基的中心距离,mm;H_g 为自室外地面起算的建筑物高度,m。

④倾斜指基础倾斜方向两端点的沉降差与其距离的比值。

⑤局部倾斜是指砌体承重结构沿纵向 6~10 m 内基础两点的沉降差与其距离的比值。

5.6.3 公路桥涵的地基变形允许值

为了保证公路桥涵的正常使用,防止公路桥涵因地基变形过大而发生事故。我国《公路桥涵养护规范》(JTG H11—2004)和《公路养护技术规范》(JTG H10—2009)规定:

对于简支梁墩台基础的沉降和位移,超过以下容许值或通过观察裂缝持续发展时,应采取相应措施予以加固:

①墩台均匀总沉降值(不包括施工中的沉降):$2.0\sqrt{L}$(cm);

②相邻墩台总沉降差值(不包括施工中的沉降):$1.0\sqrt{L}$(cm);

③墩台顶面水平位移值:$0.5\sqrt{L}$(cm)。

注:①L 为相邻墩台间最小跨径,以 m 计,跨径小于 25 m 时仍以 25 m 计算;

②桩、柱式柔性墩台的沉降,以及桩基承台顶面的水平位移值,可视具体情况而定,以保

证正常使用为原则。

当墩台变位所产生的附加内力影响到桥梁的正常使用和安全时,或桥梁墩台基础自身结构出现大的缺损使承载力不够时,必须进行加固。

我国《公路软土地基路堤设计与施工技术细则》(JTG/T D31-02—2013)和《公路路基设计规范》(JTG D030—2015)规定:当路面设计使用年限(沥青路面15年、水泥混凝土路面30年)内的残余沉降(简称工后沉降)不满足表5.13要求时,应针对沉降进行处理设计。

表5.13 容许工后沉降

公路等级	工程位置		
	桥台与路堤相邻处	涵洞、箱涵、涵道处	一般公路
高速公路、一级公路	≤0.10	≤0.20	≤0.30
二级公路(作为干线公路时)	≤0.20	≤0.30	≤0.50

注:二级非干线及二级以下公路工后沉降控制标准,经论证后可较二级干线公路适当放宽。

5.6.4 防止地基有害变形

实践表明,绝对沉降量越大,差异沉降往往也越大。因此,为了减小地基沉降对建筑物可能造成的危害,避免建筑物发生事故,除采取措施尽量减小沉降差外,应尽量减小沉降量,以保证工程的安全。

1)减小沉降量的措施

(1)内因方面措施

地基产生沉降的内因:地基土由三相组成,固体颗粒之间存在孔隙,在外荷载作用下孔隙发生压缩所致。因此,为减小地基的沉降量,在修建建筑物之前,可预先对地基进行加固处理。根据地基土的性质、厚度,结合上部结构特点和场地周围环境,可分别采用机械压密、强力夯实、换土垫层、加载预压、砂桩挤密、振冲及化学加固等人工地基的措施。必要时,还可以采用桩基础或深基础。

(2)外因方面措施

基础沉降由附加应力引起,如减小基础底面的附加应力p_0,则可相应减小地基沉降量。由公式$p_0 = p - \gamma d$可知,减小p_0的措施有:

①可采用轻型结构、轻型材料,尽量减轻上部结构自重,则可以减小基础底面接触压力p;

②当基础中无软弱下卧层时,可加大基础埋深d。

2)减小沉降差的措施

①尽量避免复杂的平面布置,并避免同一建筑物各组成部分的高度以及作用荷载相差过多。

②在可能产生较大差异沉降的位置或分期施工的单元连接处设置沉降缝。

③设计中尽量使上部荷载中心受压,均匀分布。

④加强基础的刚度和强度,如采用十字交叉基础、箱形基础等。

⑤增加上部结构对地基不均匀沉降的调整作用,如在砖石承重墙体内设置封闭圈梁与构造

柱,加强上部结构刚度;将超静定结构改为静定结构,以加大对不均匀沉降的适应性。

⑥妥善安排施工顺序,对高度较大、重量差异较多的建筑物相邻部位采用不同的施工进度,先施工荷重大的部分,后施工荷重轻的部分。

⑦预留吊车轨道高层调整余地。

⑧防止施工开挖、降水不当恶化地基土的工程性质。

⑨控制大面积地面堆载的高度、分布和堆载速率。

⑩人工补救措施。当建筑物已发生严重不均匀沉降时,可采取人工补救措施。

习 题

5.1 某住宅楼工程地质勘查,取原状土进行固结试验,试验结果如表 5.14 所示。计算土的压缩系数 a_{1-2} 和相应侧限压缩模量 E_{s1-2},并评价土的压缩性。(答案:0.16 MPa^{-1},12.2 MPa,中压缩性土)

表 5.14 习题 5.1 表

压应力 σ/kPa	50	100	200	300
孔隙比 e	0.964	0.952	0.936	0.924

5.2 某黏土原状试样固结试验结果如表 5.15 所示。试求:(1)先期固结压力 p_c;(2)压缩指数 C_c。(答案:$p_c=750$ kPa,$C_c=0.36$)

表 5.15 习题 5.2 表

压力强度/kPa	0	17.28	34.60	86.60	173.2	346.4	692.8
孔隙比 e	1.060	1.029	1.024	1.007	0.989	0.953	0.913
压力强度/kPa	1 385.6	2 771.2	5 542.4	11 084.8	692.8	173.2	34.6
孔隙比 e	0.835	0.725	0.617	0.501	0.577	0.624	0.665

5.3 某饱和黏土的固结试验结果如表 5.16 所示。试验后测得含水量 $\omega=33.1\%$,比重 $d_s=2.72$,计算每级荷载下土样的 e 值,绘出 e-p 曲线和 e-lg p 曲线。找出 $p=40$ N/mm^2 下的压缩系数 a(提示:求 e-p 曲线上 $p=40$ N/mm^2 处的切线斜率)。再求出该土的压缩指数 C_c 和先期固结压力 p_c 值。(答案:$a=0.014\ 5$ cm^2/N,$C_c=0.2$,$p_c=17.8$ N/cm^2)

表 5.16 习题 5.3 表

压力强度/(N·cm^{-2})	0	5	10	20	40	80
试样压缩稳定高度/mm	20.00	19.70	19.60	19.34	18.77	18.20

5.4 已知条形基础 1 和 2,基础埋置深度 $d_1=d_2$,基础宽度 $b_2=2b_1$,承受上部荷载 $N_2=2N_1$。两基础的地基条件相同,土表层为粉土,厚度 $h_1=d_1+b_1$,$\gamma_1=20$ kN/m^3,$a_{1-2}=0.25$ MPa^{-1};第二层为黏土,厚度 $h_2=3b_2$,$\gamma_2=19$ kN/m^3,$a_{1-2}=0.5$ MPa^{-1}。问两基础的沉降量是否相同?为什么?通过调整两基础的 d 和 b,能否使两基础的沉降量接近?说明几种调整方

案,并给出评价。

5.5 已知一矩形基础底面尺寸为 5.6 m×4.0 m,基础埋深 $d=20$ m。上部结构总荷重 $N=6\,600$ kN,基础及以上填土平均重度 $\gamma_m=20$ kN/m³。地基土表层为人工填土 $\gamma_1=17.5$ kN/m³,厚度 6.0 m;第二层为黏土,$\gamma_2=16.0$ kN/m³,$e_1=1.0$,$a=0.6$ MPa⁻¹,厚度 1.6 m;第三层为卵石层,$E_s=25$ MPa,厚度 5.6 m。求黏土层的沉降量。(答案:48 mm)

5.6 某宾馆柱基底面尺寸 4.0 m×4.0 m,基础埋深 $d=2.0$ m。上部结构传至基础顶面(地面)的中心荷载 $N=4\,720$ kN,地基表层为细砂,$\gamma_1=17.5$ kN/m³,$E_{s1}=8.0$ MPa,厚度 $h_1=6.0$ m;第二层为粉质黏土,$E_{s2}=3.33$ MPa,厚度 $h_2=3.0$ m;第三层为碎石,厚度 $h_3=4.5$ m,$E_{s3}=22.0$ MPa。用分层总和法计算粉质黏土层的沉降量。(答案:60 mm)

5.7 某工程矩形基础长 3.60 m,宽 2.00 m,基础埋深 $d=1.00$ m。地面以上上部荷重 $N=900$ kN。地基为粉质黏土,$\gamma=16.0$ kN/m³,$e_1=1.0$,$a=0.4$ MPa⁻¹。试用《建筑地基基础设计规范》(GB 50007—2011)法计算基础中心 O 点的最终沉降量。(答案:68.4 mm)

5.8 某办公大楼柱基底面尺寸为 2.00 m×2.00 m,基础埋深 $d=1.50$ m。上部中心荷载作用在基础顶面 $N=576$ kN。地基表层为杂填土,$\gamma_1=17.0$ kN/m³,厚度 $h_1=1.5$ m;第二层为粉土,$\gamma_2=18.0$ kN/m³,$E_{s2}=3$ MPa,厚度 $h_2=4.4$ m;第三层为卵石,$E_{s3}=20.0$ MPa,厚度 $h_3=6.5$ m。试用《建筑地基基础设计规范》(GB 50007—2011)法计算柱基的最终沉降量。(答案:123.5 mm)

5.9 已知教学楼柱基底面尺寸 2.40 m×2.00 m,基础埋深 $d=1.50$ m。上部中心荷载作用在基础顶面 $N=706$ kN。地基土分为 4 层,表层为粉质黏土,$\gamma_1=18.0$ kN/m³,厚度 $h_1=1.5$ m;第二层为黏土,$\gamma_2=17.0$ kN/m³,$e_1=1.0$,$I_L=0.6$,$E_{s2}=3$ MPa,厚度 $h_2=2.5$ m;第三层为粉土,$\gamma_3=20.0$ kN/m³,$E_{s3}=5.0$ MPa,厚度 $h_3=6.60$ m;第四层为卵石,$E_{s4}=25.0$ MPa,厚度 $h_4=5.80$ m。试用《建筑地基基础设计规范》(GB 50007—2011)法计算基础中心点的最终沉降量。(答案:120.9 mm)

5.10 已知某大厦采用筏板基础,长 42.5 m,宽 13.3 m,埋深 $d=4.0$ m。基础底面附加应力 $p_0=214$ kPa,基底铺排水砂层。地基为黏土,$E_s=7.5$ MPa,渗透系数 $k=0.6×10^{-8}$ cm/s,厚度 8.00 m。其下为透水的砂层,砂层面附加应力 $\sigma_2=160$ kPa。计算地基沉降与时间的关系。

第6章　土的抗剪强度与地基承载力

土的抗剪强度是指在一定的应力状态下,土体能够抵抗剪切破坏的极限能力,数值上等于土体发生剪切破坏时的剪应力。在荷载作用下,若土体中某点处的剪应力达到其抵抗剪切破坏能力的极限时,该点将产生剪切破坏,土体中产生剪切破坏的区域随荷载的增加而扩展,最终形成连续的滑动面,则土体因发生整体剪切破坏而丧失稳定性。剪切破坏是土的第一破坏特征。例如,边坡的滑动、地基的整体剪切破坏、道路路基的滑移、水坝的溃决等,都是土体发生剪切破坏的结果。因此,土的抗剪强度是土体最主要的力学特性之一。

土的抗剪强度取决于土的组成、结构、含水量、孔隙比以及土体所受的应力状态等多种因素。当土体中的应力状态组合满足一定关系时,土体就会发生破坏,这种应力状态组合即为破坏准则或强度理论。

6.1　土的抗剪强度理论

6.1.1　库仑公式及抗剪强度指标

法国学者库仑(C. A. Coulomb)根据砂土的直接剪切试验结果(图6.1),将土的抗剪强度τ_f表达为剪切破坏面上法向总应力σ的函数:

$$\tau_f = \sigma \tan \varphi \tag{6.1}$$

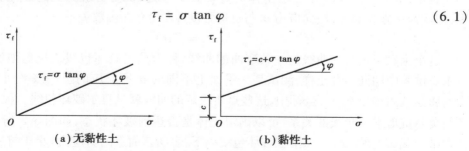

（a）无黏性土　　　　**（b）黏性土**

图6.1　抗剪应力与法向应力之间的关系

以后又根据黏性土的试验结果,提出了更为普遍的抗剪强度表达形式,即

$$\tau_f = c + \sigma \tan \varphi \tag{6.2}$$

式中　τ_f——土的抗剪强度,kPa;

　　　σ——剪切破坏面的法向总应力,kPa;

　　　c——土的黏聚力,也称为内聚力,kPa;

φ——土的内摩擦角,(°)。

式(6.1)和式(6.2)统称为库仑公式或库仑定律。c,φ 称为抗剪强度指标,这两个指标取决于土的性质,与土中应力无关。

从式(6.1)可以看出,无黏性土(如砂土)的 $c=0$,因而式(6.1)是式(6.2)的一个特例,其抗剪强度与作用在剪切面上的法向总应力成正比。土的抗剪强度包含内摩擦力和黏聚力两部分,当 $\sigma=0$ 时,$\tau_f=0$,这表明无黏性土的 τ_f 由剪切面上土粒间的摩擦力所形成。粒状的无黏性土的粒间摩擦力包括土粒间表面摩擦力和由于土粒之间的连锁作用而产生的咬合力。咬合力是指当土体相对滑动时,将镶嵌其他颗粒之间的土粒拔出所需要的力。而土的黏聚力可以从土的结构上进行解释,土的黏聚力包括原始黏聚力、固化黏聚力和毛细黏聚力。

由式(6.1)、式(6.2)还可知,法向应力 σ 越大,土的抗剪强度越高,说明土的抗剪强度不是一个确定的数值,这是与钢铁、混凝土等其他材料的强度特性明显不同的地方。

1925 年,太沙基提出饱和土的有效应力概念。随着固结理论的发展,人们逐渐认识到土的抗剪强度并不取决于剪切面上的法向总应力,而取决于剪切面上的有效法向应力,上述土的抗剪强度表达式中的法向应力为总应力 σ,称为总应力表达式。根据有效应力原理,饱和土中某点的总应力 σ 等于有效应力 σ' 和孔隙水压力 μ 之和。若法向应力采用有效应力 σ',则可以得到如下抗剪强度的有效应力表达式,即

$$\tau_f = \sigma' \tan \varphi' \tag{6.3}$$

$$\tau_f = \sigma' \tan \varphi' + c' \tag{6.4}$$

式中 σ'——土体的剪切破裂面上有效法向应力,kPa;

      μ——土中的超静孔隙水压力,kPa;

      c'——土的有效黏聚力,kPa;

      φ'——土的有效内摩擦角,(°)。

6.1.2   莫尔-库仑强度理论

莫尔(Mohr)于1910年提出土体的剪切破坏理论,认为剪应力是造成土体破坏的根本原因,即认为在破裂面上,法向应力 σ 与抗剪强度 τ_f 之间存在函数关系:

$$\tau_f = f(\sigma) \tag{6.5}$$

这个函数所定义的曲线为一条弯曲的曲线,称为莫尔破坏包线或抗剪强度包线,如图6.2所示。试验中用同一种土样,测试某一平面上不同的 σ 所对应的土在该平面上破坏时的剪应力 τ,将这些点描绘在 σ-τ 坐标中,这些点所决定的曲线就是莫尔破坏包线。根据计算点的应力值与莫尔抗剪强度包线的关系,可以确定土体是否达到破坏状态,如图6.3所示。如果土单元体内某一截面上的 (σ, τ) 点落在破坏包线以下,表明该面上的剪应力 τ 小于抗剪强度 τ_f,则土体不会沿该面发生剪切破坏,即处于安全区域;如果刚好该点在破坏包线上,则表明该剪切面上的剪切力等于抗剪强度,土单元体此时处于临界破坏状态或极限平衡状态;若该点位于破坏包线之上,则该土单元体处于破坏区域,即土单元体已经破坏,实际上这种应力状态不会存在,因为当剪应力 τ 大于抗剪强度 τ_f 时,不可能再继续增长,否则将产生剪切破坏,之后便会产生应力重分布和应力的迁移。

试验证明,一般土在应力水平不是很高的状态下,土的莫尔包线可以用一条直线来代替,这

条直线的表达式实际上就是库仑定律中的直线方程。

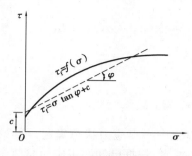

图 6.2　莫尔-库仑破坏包线

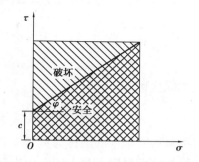

图 6.3　土中一点应力是否达到破坏状态

6.1.3　土中一点的极限平衡条件

在实际中,若已知地基或结构物的应力状态和抗剪强度指标,利用库仑定律,就可以判断受剪面上的强度条件,当土体中任意一点在某一特定平面上的剪应力达到土的抗剪强度时,土体在该点将发生剪切破坏,则称该点处于极限平衡状态或该点土体已经发生破坏。

在土中任意取一微单元体,设作用在该微分体上的最大和最小主应力分别为 σ_1 和 σ_3。而且,微分体内

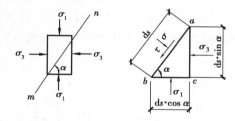

图 6.4　土单元体的应力状态

与最大主应力 σ_1 作用平面成任意角度 α 的平面 mn 上有正应力 σ 和剪应力 τ(图 6.4)。为了建立 σ、τ 与 σ_1、σ_3 之间的关系,取微分三角形斜面体 abc 为隔离体(图 6.4)。将各个应力分别在水平方向和垂直方向上投影,根据静力平衡条件得:

$$\sum x = 0, \sigma_3 \cdot \mathrm{d}s \cdot \sin \alpha \cdot 1 - \sigma \cdot \mathrm{d}s \cdot \sin \alpha \cdot 1 + \tau \cdot \mathrm{d}s \cdot \cos \alpha \cdot 1 = 0 \qquad (\mathrm{a})$$

$$\sum y = 0, \sigma_1 \cdot \mathrm{d}s \cdot \cos \alpha \cdot 1 - \sigma \cdot \mathrm{d}s \cdot \cos \alpha \cdot 1 - \tau \cdot \mathrm{d}s \cdot \sin \alpha \cdot 1 = 0 \qquad (\mathrm{b})$$

联立求解方程(a),(b),即得平面 mn 上的应力为:

$$\sigma = \frac{1}{2}(\sigma_1 + \sigma_3) + \frac{1}{2}(\sigma_1 - \sigma_3)\cos 2\alpha \qquad (6.6)$$

$$\tau = \frac{1}{2}(\sigma_1 - \sigma_3)\sin 2\alpha \qquad (6.7)$$

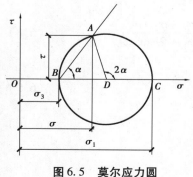

图 6.5　莫尔应力圆

由材料力学可知,以上 σ、τ 与 σ_1、σ_3 之间的关系也可以用莫尔应力圆的图解法表示,即在直角坐标系中,以 σ 为横坐标轴,以 τ 为纵坐标轴,按一定的比例尺,在 σ 轴上截取 $OB = \sigma_3$,$OC = \sigma_1$,以 D 为圆心,以 $(\sigma_1 - \sigma_3)/2$ 为半径,绘制出一个应力圆,如图 6.5 所示。并从 DC 开始逆时针旋转 2α 角,在圆周上得到点 A。可以证明,A 点的横坐标就是斜面 mn 上的正应力 σ,而其纵坐标就是剪应力 τ。事实上,可以看出 A 点的横坐标为:

$$\overline{OB} + \overline{BD} + \overline{DA}\cos 2\alpha = \sigma_3 + \frac{1}{2}(\sigma_1 - \sigma_3) + \frac{1}{2}(\sigma_1 - \sigma_3)\cos 2\alpha$$

$$= \frac{1}{2}(\sigma_1 + \sigma_3) + \frac{1}{2}(\sigma_1 - \sigma_3)\cos 2\alpha$$

$$= \sigma$$

而 A 点的纵坐标为：

$$\overline{DA}\sin 2\alpha = \frac{1}{2}(\sigma_1 - \sigma_3)\sin 2\alpha = \tau$$

上述用图解法所采用的圆称为莫尔应力圆,所以土中一点应力状态确定,可以利用莫尔应力圆方便求得过该点对应平面上的正应力与剪应力;或者,根据已知的正应力与剪应力,通过应力圆也能求得其作用面。

如果已知土的抗剪强度指标 c,φ,同时土中某点的应力状态已经确定,可将其抗剪强度与相应的莫尔应力圆画在同一张图上,如图 6.6 所示。根据应力圆和抗剪强度包线之间的关系就可以判断土体在这一点上是否达到极限平衡状态,分以下 3 种情况讨论:

①如果整个莫尔应力圆位于抗剪强度线的下方(如图中圆Ⅰ),即通过该点的任何平面上的剪应力 τ 都小于土体的极限抗剪强度 τ_f,则该点不会发生剪切破坏,而处于弹性平衡状态;

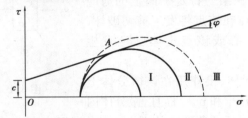

图6.6　抗剪强度与莫尔应力圆间的关系

②如果莫尔应力圆与抗剪强度线相切(如图中圆Ⅱ),切点为 A,则表明切点 A 所代表的平面上的剪应力 τ 等于抗剪强度 τ_f,此时该点处于极限平衡状态,此应力圆称为极限应力圆;

③如果抗剪强度线是应力圆的一条割线(如图中圆Ⅲ),则表明该点的土单元体已经破坏,实际上这种状态是不存在的,因为剪应力 τ 增加到 τ_f 时,就不可能再继续增加了,将会产生应力重分布。

根据莫尔应力圆与抗剪强度包线的关系,就可以建立土中一点的极限应力平衡条件。

也就是说,在图 6.6 中,应力圆与抗剪强度线处于相切状态表明该点处于极限平衡状态(图6.7)。

$$\sin \varphi = \frac{\overline{O'A}}{\overline{O''O'}} = \frac{\dfrac{\sigma_1 - \sigma_3}{2}}{\dfrac{\sigma_1 + \sigma_3}{2} + c\cot \varphi} = \frac{\sigma_1 - \sigma_3}{\sigma_1 + \sigma_3 + 2c\cot \varphi} \tag{6.8}$$

化简得：

$$\sigma_1 = \sigma_3 \frac{1 + \sin \varphi}{1 - \sin \varphi} + 2c \frac{\cos \varphi}{1 - \sin \varphi} \tag{6.9}$$

或

$$\sigma_3 = \sigma_1 \frac{1 - \sin \varphi}{1 + \sin \varphi} - 2c \frac{\cos \varphi}{1 + \sin \varphi} \tag{6.10}$$

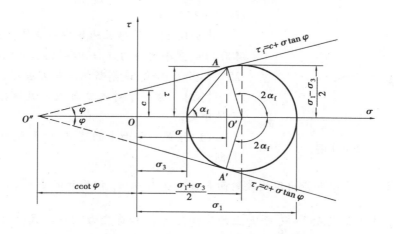

图 6.7 极限平衡状态的莫尔圆与强度包线

因为

$$\frac{1+\sin\varphi}{1-\sin\varphi} = \frac{\sin 90° + \sin\varphi}{\sin 90° - \sin\varphi} = \frac{2\sin(45°+\varphi/2)\cos(45°-\varphi/2)}{2\sin(45°-\varphi/2)\cos(45°+\varphi/2)}$$

$$= \tan(45°+\varphi/2)\cot(45°-\varphi/2) = \tan^2(45°+\varphi/2)$$

$$\frac{\cos\varphi}{1-\sin\varphi} = \frac{\sin(90°-\varphi)}{\sin 90° - \sin\varphi} = \frac{2\sin(45°-\varphi/2)\cos(45°-\varphi/2)}{2\sin(45°-\varphi/2)\cos(45°+\varphi/2)} = \tan^2(45°+\varphi/2)$$

所以

$$\sigma_1 = \sigma_3\tan^2\left(45°+\frac{\varphi}{2}\right) + 2c\tan\left(45°+\frac{\varphi}{2}\right) \tag{6.11}$$

同理可得：

$$\sigma_3 = \sigma_1\tan^2\left(45°-\frac{\varphi}{2}\right) - 2c\tan\left(45°-\frac{\varphi}{2}\right) \tag{6.12}$$

对于无黏性土而言，$c=0$，则极限平衡条件表达式为：

$$\sigma_1 = \sigma_3\tan^2\left(45°+\frac{\varphi}{2}\right) \tag{6.13}$$

或

$$\sigma_3 = \sigma_1\tan^2\left(45°-\frac{\varphi}{2}\right) \tag{6.14}$$

式(6.9)至式(6.14)都表示土单元体达到破坏的临界状态时的大、小主应力应该满足的关系。这就是莫尔-库仑理论的破坏准则，也就是土体达到极限平衡状态时的条件，故也称为极限平衡条件。

【例6.1】 某土样 $\varphi=26°$，$c=20$ kPa，承受 $\sigma_1=450$ kPa，$\sigma_3=150$ kPa 的应力，试判断该土样是否达到极限平衡。

【解】 (1) $\sin\varphi = \sin 26° = 0.438$

$$\sin\varphi = \frac{\overline{O'A}}{\overline{O''O'}} = \frac{\dfrac{\sigma_1-\sigma_3}{2}}{\dfrac{\sigma_1+\sigma_3}{2} + c\cot\varphi} = \frac{\sigma_1-\sigma_3}{\sigma_1+\sigma_3+\dfrac{2c}{\tan\varphi}}$$

$$= \frac{450-150}{450+150+\dfrac{2\times20}{0.488}} = 0.438$$

二者相等说明 τ 达到极限平衡。

(2)采用绘制应力图法，如图 6.8 所示，本例抗剪强度线正好与应力圆相切，说明土样达到

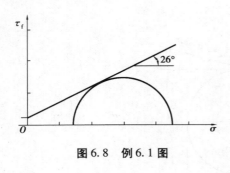

图 6.8　例 6.1 图

极限平衡状态。

【例 6.2】　设砂土地基中一点的最大主应力 $\sigma_1 = 400$ kPa，最小主应力 $\sigma_3 = 200$ kPa，砂土的内摩擦角 $\varphi = 25°$，黏聚力 $c = 0$，试判断该点是否破坏。

【解】　为加深对本章节内容的理解，以下用多种方法解题。

（1）按某一平面上的剪应力 τ 和抗剪强度 τ_f 的对比判断

由于破坏时土单元中可能出现的破裂面与最大主应力 σ_1 作用面的夹角 $\alpha_f = 45° + \dfrac{\varphi}{2}$。因此，作用在与 σ_1 作用面成 $45° + \dfrac{\varphi}{2}$ 平面上的法向应力 σ 和剪应力 τ，可按式（6.6）、式（6.7）计算；抗剪强度 τ_f 可按式（6.1）计算。

$$\sigma = \frac{1}{2}(\sigma_1 + \sigma_3) + \frac{1}{2}(\sigma_1 - \sigma_3)\cos 2\left(45° + \frac{\varphi}{2}\right)$$

$$= \frac{1}{2}(400 + 200)\text{ kPa} + \frac{1}{2}(400 - 200) \times \cos 2\left(45° + \frac{25°}{2}\right)\text{kPa} = 257.7\text{ kPa}$$

$$\tau = \frac{1}{2}(\sigma_1 - \sigma_3)\sin 2\left(45° + \frac{\varphi}{2}\right) = \frac{1}{2}(400 - 200) \times \sin 2\left(45° + \frac{25°}{2}\right)\text{kPa} = 90.6\text{ kPa}$$

$$\tau_f = \sigma\tan\varphi = 257.7\text{ kPa} \times \tan 25° = 120.2\text{ kPa} > \tau = 90.6\text{ kPa}$$

故可判断该点未发生剪切破坏。

（2）按式（6.13）判断

$$\sigma_{1f} = \sigma_{3m}\tan^2\left(45° + \frac{\varphi}{2}\right) = 200 \times \tan^2\left(45° + \frac{25°}{2}\right)\text{kPa} = 492.8\text{ kPa}$$

由于 $\sigma_{1f} = 492.8$ kPa $> \sigma_{1m} = 400$ kPa，故该点未发生剪切破坏。

（3）按式（6.14）判断

$$\sigma_{3f} = \sigma_{1m}\tan^2\left(45° - \frac{\varphi}{2}\right) = 400 \times \tan^2\left(45° - \frac{25°}{2}\right)\text{kPa} = 162.3\text{ kPa}$$

由于 $\sigma_{3f} = 162.3$ kPa $< \sigma_{3m} = 200$ kPa，故该点未发生剪切破坏。

另外，还可以用图解法，比较莫尔应力圆与抗剪切强度包线的相对位置关系来判断，可以得出同样的结论。

6.2　土的抗剪强度试验

土的抗剪强度是决定建筑物稳定性和建筑物地基的重要因素，如何准确地测定抗剪强度指标对于工程具有重要意义。土的剪切试验既可以在室内进行也可以现场进行原位测试。目前，测定土的抗剪强度的试验方法主要有直接剪切试验、三轴压缩试验、无侧限抗压试验和十字板剪切试验等。

6.2.1　直接剪切试验

直接剪切试验，简称直剪试验。它所使用的仪器称为直剪仪，分为应变控制式和应力控制式两种,即一种是通过控制应变来测定,一种是通过控制应力来测定。我国目前直接剪切试验所用的仪器为应变式,其构造如图6.9所示。该剪切仪器的剪切盒由两个可相互错动的上下金属盒组成。试样为扁圆柱形,试验时,由杠杆系统通过加压活塞和上透水石对试件施加某一垂直压力 $P(\sigma = P/A, A$ 为试样面积),然后等速转动手轮对下盒施加水平推力 $T(\tau = T/A, A$ 为试样面积),使得上下盒之间的水平接触面产生剪切变形,直至破坏。剪应力大小可借助与上盒接触的量力环的变形值计算确定。在剪切时,随着相对剪切变形的发展,土样的抗剪强度慢慢发挥出来,直到土样的剪切力与抗剪强度相等时,土样剪切破坏,将所得的试验结果绘制成剪切力 τ 与剪切变形 δ 的关系曲线,并以曲线的峰值应力作为试样在该竖向应力 P 作用下的抗剪强度。

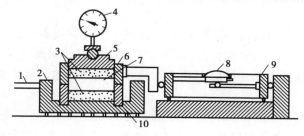

图6.9 应变控制式直剪仪

1—轮轴;2—底座;3—透水石;4—垂直变形量表;5—活塞;
6—上盒;7—土样;8—水平位移量表;9—量力环;10—下盒

如图6.10(a)所示,若没有峰值,则取剪切位移4 mm 所对应的剪应力为抗剪强度。

要绘制某种土的抗剪强度包线,以确定抗剪强度指标,对同一种土至少要取4个试样,分别在不同的垂直压力 σ(一般可取垂直压力为100,200,300,400 kPa)作用下剪切破坏,测得抗剪强度 τ_f,将试验结果绘制成如图6.10(b)所示的抗剪强度 τ_f 和垂直压力 σ 之间的关系,该曲线为土的抗剪强度包线。

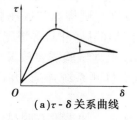 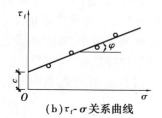

(a)τ - δ 关系曲线　　　　(b)τ_f - σ 关系曲线

图6.10 直接剪切试验结果

试验结果表明,对于无黏性土,抗剪强度与法向应力之间的关系近似于一条通过原点的直线;对于黏性土,抗剪强度与法向应力之间也基本呈现直线关系,但是不通过原点,该直线与横轴的夹角为内摩擦角 φ,在纵轴上的截距为黏聚力 c。

为了近似模拟土体在现场受剪的排水条件,直接剪切试验可根据加荷的速度不同,分为快剪、固结快剪和慢剪3种试验方法。

①快剪。施加竖向应力后,立即进行剪切。剪切速率要快,根据现行《土工试验规程》的规定,要在3~5 min 使试样破坏。

②固结快剪。施加竖向应力后,先使试样充分固结变形稳定。固结完成后,再进行快速剪切,其剪切速率与快剪相同。

③慢剪。施加竖向应力后,先使得试样充分固结稳定,以小于 0.02 mm/min 的速率对试样进行剪切直至破坏。由于剪切速率慢,所以在整个试验过程中有充分的时间排水固结。

对于无黏性土,因为其渗透性良好,即使是快剪时也能使其排水固结,因此根据现行《土工试验规程》的规定,对于无黏性土,一律采用一种加荷速率进行试验。

对于正常固结的黏性土,在竖向应力和剪应力作用下,土样都被压缩,所以通常在一定范围内,快剪的抗剪强度最小,固结快剪的强度有所增大,而慢剪的抗剪强度最大。

6.2.2 三轴压缩试验

直接剪切试验的优点是仪器构造简单、操作方便。但也存在着一些缺点,如排水条件无法控制;剪切面不是土体试样的最弱破坏面,而是上下盒中间的破坏面;剪切面随变形的增加而逐渐减小,而在计算抗剪强度时却是按照土样的原截面面积计算的。为了弥补这些不足之处,可以采用三轴剪切试验。

三轴剪切试验又称为三轴压缩试验,是测定土抗剪强度及应力、应变关系的常用方法。三轴剪切仪按照控制方式分为应变控制式和应力控制式。三轴剪切仪主要由压力室、周围压力控制系统、轴向加压系统、孔隙水压力系统以及试样体积变化量测系统等组成。如图 6.11 所示,试验时,将土体切成圆柱体套在橡胶膜内,放在密封的压力室内加压,使得试件在各向受到均值压力 σ_3,这时试件各向的应力都相等,此时不产生剪应力。然后在压力室上端的活塞杆上施加垂直压力 $\Delta\sigma$($\Delta\sigma = \sigma_1 - \sigma_3$,称为偏应力),直至土样受剪破坏。因此,实际施加在试样的总轴向应力为轴向压力增量与围压之和,即 $\sigma_1 = \Delta\sigma + \sigma_3$。同时,轴向加载系统控制轴向应变的速率,在压力室上端还安设轴向力及轴向位移传感器,用于测量施加在试件上的轴向力和轴向变形。试样尺寸为:最小直径 d 为 35 mm,最大直径 d 为 101 mm;高度为 $(2.0 \sim 2.5)d$;试样的最大颗粒 $d_{max} = (1/5 \sim 1/10)d$。在压力室的底座上,依次放上进水石、试样、滤纸、透水石及试样帽,将橡皮膜套在试样外面,并将橡皮膜的上、下两端分别与试样帽与底座扎紧,使其不漏水。装上压力室罩,向压力室内注满水,排除残留气泡后关闭顶部排气阀,再将压力室顶部的活塞上端对准测力计,下端对准试样顶部。试样的上、下端可以根据试验需要放置不透水石或不透水板,试样中的孔隙水通过其底部的透水面与孔隙水压力量测系统连通,并由孔隙水压力阀门控制。

破坏标准按照每组 σ_3 的偏应力 $(\sigma_1 - \sigma_3)$ 峰值点确认。如果没有明显峰值点,按现行《土工试验方法标准》确认取轴向应变 15% 对应的偏应力值为破坏点。破坏时最大主应力为 $\sigma_{1f} = \sigma_3 + \Delta\sigma$,而最小主应力为 σ_{3f}。由 σ_{1f} 和 σ_{3f} 可绘制出一个莫尔圆。用同一种土制成 3~4 个土样,按上述方法进行试验,对每个土样施加不同的周围压力 σ_3,可分别求得剪切破坏时对应的最大主应力 σ_1,将这些结果绘成一组莫尔圆。根据土的极限平衡条件可知,通过这些莫尔圆的切点的直线就是土的抗剪强度线,由此可得抗剪强度指标 c,φ 值,如图 6.12 所示。

饱和黏性土随着固结度的增加,土颗粒之间的有效应力也随着增大。由于黏性土的抗剪强度公式 $\tau_f = \sigma\tan\varphi + c$ 中的第一项法向应力应该采用有效应力 σ',因此饱和黏性土的抗剪强度与土的固结程度密切相关。在确定饱和黏性土的抗剪强度时,要考虑土的实际固结程度。试验表明,土的固结程度与土中孔隙水的排水条件有关。在试验时必须考虑实际工程地基土中孔隙水排出的可能性。根据土样在周围压力作用下固结的排水条件和剪切时的排水条件,三轴试验

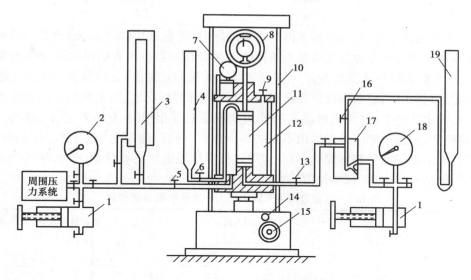

图 6.11　应变控制式三轴剪切仪

1—调压筒；2—周围压力表；3—体变管；4—排水管；5—周围压力阀；
6—排水阀；7—变形量表；8—量力环；9—排气孔；10—轴向加压设备；
11—试样；12—压力室；13—孔隙压力阀；14—离合器；15—手轮；
16—量管阀；17—零位指示器；18—孔隙水压力表；19—量管

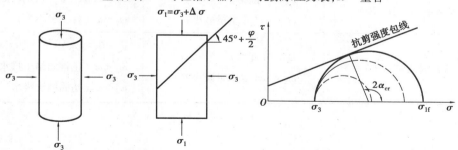

（a）试样受围压　（b）破坏时试样上的主应力　　（c）试样破坏时的莫尔应力圆

图 6.12　三轴压缩试验原理

可分为以下 3 种试验方法：

①不固结不排水剪（UU）：简称快剪，是在试样上施加周围压力和随后施加竖向压力直至剪切破坏的整个过程中都不允许土样排水，试验自始至终关闭排水阀门。由不排水剪试验测得的抗剪强度指标用 φ_u 和 c_u 表示。

②固结不排水剪（CU）：简称固结快剪，固结不排水剪试验是在试样施加周围压力 σ_3 时打开排水阀门，允许土样排水固结，待固结稳定后关闭排水阀门，再施加竖向压力，使土样在不排水条件下剪切破坏。由固结不排水剪试验测得的指标用 φ_{cu} 和 c_{cu} 表示。

③固结排水剪（CD）：简称慢剪，该试验是在试样施加周围压力 σ_3 时允许排水固结，待固结稳定后，再在排水条件下施加竖向压力至土样剪切破坏。由固结排水剪试验测得的指标用 φ_d 和 c_d 表示。

三轴剪切仪的优点是能较严格地控制土样的排水条件以及可以量测土样中孔隙水压力的变化，没有固定的剪切面，受力条件比较符合实际，试验结果较准确。但该仪器设备与操作都比较复杂,费用也较高。

在以上 3 种试验方法中,当分析土体的稳定问题时,究竟选用哪种方法来测定土的抗剪强度指标,应根据土的实际受力情况和排水条件来具体分析。当分析容易排水固结的地基,如砂性土,或土层厚度较薄、排水条件较好(或有夹砂层)的饱和软黏土,且建筑物施工进度较慢,有充分的时间可以排水时,应采用固结排水剪(慢剪)测定指标;反之,如果饱和黏土层厚度较大,渗透性较弱,排水条件不好(无夹砂层),且建筑物施工进度很快时,估计在施工期间地基来不及固结就可能失去稳定,则应考虑采用不固结不排水剪(快剪)测定的指标;介于以上两者之间的情况,或在施工期间固结基本完成,但在运用过程中可能施加突然荷载(如水闸挡水的情况)时,则可采用固结不排水剪(固结快剪)测定的指标。

表6.1 试验过程中孔隙水压力 u 及含水量 ω 的变化

加荷情况 试验方法	施加周围压力 σ_3 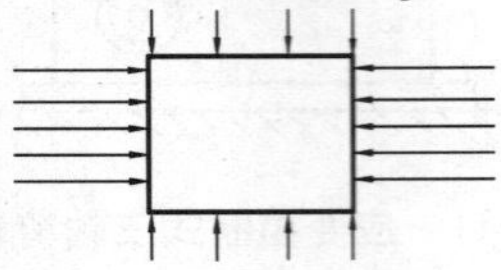	施加偏应力 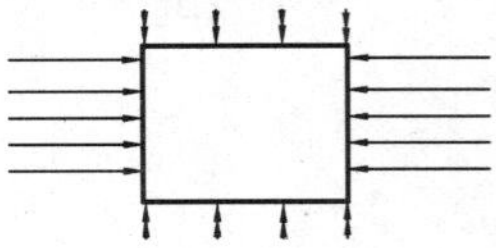 $\Delta\sigma$
不固结不排水剪(UU)	$u_1 = \sigma_3$(不固结) $\omega_1 = \omega_0$(含水量不变)	$u_2 = A(\sigma_1 - \sigma_3)$(不排水) $\omega_2 = \omega_0$(含水量不变)
固结不排水剪(CU)	$u_1 = 0$(固结) $\omega_1 < \omega_0$(含水量减小)	$u_2 = A(\sigma_1 - \sigma_3)$(不排水) $\omega_2 = \omega_1$(含水量不变)
固结排水剪(CD)	$u_1 = 0$(固结) $\omega_1 < \omega_0$(含水量减小)	$u_2 = 0$(排水) $\omega_2 < \omega_1$(正常固结土排水) $\omega_2 > \omega_1$(超固结土吸水)

6.2.3 无侧限抗压强度试验

无侧限抗压强度试验实际上是三轴试验的一种特殊情况,相当于围压为零的情况,试验时将圆柱形试样放在底座上,在不加任何侧压力的情况下施加垂直压力,直至试件破坏,所以又称为单轴抗压试验。所使用的仪器为无侧限压力仪,其构造如图 6.13(a)所示。剪切破坏时试样能承受的最大轴向压力 q_u 称为土的无侧限抗压强度。由于无黏性土在无侧限条件下试样难以成形,故该试验主要用于黏性土。

无侧限抗压强度试验结果只能作出一个极限应力圆,因此难以得到破坏包线。对于饱和软黏土,三轴不固结不排水剪切试验结果表明,其破坏包线为一水平线,即内摩擦角 $\varphi_u = 0$,则由图 6.13(b)所得的极限应力圆的水平线就是库仑强度线,土的抗剪强度为:

$$\tau_f = c_u = \frac{q_u}{2} \qquad (6.15)$$

式中 τ_f——土的不排水抗剪强度,kPa;

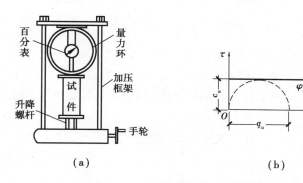

图 6.13　无侧限试验极限应力圆

c_u——土的不排水黏聚力,kPa;

q_u——土的无侧限抗压强度,kPa。

无侧限抗压强度还可以用来测定土的灵敏度 s_t。无侧限抗压强度试验的缺点是试样的中间部分完全不受约束,因此,当试样接近破坏时,往往被压成鼓形,这时试样中的应力显然是不均匀的(三轴仪中的试样也有此问题)。

6.2.4　原位十字板剪切试验

室内的抗剪强度测试要求取得原状土样,由于试样在采集、运送、保存和制备等方面不可避免地受到扰动,特别是对于高灵敏度的软黏土,室内试验结果的精度就受到影响。因此,发展原位测试土性的仪器具有重要意义。原位测试时的排水条件、受力状态与土所处的天然状态比较接近。在抗剪强度的原位测试方法中,国内广泛应用的是十字板剪切试验,采用的设备主要是十字板剪力仪。十字板剪力仪通常由十字板头、扭力装置和量测装置 3 个部分组成,如图 6.14 所示。

其试验原理如下:试验时先将套管打到预定深度,并将套管内的土清除,将十字板装在转杆的下端后,通过套管压入土中,压入深度约为 750 mm。然后由地面上的扭力设备仪对钻杆施加扭矩,使埋在土中的十字板旋转,直至土剪切破坏,破坏面为十字板旋转所形成的圆柱面。设剪切破坏时所施加的扭矩为 M,则它应该与剪切破坏圆柱面(包括侧面和上下面)上土的抗剪强度所产生的抵抗力矩相等,其圆柱体上下面的力矩为 M_1,圆柱体侧面的抵抗力矩为 M_2,即

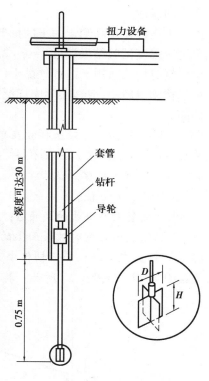

图 6.14　十字板剪切示意图

$$M_1 = 2\int_0^{\frac{D}{2}} \tau_{fh} \cdot 2\pi r \cdot r \mathrm{d}r = \frac{\pi D^3}{6} \cdot \tau_{fh} \quad (6.16)$$

$$M_2 = \pi DH \cdot \frac{D}{2} \cdot \tau_{fv} = \frac{\pi D^2 H}{2} \cdot \tau_{fv} \tag{6.17}$$

式中 τ_{fv}——圆柱剪切面侧面上的剪切强度；

τ_{fh}——圆柱剪切面上、下面的剪切强度。

根据十字板试验中关于原状土体为各向同性体的假设，τ_{fv} 与 τ_{fh} 相等，并记为 τ_f，则总的抵抗力矩：

$$M = \frac{\pi D^3}{6} \cdot \tau_f + \frac{\pi D^2 H}{2} \cdot \tau_f \tag{6.18}$$

由上式得：

$$\tau_f = \frac{M}{\frac{\pi D^2}{2}\left(H + \frac{D}{3}\right)} = \frac{2M}{\pi D^2\left(H + \frac{D}{3}\right)} \tag{6.19}$$

式中 τ_f——由十字板试验测定的土的抗剪强度，kPa。

由于饱和黏性土在不固结不排水试验中，$\varphi_u = 0$，故十字板试验抗剪强度 τ_f 与 c_u 相等。

但在实际的土层中，τ_{fv} 与 τ_{fh} 是不相等的。艾斯曾经利用不同的 D/H 的十字板剪力仪测定饱和黏性土的抗剪强度。试验结果表明：对于所试验的正常固结饱和黏性土 $\tau_{fh}/\tau_{fv} = 1.5 \sim 2.0$，对于稍超固结的饱和软黏土 $\tau_{fh}/\tau_{fv} = 1.1$。这一试验结果说明天然土层的抗剪强度是非等向的，即水平面上的抗剪强度大于垂直面上的抗剪强度，这主要是由于水平面上的固结压力大于侧向固结压力的缘故。

由于十字板在现场测定的土的抗剪强度，属于不排水剪切的试验条件，因此其结果一般与无侧限抗压强度试验结果接近 $\tau_f \approx q_u/2$。

十字板剪切仪适用于饱和软黏土（$\varphi = 0$）。它的优点是构造简单，操作方便，原位测试时对土的结果扰动也较小，故在实际中广泛得到应用。但在软土层中夹砂薄层时，测试结果可能失真或偏高。

【例6.3】 把半干硬黏土样放在单轴压力仪中进行试验，当垂直压力 $\sigma_1 = 100$ kPa 时，土样被剪破，如把一土样置入三轴仪中，先在压力室中加水压 $\sigma_3 = 150$ kPa，再加垂直压力，直到 $\sigma_1 = 400$ kPa，土样才破坏。试求：

（1）土样的 φ 和 c 值；

（2）土样破裂面与垂线的夹角 α；

（3）在三轴仪中剪破时破裂面上的法向应力和剪应力。

【解】 根据在单轴仪和三轴仪中土样破坏时的应力状态，可以在应力坐标上绘制两个极限应力圆 O' 和 O''，如图 6.15 所示。其共同切线为强度线，由该图可求算：

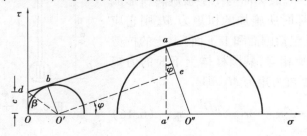

图 6.15 例 6.3 图

（1）O'圆的半径$\overline{O'b} = 50 \text{ kPa}$，$O''$圆的半径$\overline{O''a} = \dfrac{400 - 150}{2}\text{kPa} = 125 \text{ kPa}$。因$\angle O''O'e = \varphi$，故

$$\sin \varphi = \frac{\overline{O''e}}{\overline{O''O'}} = \frac{125 - 50}{150 + 125 - 50} = \frac{75}{225} = 0.333$$

可求得： $\varphi = 19.47°$

由于$\angle OdO' = \beta = \dfrac{1}{2}(90° + \varphi) = 54.74°$，由$\triangle O'Od$中可解出：

$$c = \frac{\overline{O'O}}{\tan \beta} = \frac{50}{1.414} = 35.36 \text{ kPa}$$

（2）土样破裂面与垂线的夹角$\alpha = 45° - \dfrac{\varphi}{2} = 45° - \dfrac{19.46}{2} = 35.27°$。

（3）由极限应力圆O''可以看出，剪裂面上的法向应力$\overline{Oa'}$为σ_f，剪应力$\overline{aa'}$为τ_f，由于$\angle O''aa' = \varphi$，从$\triangle O''aa'$可导出σ_f和τ_f为：

$$\sigma_\mathrm{f} = \overline{Oa'} = \frac{400 + 150}{2}\text{kPa} - \frac{400 - 150}{2}\sin \varphi \text{ kPa}$$

$$= 275 \text{ kPa} - 125 \text{ kPa} \times 0.333 = 233.3 \text{ kPa}$$

$$\tau_\mathrm{f} = \overline{aa'} = \frac{400 - 150}{2}\cos \varphi \text{ kPa} = 125 \text{ kPa} \times 0.943 = 117.9 \text{ kPa}$$

6.3 土的孔隙压力系数

1954年，斯肯普顿根据三轴试验结果提出了用孔隙压力系数A和B表示孔隙水压力的发展和变化，建立了轴对称应力状态下土中孔隙压力与大、小主应力之间的关系。

在常见的三轴剪切试验中，试样先在各向相等的围压σ_c下固结稳定，用以模拟试样的原位应力状态，这时初始孔隙水压力$u_0 = 0$。试验过程中分两个阶段来加荷，先使得试样承受围压增量$\Delta\sigma_3$，然后维持围压不变，施加轴向应力q（即偏应力），其大小为$\Delta\sigma_1 - \Delta\sigma_3$。若在不排水的条件下进行，则施加$\Delta\sigma_3$，$\Delta\sigma_1 - \Delta\sigma_3$必将引起超孔隙水压力增量$\Delta u_1$和$\Delta u_2$。$\Delta u_1$为施加围压$\Delta\sigma_3$时产生的孔隙水压力，$\Delta u_2$为施加偏应力$\Delta\sigma_1 - \Delta\sigma_3$时产生的孔隙水压力增量。于是，试样由于$\Delta\sigma_3$和$\Delta\sigma_1 - \Delta\sigma_3$的作用产生超静孔隙水压力的总量为：

$$\Delta u = \Delta u_1 + \Delta u_2 \tag{6.20}$$

总的超孔隙水压力为：

$$u = u_0 + \Delta u = \Delta u \tag{6.21}$$

下面根据两个加荷阶段来讨论孔隙水压力系数表达式。

当试样在不排水条件下受到各向相等压力增量$\Delta\sigma_3$时，产生的孔隙压力增量为Δu_1，将Δu_1与$\Delta\sigma_3$之比定义为孔隙压力系数B，即

$$B = \frac{\Delta u_1}{\Delta\sigma_3} \tag{6.22}$$

式中 B——在各向施加相等压力条件下的孔隙压力系数。

它是反映土体在各向相等压力作用下，孔隙压力变化情况的指标，也是反映土体饱和程度的指标。由于孔隙水和土粒都被认为是不可压缩性的，因此在饱和土的不固结不排水剪试验

中,试样在周围压力增量下将不发生竖向和侧向变形,这时周围压力增量将完全由孔隙水承担,则 $B=1$;当土完全干燥时,孔隙内气体的压缩性要比骨架的压缩性高很多,这时周围压力增量将完全由土骨架承担,于是 $B=0$。在非饱和土中,孔隙中流体的压缩性与土骨架的压缩性孔隙压力系数 B 介于 0 与 1 之间,所以土的饱和度越大,B 越接近于 1。

当试样受到轴向应力增量 $q=\Delta\sigma_1-\Delta\sigma_3$ 作用时,产生的孔隙水压力为 Δu_2,Δu_2 的大小与主应力差 $\Delta\sigma_1-\Delta\sigma_3$ 及土样的饱和程度有关,则引入另一孔隙压力系数 A,即

$$\Delta u_2 = BA(\Delta\sigma_1-\Delta\sigma_3) \tag{6.23}$$

式中　A——在偏应力条件下的孔隙压力系数,其数值与土的种类、应力历史等有关。

式(6.23)也可写成下式,即

$$\Delta u_2 = \bar{A}(\Delta\sigma_1-\Delta\sigma_3) \tag{6.24}$$

式中　$\bar{A}$——综合反映主应力差值 $\Delta\sigma_1-\Delta\sigma_3$ 作用下孔隙水压力变化的一个指标,$\bar{A}=BA$。

由式(6.22)、式(6.23)可得土体在周围压力增量和轴向压力增量下的孔隙压力为:

$$\Delta u = \Delta u_1 + \Delta u_2 = B\Delta\sigma_3 + BA(\Delta\sigma_1-\Delta\sigma_3) \tag{6.25}$$

$$= B[\Delta\sigma_3 + A(\Delta\sigma_1-\Delta\sigma_3)] \tag{6.26}$$

$$= B[\Delta\sigma_1 - (1-A)(\Delta\sigma_1-\Delta\sigma_3)] \tag{6.27}$$

$$= B\Delta\sigma_1\left[1 - (1-A)\left(1-\frac{\Delta\sigma_3}{\Delta\sigma_1}\right)\right] \tag{6.28}$$

或者

$$\bar{B} = \frac{\Delta u}{\Delta\sigma_1} = B\left[1 - (1-A)\left(1-\frac{\Delta\sigma_3}{\Delta\sigma_1}\right)\right] \tag{6.29}$$

式中　$\bar{B}$——表示在一定周围应力增量下,由主应力增量 $\Delta\sigma_1$ 所引起的孔隙压力变化的一个参数。

对于饱和土,由于 $B=1$,$A=\bar{A}$。于是,由式(6.22)、式(6.23)可得:

$$\Delta u_1 = \Delta\sigma_3$$

$$\Delta u_2 = A(\Delta\sigma_1-\Delta\sigma_3)$$

因此,在饱和土的不固结不排水剪试验中,超孔隙水压力的总增量为:

$$\Delta u = \Delta\sigma_3 + A(\Delta\sigma_1-\Delta\sigma_3) \tag{6.30}$$

在固结不排水剪试验中,由于试样在 $\Delta\sigma_3$ 下固结稳定,故 $\Delta u_1=0$。于是:

$$\Delta u = \Delta u_2 = A(\Delta\sigma_1-\Delta\sigma_3) \tag{6.31}$$

在固结排水试验中,由于排水阀门一直处于打开状态,所以孔隙水压力全部消散,即试样受剪前 $\Delta u_1=0$,受剪过程中 $\Delta u_2=0$,故 $\Delta u=0$。

【例 6.4】　某黏土试样在三轴仪中进行固结不排水试验,破坏时的孔隙水压力为 u_f,两个试样的试验结果为:

试样 Ⅰ:$\sigma_3=200$ kPa,$\sigma_1=350$ kPa,$u_f=140$ kPa;

试样 Ⅱ:$\sigma_3=400$ kPa,$\sigma_1=700$ kPa,$u_f=280$ kPa。

试求:

(1)用作图法确定该黏土试样的 c_{cu},φ_{cu} 和 c',φ';

(2)试样 Ⅱ 破坏面上的法向有效应力和剪应力;

(3)剪切破坏时的孔隙水压力系数 A。

【解】　(1)用作图法(图 6.16)确定该黏土试样的 $c_{cu}=0$,$\varphi_{cu}=16°$和 $c'=0$,$\varphi'=34°$。

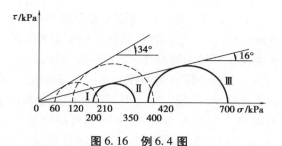

图 6.16　例 6.4 图

（2）试样 Ⅱ 破坏面与大主应力作用面的夹角为 $\alpha_f = 45° + \dfrac{34°}{2} = 62°$，则试样 Ⅱ 破坏面上的法向有效应力和剪应力分别为：

$$\sigma' = \frac{\sigma_1' + \sigma_3'}{2} + \frac{\sigma_1' - \sigma_3'}{2} \cos 2\alpha_f$$

$$= \frac{420 + 120}{2} \text{kPa} + \frac{420 - 120}{2} \times \cos 2 \times 62° \text{ kPa} = 186.12 \text{ kPa}$$

$$\tau' = \frac{\sigma_1' - \sigma_3'}{2} \sin 2\alpha_f = \frac{420 - 120}{2} \times \sin 2 \times 62° \text{ kPa} = 124.36 \text{ kPa}$$

（3）在固结不排水试验中，$\Delta u_1 = 0$，于是有：$\Delta u = \Delta u_2 = A(\Delta \sigma_1 - \Delta \sigma_3)$。

试样 Ⅰ 剪切破坏时的孔隙水压力系数为：

$$A = \frac{\Delta u}{\Delta \sigma_1 - \Delta \sigma_3} = \frac{140}{350 - 200} = 0.93$$

试样 Ⅱ 剪切破坏时的孔隙水压力系数：

$$A = \frac{\Delta u}{\Delta \sigma_1 - \Delta \sigma_3} = \frac{280}{700 - 400} = 0.93$$

6.4　土的抗剪特性

6.4.1　砂性土的剪切特性

由于砂性土的透水性很强，土体的剪切过程与固结排水剪切试验很接近，固结排水剪切试验的强度包线一般通过坐标原点，即其明显特征是不存在黏聚力 c，如砾石、碎石、砂土等均属于砂性土。砂性土的抗剪强度主要依靠颗粒之间的摩擦力提供，其物理过程主要分为两个部分：一个是颗粒之间的滑动而产生的摩擦力，二是颗粒间脱离时产生的咬合力。其抗剪强度公式为：

$$\tau_f = \sigma \tan \varphi_d \tag{6.32}$$

式中　φ_d——固结排水剪求得的内摩擦角。

砂性土的抗剪强度取决于其有效法向应力与内摩擦角。实际上砂性土的 φ 值并不是一个常量，它是随着砂性土的密实程度变化着的，而且砂性土的密实度还对其剪切过程的应力-应变特性有着非常大的影响，图 6.17 表示不同密实度的同一种砂性土在相同围压下的三轴剪切偏应力 $\sigma_1 - \sigma_3$ 与轴向应变 ε_a 和体积应变 ΔV 之间的关系。对于密砂而言，剪切位移刚开始不久，剪应力很快上升，不久达到峰值，随着剪切位移的继续发展，剪应力有所下降，直到一个稳定值，称为残余强度,密砂的初始孔隙比较小,其应力-应变关系曲线有明显的峰值,超过峰值后,随应变的增加应力逐步降低,这种特性称为应变软化,曲线上相应于峰值强度,而最终稳定时的强度为残余强度;剪切时其体积变化是开始稍有减小,继而明显增加,超过了它的初始体积,这一特性称为剪胀性。对于松砂而言,剪应力随剪切位移的发展缓慢地提高,直到剪切位移相当大时,剪应力才达到最大值,以后不再减小,其最大剪应力与密砂的残余强度基本相等;松砂的剪切性状则完全不同,其强度随轴向应变的增大而增大,一般不出现峰值应力,这种特性称为应变硬化;松砂受剪时其体积减小,这一特性称为剪缩性。值得注意的是,同一种土,虽然由于其他因素的影响(如砂性土的密实度)可能会产生两种类型的应力-应变曲线,但其最终强度将会趋于同一值。

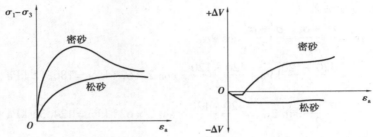

图 6.17　砂性土剪切时的应力-轴向应变-体积应变关系

泰勒研究了砂性土排水剪切过程中剪胀(缩)性对其抗剪强度的影响,部分剪应力由于砂性土在一定法向应力作用下的剪胀(缩)做功而消耗掉,于是将抗剪强度视为摩擦分量与体变分量两种因素结合的结果。

对于饱和松散的砂性土,在震动荷载作用下,产生的剪应力会使土体的体积有所减小,并且由于时间较短不能及时对外排水,会产生较大的孔隙水压力,这时土的有效应力会降低,当孔隙水压力增加至总应力时,有效应力会降低为零,土体就处于悬浮状态,会表现出类似于液体的性质而完全丧失抗剪能力,这种现象称为土体的震动液化。在工程中,打桩、爆破、车辆以及机器的震动都有可能引起土体的震动液化。对于砂性土,其抗剪强度的应力表达式为:

$$\tau_f = \sigma' \tan \varphi' = (\sigma - u) \tan \varphi' \tag{6.33}$$

由上式可知,当震动荷载引起的超孔隙水压力 u 达到 σ 时,则有效应力 $\sigma' = 0$,这时其抗剪强度 $\tau_f = 0$,则土体丧失了承载能力,会出现流动现象。

6.4.2　黏性土的剪切特性

黏性土的强度由于颗粒较为细小、矿物成分复杂、结构多变以及水和胶结物质的存在,表现出极为复杂的强度特性。对黏性土的微结构研究表明,黏性土颗粒多为扁平状,并被薄层强结合水和较厚的弱结合水所包围;颗粒相互作用力为范德华力和库仑力的组合,随着成分和结构的不同,表现出不同的力学效应。因此,黏性土的强度不但取决于密实程度,而且与对土体结构的扰动程度有很大关系。黏性土强度可以根据常规三轴压缩试验按照不同试验方法测定,如前所述,按剪切前的固结状态和剪切时的排水条件分为 3 种:不固结不排水剪、固结不排水剪、固结排水剪。由于不同的试验方法在试验过程中排水条件不同,因此,同一土样在不同试验方法中的抗剪强度性状是不同的,所测得的总应力强度指标也是各异的。

对于不固结不排水强度(UU),若将一组饱和黏性土试样的每个试样在同一固结压力 σ_c 作用下排水固结至稳定,试样中初始孔隙水压力为静水压力,即待超孔隙水压力 u_0 消散为零。然后在 3 个试样上施加不同的围压 σ_3,但由于试验是在不排水条件下进行的,试样的体积和含水量均保持不变,改变围压只能引起孔隙水压力的等量变化,并不会改变试样中的有效应力;随后施加轴向应力增量(偏应力)使试样受剪至破坏的过程中,试样的含水量、体积以及有效应力仍未改变。所以试样的抗剪强度不变,即各试样破坏时的主应力差相等,在 σ-τ 坐标中 3 个极限总应力圆的直径相等。总应力强度包线是一条水平线,即

$$\varphi_u = 0$$

$$\tau_f = c_u = \frac{\sigma_1 - \sigma_3}{2} \tag{6.34}$$

式中 φ_u——不排水内摩擦角,(°);

c_u——不排水黏聚力,kPa。

若试样破坏时的孔隙水压力为 u_f,则

$$\sigma'_1 - \sigma'_3 = (\sigma_1 - u_f) - (\sigma_3 - u_f) = \sigma_1 - \sigma_3$$

可见,3 个试样只能得到同一个有效应力圆,其直径与总应力圆直径相同(图 6.18),因此试验不能得到有效应力强度线和 c'、φ',所以这种试验一般只用于测定饱和土的不排水强度。

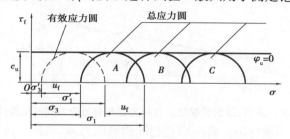

图 6.18   正常固结饱和黏土的(UU)试验强度包线

天然土层中一定深度处的土,取出前在某一压力(如上覆土层自重应力等)下已经固结,因而它具有一定的强度,不排水抗剪强度 c_u 正是反映了土的这种在原有有效固结压力下所产生的天然强度。由于天然土层的有效固结压力是随深度变化的,因此不排水抗剪强度也随深度变化。在天然土层中取出的试样,若其有效固结压力较大(即进行不固结不排水试验时的固结压力较高),就会得出较大的不排水抗剪强度 c_u。对于正常固结黏性土,不排水抗剪强度大致随有效固结压力线性增加。饱和的超固结黏性土,其不固结不排水强度包线也是一条水平线,由于超固结土的先期固结压力的影响,其 c_u 值比正常固结土大。工程实践中,土的不排水抗剪强度 c_u 通常用于确定饱和黏性土的短期承载力或分析短期稳定性问题。

对于固结不排水强度试验(CU),将一组在相同固结压力 σ_c 作用下排水固结至稳定的饱和黏性土试样,在其周围施加不同围压增量 $\Delta\sigma_3$,并使其固结排水稳定。在固结不排水试验中,若试样所受到的围压 $\Delta\sigma_3$ 大于其先期固结压力 p_c,则试样处于正常固结状态;反之,$\Delta\sigma_3$ 小于其先期固结压力 p_c,则试样处于超固结状态。这两种不同固结状态的试样,在不排水剪切过程中的性状是完全不同的。固结不排水试验是在施加围压固结稳定后,在不排水条件下施加轴向压力至试样剪坏。在剪切过程中,正常固结土试样的体积减小(剪缩),而超固结试样的体积有增加的趋势(剪胀),但由于在剪切过程中不允许排水,试样的体积不变,因而在试样内部先出现

正的孔隙水压力,继而减小。对于超固结饱和黏性土,剪切将引起负孔隙水压力(一般在不饱和土层中,由于气体体积膨胀,造成土体中气压失去平衡,暂时小于大气压,形成的气压差产生了负孔隙水压力,负孔隙水压力对土粒产生吸附作用,而增加有效应力,当气压达到平衡时,负孔隙水压力消散)且常常大于围压增量 $\Delta\sigma_3$ 所引起的正孔隙水压力(对于饱和土,孔隙中充满水,这些水在稳定状态时有一个平衡的压力,这是孔隙水压力,当土体受到外力挤压,土中原有水压力也会上升,上升后的水压力即为正孔隙水压力),因而破坏时的孔隙水压力为负值(图6.19)。

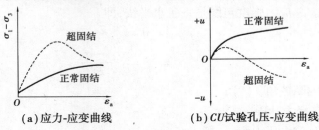

(a)应力-应变曲线　　　　(b)CU试验孔压-应变曲线

图6.19　固结不排水试验的孔隙水压力

由于超固结试样在剪切破坏时产生负的孔压,有效应力圆在总应力圆的右方(图6.20中圆A),正常固结试样在剪切破坏时产生正的孔压,故其有效应力圆在总应力圆的左方(图6.20中圆B)。

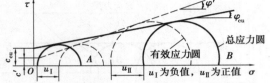

图6.20　正常、超固结黏性土总应力圆与有效应力圆的位置关系图

对于固结排水抗剪强度(CD),将一组在相同固结压力 σ_c 作用下排水固结至稳定的饱和黏性土试样在其周围施加不同的围压增量 $\Delta\sigma_3$,并使得其排水固结至稳定,因而固结排水剪在剪切过程中孔隙水压力始终为零,剪切面上的总应力全部转化为有效应力,因此总应力强度线就是有效应力强度线。在固结排水剪切过程中,随着施加轴向压力增量 $\sigma_1-\sigma_3$,试样体积不断变化,正常固结土将产生剪缩,而超固结土先是压缩,继而主要呈现剪胀的特性(图6.21)。

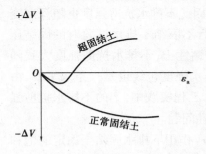

图6.21　CD 试验体积-应变曲线

试验表明,固结排水试验和上述的固结不排水试验结果十分相似,所测得的结果也十分接近。故实际工程中常以固结不排水剪切试验的有效应力指标 c',φ' 代替 c_d,φ_d。但是由于两者的试验条件有一定差别,前者试验过程中,土的体积保持不变,而后者土的体积发生变化,因此固结不排水试验中 c',φ' 并不完全等于固结排水试验中的 c_d,φ_d。试验表明 c_d,φ_d 略大于 c',φ'。

6.4.3　抗剪强度指标与剪切试验的选用

如前所述,黏性土的强度性状是很复杂的,它不仅随剪切条件不同而异,而且还受许多因素

（例如土的各向异性、应力历史、蠕变等）的影响。此外，对于同一种土，强度指标与试验方法以及试验条件都有关，实际工程问题的情况又是千变万化的，用实验室的试验条件去模拟现场条件毕竟还会有差别。因此，对于某个具体工程问题，如何确定土的抗剪强度指标并不是一件容易的事情。

首先要根据工程问题的性质确定分析方法，进而决定采用总应力或有效应力强度指标，然后选择测试方法。一般认为，由三轴固结不排水试验确定的有效应力强度 c' 和 φ'，宜用于分析地基的长期稳定性（例如土坡的长期稳定性分析、估计挡土结构物的长期土压力、位于软土地基上结构物的地基长期稳定分析等）；而对于饱和软黏土的短期稳定问题，则宜采用不固结不排水试验的强度指标 c_u，即 $\varphi_u = 0$。

以总应力法进行分析，一般工程问题多采用此法，其指标和测试方法的选择大致如下：若建筑物施工速度较快，而地基土的透水性和排水条件不良时，可采用三轴仪不固结不排水试验或直剪仪快剪试验的结果；如果地基荷载增长速率较慢，地基土的透水性不太小（如低塑性的黏土）以及排水条件又较佳时（如黏土层中夹砂层），则可以采用固结排水或慢剪试验；如果介于以上两种情况之间，可用固结不排水或固结快剪试验结果。与总应力法相对应，应该分别采用总应力强度指标或有效应力强度指标。当土体内的超静孔隙水压力能通过计算或其他方法确定时，宜采用有效应力法；当土体内的超静孔隙水压力难以确定时，才使用总应力法。采用总应力法时，应该按照土体可能的排水固结情况，分别用不固结不排水强度（快剪强度）或固结不排水强度（固结快剪强度）。固结排水强度实际上就是有效应力抗剪强度，用于有效应力分析法中。

由于实际加荷情况和土的性质是复杂的，而且在建筑物的施工和使用过程中都要经历不同的固结状态，因此在确定强度指标和剪切试验时还应结合工程经验。

6.5 应力路径

6.5.1 应力路径的概念

应力路径是指在外荷载发生变化过程中，土中某点在某一方向的微面上应力值在应力坐标系统中变化的轨迹。一般都在应力坐标图上用一种简单的标示方法把复杂的应力变化表示出来，它是描述土体在外力作用下应力变化情况或过程的一种方法。

研究土的强度和变形性质的一般试验方法是三轴压缩试验，因此讨论应力路径时，也以三轴试验为例。如保持 σ_3 不变而增大 σ_1，试样的这种应力变化过程可以用一系列的应力莫尔圆来表示。可以看出这样多的应力圆绘制在图上，虽然能表示一个简单应力变化过程，但会显得很复杂，因此一般都不绘制出应力圆，而是以土中某个特定截面上

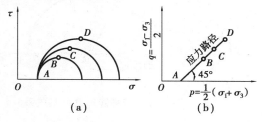

图 6.22 应力路径的概念

的应力来表示。一种是以表示剪切破坏面上法向应力和剪应力变化的应力路径，如图 6.22(a)中所示 A,B,C,D 为土中某点最大剪应力平面上（即应力圆顶点）的应力变化轨迹；另一种是以

最大剪应力面上的应力变化来表示,这样的应力路径被广泛用于计算地基固结沉降。

应力路径有总应力路径和有效应力路径之分,前者是直接引用总应力值来表示应力状态的变化;后者是在总应力路径基础上减去孔隙水压力,而形成有效应力路径。在应力空间中绘制应力路径很不方便,也不实用,故通常在 p-q 坐标系中表示最大剪应力 τ_{max} 面上的应力变化的应力路径。其中,两向应力状态下 $p = \dfrac{\sigma_1 + \sigma_3}{2}$,$q = \dfrac{\sigma_1 - \sigma_3}{2}$。对于有效应力路径,相应的坐标系为 $\overline{p'\text{-}q'}$,相应的主应力用有效应力代替。在 p-q 坐标系中表示最大剪应力 τ_{max} 面上的应力变化的应力路径 $\overline{ABCD}$,如图 6.22(b)所示。

K_0 线是静止侧压力线即地基土内原始应力状态线,在对土体进行压缩时,如果保持小主应力 σ_3' 与大主应力 σ_1' 之比等于 K_0 时,形成一系列应力圆,将这些应力圆的顶点连接起来,这条应力路径就形成了 K_0 线。由于 K_0 线代表静止土压力状态,即土的自重应力状态,如果土中应力沿着 K_0 变化,则表明土样的变形只有单向压缩而无侧向变形,并且土体不会发生剪切破坏。如果从 O 开始进行 K_0 固结加压,则应力路径为过原点的 K_0 线(图 6.23),其斜率为:

$$\frac{\Delta p}{\Delta q} = \frac{\Delta\sigma_1' - \Delta\sigma_3'}{\Delta\sigma_1' + \Delta\sigma_3'} = \frac{1 - K_0}{1 + K_0} = \tan\beta \tag{6.35}$$

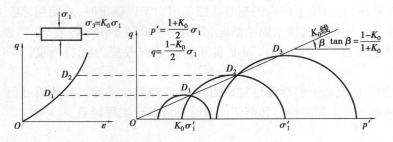

图 6.23　土样的 K_0 线

式中,β 为 K_0 的倾角。利用 K_0 线可以对各种不同的有效应力路径进行土样变形的判断,例如某有效应力路径与 K_0 线平行,则说明土样在该应力路径作用下的侧向应变为零;若应力路径的倾角大于 β 角,则意味着土样发生侧向膨胀;当应力路径倾角小于 β 角时,则土样发生侧向收缩。

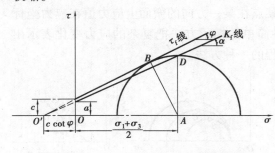

图 6.24　K_f 与破坏线 τ_f 之间的关系

K_f 线为若干总应力极限应力圆顶点的连线,是应力达到剪切破坏的界限,当应力达到 K_f 线时,表示土体已经产生了剪切破坏。K_f 线和 τ_f 线一样都可以表示破坏的条件,但应力路径分析中一般采用 K_f 线。K_f 线和 τ_f 线的关系可由图 6.24 中的几何关系得到:

$$\sin\varphi = \frac{\overline{AB}}{\overline{O'A}}, \tan\alpha \frac{\overline{AD}}{\overline{O'A}}$$

因为 $\overline{AB} = \overline{AD}$,则

$$\sin\varphi = \tan\alpha \tag{6.36}$$

故 $\varphi = \arcsin(\tan\alpha)$ 或 $\alpha = \arctan(\sin\varphi)$

又因为

$$\frac{a}{\tan \alpha} = \frac{c}{\tan \varphi} \tag{6.37}$$

由式(6.36)、式(6.37)得：

$$c = \frac{a}{\cos \varphi} \tag{6.38}$$

因此，利用上述公式即可直接求得抗剪强度指标。

6.5.2 几种典型条件下的应力路径

因为土体的变形和强度不仅与受力大小、排水情况及应力历史有关，而且还与土的应力路径有很大关系，所以可以通过土的应力路径模拟土体的实际受力过程来探讨土的应力-应变关系和强度。

如图6.25(a)所示为正常固结土三轴固结不排水的应力路径，图中 AB 为总应力路径，AB' 为有效应力路径，两者之间的距离即为孔隙水压力，由于正常固结黏性土在不排水剪切试验时产生正的孔隙水压力，故有效路径在总应力路径左边，u_f 为剪切破坏时的孔隙水压力。如图6.25(b)所示为超固结土的应力路径，AB 和 AB' 分别为弱超固结或正常固结阶段的总应力路径和有效应力路径，由于弱超固结或正常固结阶段，土样在受剪过程中产生正的孔隙水压力，故有效应力路径在总应力路径的左边；CD 和 CD' 表示土样在强超固结阶段的总应力路径和有效应力路径，由于强超固结阶段试样产生正的孔隙水压力，以后逐渐转为负值，故有效应力路径开始在总应力路径的左边，而后又逐渐转移到右边，至 D' 点破坏。从图中可以看出，土样的超固结程度对于有效应力路径影响很大，正常固结或弱固结土的有效应力路径都是向左拐，而强超固结土则是向右拐。

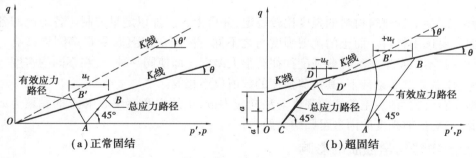

图6.25 三轴压缩固结不排水试验中的应力路径

6.6 土的抗剪强度机理和影响因素

6.6.1 土的抗剪强度机理

如前所述，抗剪强度即是土体抵抗剪切破坏的极限能力。土体所受的法向应力与其抗剪强度的关系可以用库仑公式(抗剪强度公式)表示。对于无黏性土，其抗剪强度的来源，传统的观念为内摩擦力,内摩擦力由作用在剪切面的法向应力 σ 与土体的内摩擦系数 $\tan\varphi$ 组成,内摩擦力的数值为这两项的乘积即 $\sigma\tan\varphi$。在密实状态的粗粒土中,除滑动摩擦外,还存在咬合摩擦。对于黏性土,其抗剪强度包括内摩擦力与黏聚力两部分。

抗剪强度与法向应力的关系有两种表示方法,即总应力表示法与有效应力表示法。总应力表示法为,前面介绍的抗剪强度公式(6.1)和三轴剪切试验 3 种试验方法得出的抗剪强度公式,其中施加的 σ_3 和 $\Delta\sigma = \sigma_1 - \sigma_3$ 都是总应力,没有体现出孔隙水压力 u 的大小,故将抗剪强度公式(6.1)称为总应力表示法。有效应力表示法为,如果在室内三轴试验过程中,可以测得到孔隙水压力 u(包括孔隙水压力为零)的数值,则抗剪强度的应力表示法可以改写为:

$$\tau_f = c' + (\sigma - u)\tan\varphi' = c' + \sigma'\tan\varphi' \tag{6.39}$$

式中 φ', c'——有效抗剪强度指标。

在一个实际工程中,当施加总应力后,一般情况下可以认为总应力是不变的常量,但是超静孔隙水压力 u 是随着时间而逐渐变化的。因此,有效应力和抗剪强度也必然会随着时间而改变,即有 $\tau_f = f(\sigma, t)$。有效应力表示法用超静孔隙水压力 u 随时间的变化来反映土的抗剪强度的变化。u 随时间的变化是连续的,因而有效应力表示法可以求得土的抗剪强度随时间变化过程中的任一时刻的数值,所以上式是反映土的抗剪强度随时间变化的普遍关系式。而总应力表示法则是用土的抗剪强度指标 c, φ 值的变化来反映土的抗剪强度随时间的变化,即 $c, \varphi = f(t)$。土的抗剪强度指标只有 3 种,如直剪试验的 $\varphi_q \ c_q$(快剪),$\varphi_{cq} \ c_{cq}$(固结快剪),$\varphi_s \ c_s$(慢剪)和三轴剪切试验中的 $\varphi_u \ c_u$(不固结不排水剪),$\varphi_{cu} \ c_{cu}$(固结不排水剪)和 $\varphi_d \ c_d$(固结排水剪),因而总应力法只能得到抗剪强度随时间连续变化过程中的 3 个特定值,即初始值(不排水剪)、最终值(排水剪)和某一中间值(固结不排水剪),给实际工程的应用带来很大的不便。

6.6.2 影响土的抗剪强度指标因素

钢材与混凝土等建筑材料的强度比较稳定,并可由人工加以定量控制。各地区的各类工程可以根据需要选用材料。而土的抗剪强度与之不同,并非标准定值,受很多因素影响。不同地区、不同成因、不同类型土的抗剪强度往往有很大差别。即使同一种土,在不同的密度、含水率、剪切速率、仪器类型等条件下,其抗剪强度的数值也不相等。

根据库仑公式可知:土的抗剪强度与法向应力 σ、土的内摩擦角 φ 和土的黏聚力 c 三者有关。因此,影响抗剪强度的因素可归纳为两类:

1)土的物理化学性质的影响

①土粒的矿物成分。砂土中石英矿物含量多,内摩擦角 φ 大;云母矿物含量多,则内摩擦角 φ 小。黏性土的矿物成分不同,土粒电分子力等不同,其黏聚力 c 也不同。土中含有各种胶结物质,可使 c 增大。

②土的颗粒形状与级配。土的颗粒越粗,表面越粗糙,内摩擦角 φ 越大;土的级配良好,φ 大;土粒均匀,φ 小。

③土的原始密度。土的原始密度越大,土粒之间接触点多且紧密,则土粒之间的表面摩擦力和粗粒土的咬合力越大,即 φ 越大。同时,土的原始密度大,土的孔隙小,接触紧密,黏聚力 c 也必然大。

④土的含水率。当土的含水率增加时,水分在土粒表面形成润滑剂,使内摩擦角 φ 减小。

对黏性土来说,含水率增加,将使薄膜水变厚,甚至增加自由水,使抗剪强度降低。联系实际,凡是山坡滑动通常都在雨后,雨水入渗使山坡中含水率增加,降低土的抗剪强度,导致山坡失稳滑动。

⑤土的结构。黏性土具有结构强度,如黏性土的结构受扰动,则其黏聚力 c 降低。

2) 孔隙水压力影响

作用在试样剪切面上的总应力 σ 为有效应力 σ' 与孔隙水压力 u 之和,即 $\sigma = \sigma' + u$。在外荷载作用下,随着时间的增长,孔隙水压力 u 因排水而逐渐消散,同时有效应力 σ' 相应地不断增加。

孔隙水压力作用在土中的自由水上,不会产生土粒之间的内摩擦力,只有作用在土颗粒骨架上的有效应力 σ' 才能产生土的内摩擦强度。因此,若土的抗剪强度试验的条件不同,影响土中孔隙水是否排出与排出多少,亦即影响有效应力 σ' 的数值大小,使抗剪强度试验结果不同。建筑场地工程地质勘察,应根据实际地质情况与施工速度,即土中孔隙水压力 u 的消散程度,采用不同的试验方法。

由此可见,试样中的孔隙水压力,对抗剪强度有重要影响。土的抗剪强度指标的测定与应用见表6.2。

表6.2 土抗剪强度指标的测定与应用

控制稳定的时期	强度计算方法	土 类		使用仪器	试验方法与代号	强度指标	试样起始状态
施工期	有效应力法	无黏性土		直剪仪	慢剪	φ', c'	填土用填筑含水量和填筑密度的土,地基用原状土
				三轴仪	排水剪(CD)		
		黏性土	饱和度 <80%	直剪仪	慢剪		
				三轴仪	不固结不排水剪测孔隙压力(UU)		
			饱和度 >80%	直剪仪	慢剪		
				三轴仪	固结不排水剪测孔隙压力(CU)		
	总应力法	黏性土	渗透系数 $<10^{-7}$ cm/s	直剪仪	快剪	φ_u, c_u	
			任何渗透系数	三轴仪	不固结不排水剪(UU)		
稳定渗流期和水库水位降落期	有效应力法	无黏性土		直剪仪	慢剪	φ', c'	同上,但要预先饱和
				三轴仪	固结排水剪(CD)		
		黏性土		直剪仪	慢剪		
水库水位降落期	总应力法	黏性土		三轴仪	固结不排水剪测孔隙水压力(CU)	φ_{cu}, c_{cu}	

6.7　地基破坏模式

地基承载力是地基在变形允许和维持稳定的前提下,单位面积地基土所能承受的荷载。通常可将地基承载力区分为两种:一种称为极限承载力,即地基土在稳定状态下单位面积上所能承受的最大荷载,它是指地基土所能提供的最大支撑力,取值是唯一的;另一种称为容许承载力,即地基稳定有足够的安全度并且变形在建筑物容许范围内时的承载力,它是一个同时兼顾强度和变形的承载力值,可以因为允许变形值不同而取值不同。地基承载力不仅取决于地基土的性质,还受到基础形状、地下水位、荷载倾斜与偏心等影响因素制约。

地基的应力状态,因承受基础传来的外荷载而发生变化。当一点的剪应力等于地基土的抗剪强度时,该点就达到极限平衡,发生剪切破坏。随着外荷载增大,地基土中剪切破坏的塑性区域逐渐扩大。当塑性区扩展到极大范围,并且出现贯穿到地表面的滑动面时,整个地基即失稳破坏。

由于地基土差异很大,基础的埋置深度不同,施加荷载的条件等又不尽相同,因而地基破坏的形式亦不同,但地基的剪切破坏的形式基本分为整体剪切破坏、局部剪切破坏及冲剪破坏3类,如图6.26所示。

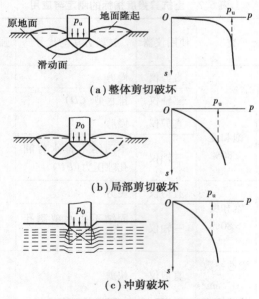

图 6.26　地基破坏模式

1)整体剪切破坏

地基整体剪切破坏是一种在基础荷载作用下地基发生连续剪切滑动的地基破坏模式,其概念最早由普朗特尔提出。发生整体剪切破坏时会出现与地面贯通的滑动面,地基土沿此滑动面向两侧挤出,基础下沉,基础两侧地面显著隆起。对应于这种破坏形式,荷载与下沉量关系线即 p-s 关系线的开始段接近于直线;当荷载强度增加至接近极限荷载强度值时,沉降量急剧增加,并有明显的拐点。对于压缩性比较小的地基土(如密实砂土、硬黏性土地基)经常发生整体剪切破坏。

发生整体剪切破坏的地基,从开始承受荷载到破坏,经历了一个变形发展的过程。这个过程可以明显地区分为以下 3 个阶段:

(1)直线变形阶段

相应于图 6.27 中 p-s 曲线上的 Oa 段,接近于直线关系,a 点对应的是临塑荷载 p_{cr}。此阶段地基中各点的剪应力小于地基土的抗剪强度,地基处于稳定状态。地基仅有小量的压缩变形[图 6.27(a)],主要是土颗粒互相挤紧、土体压缩的结果,所以此变形阶段又称为压密阶段。

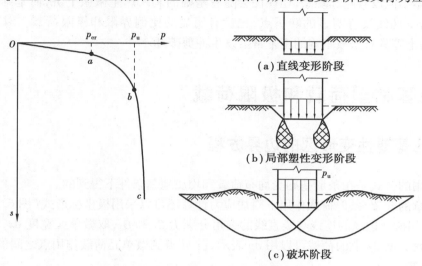

(a)直线变形阶段

(b)局部塑性变形阶段

(c)破坏阶段

图 6.27　地基变形的 p-s 曲线与破坏的三阶段

(2)局部塑性变形阶段

相应于图 6.27 中 p-s 曲线上的 ab 段。在此阶段中,变形的速率随荷载的增加而增大,p-s 关系线是下弯的曲线,b 点对应的荷载为极限荷载 p_u。其原因是在地基的局部区域内发生了剪切破坏[图 6.27(b)],这样的区域称为塑性变形区。随着荷载的继续增加,地基中塑性变形区的范围也逐渐扩大,直到地基土中开始形成连续的滑动面,所以这一阶段是地基土中塑性区发生与发展的过渡性阶段。

(3)破坏阶段

相应于图 6.27 中 p-s 曲线上的 bc 段,p-s 曲线斜率急剧增大,形成陡降段。当荷载增加到某一极限值时,地基变形突然增大,说明地基中的塑性变形区已经发展到形成与地面贯通的连续滑动面。地基土向基础的一侧或两侧挤出,地面隆起,地基整体失稳,基础也随之突然下陷,如图 6.27(c)所示。

从以上地基破坏过程的分析中可以看出,在地基变形过程中,作用在它上面的荷载有两个特征值:一是地基中开始出现塑性变形区的荷载,称为临塑荷载 p_{cr};二是使地基剪切破坏,失去整体稳定的荷载,称为极限荷载 p_u。显然,以极限荷载作为地基的承载力是不安全的,而将临塑荷载作为地基的承载力又过于保守。因此对于地基的容许承载力 p,应该满足 $p_{cr} \leqslant p < p_u$。

2)局部剪切破坏

局部剪切破坏是介于整体剪切破坏与冲剪破坏之间的一种破坏模式。其概念最早由太沙基提出。随着荷载的增加,地基产生的压密区和塑性区只发展到地基内一定的范围,滑动面并不延伸到地面,地基破坏时基础两侧的地表只是稍微隆起,其 p-s 曲线开始为直线段,不会像整体剪切破坏那样有明显的转折点,转折点之后沉降的速率较直线段快,但不会像整体剪切那样急剧增加。对于中等密实的砂土,基础有一定埋深时,常发生局部剪切破坏。

3) 冲剪破坏

冲剪破坏也称为刺入剪切破坏,是一种在荷载作用下沿着地基土边缘发生的垂直剪切的破坏模式。其概念最早由德贝克和魏锡克提出。发生破坏时,地基内部不形成连续的滑动面,基础两侧的土体不但没有隆起现象,还往往会随着基础的刺入产生微微下沉,而基础则会有很大的沉降。其 p-s 曲线没有明显的转折点,也没有明显的比例界限和极限荷载。对于地基为松砂、饱和软黏土等具有松散结构的土常常会发生冲剪破坏。

6.8　地基临塑荷载和极限荷载

6.8.1　地基塑性变形区的边界方程

目前常用的公式是在条形基础受均布荷载和均质地基条件下得到的。

按第 4 章的介绍,条形荷载作用下附加应力计算还可以采用极坐标形式(图 6.28),设地基中任一点 M 到荷载边缘的连线与竖直线的夹角分别为 β_1 和 β_2,取微单元宽度 $\mathrm{d}x$,均布荷载 p_0 沿 x 轴某单元宽度 $\mathrm{d}x$ 上的荷载可以用 $\mathrm{d}\bar{p}$ 表示,设 M 点到微单元荷载作用点之间的距离为 R_0,由图 6.28 可知:

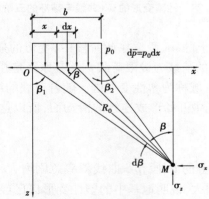

图 6.28　均布条形荷载作用下地基附加应力计算示意图

$$\mathrm{d}x = \frac{R_0 \mathrm{d}\beta}{\cos \beta}, \quad \mathrm{d}\bar{p} = p_0 \mathrm{d}x = \frac{p_0 R_0 \mathrm{d}\beta}{\cos \beta}$$

利用极坐标表示的费拉曼公式:

$$\sigma_z = \frac{2\bar{p}_0}{\pi R_0}\cos^3 \beta, \quad \sigma_x = \frac{2\bar{p}_0}{\pi R_0}\sin^2 \beta \cos \beta, \quad \tau_{xz} = \frac{2\bar{p}_0}{\pi R_0}\cos^2 \beta \sin \beta$$

在荷载分布宽度范围内积分后即可求解地基中任一点 M 处附加应力的极坐标表达式为:

$$\sigma_z = \frac{p_0}{\pi}\left[\frac{1}{2}\sin 2\beta_1 - \frac{1}{2}\sin 2\beta_2 + (\beta_1 - \beta_2)\right]$$

$$\sigma_x = \frac{p_0}{\pi}\left[-\frac{1}{2}\sin 2\beta_1 + \frac{1}{2}\sin 2\beta_2 + (\beta_1 - \beta_2)\right] \right\}$$ (6.40)

$$\tau_{xz} = \tau_{zx} = \frac{p_0}{2\pi}\left[\cos 2\beta_2 - \cos 2\beta_1\right]$$

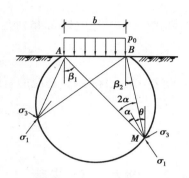

上式中，当从竖直线到 M 点与荷载边缘的连线为逆时针旋转时，规定此夹角为正值，反之为负值，图 6.29 中 β_1 和 β_2 均为正值。

将上式代入下列材料力学公式中，即可求得 M 点的最大主应力 σ_1 和最小主应力 σ_3：

$$\left.\begin{array}{c}\sigma_1\\\sigma_3\end{array}\right\} = \frac{\sigma_z + \sigma_x}{2} \pm \sqrt{\left(\frac{\sigma_z - \sigma_x}{2}\right)^2 + \tau_{xz}^2}$$

$$= \frac{p_0}{\pi}\left[(\beta_1 - \beta_2) \pm \sin(\beta_1 - \beta_2)\right]$$ (6.41)

图 6.29　均布条形荷载作用下地基主应力计算图

将 2α 作为点 M 与条形荷载两端连线的夹角，称之为视角，有 $2\alpha = (\beta_1 - \beta_2)$，于是式(6.41)变为：

$$\left.\begin{array}{c}\sigma_1\\\sigma_3\end{array}\right\} = \frac{p_0}{\pi}(2\alpha \pm \sin 2\alpha)$$ (6.42)

一般基础都有一定埋深 d，此时地基中任一点 M 处的应力，除有基底附加应力 $(p - \gamma d)$ 引起的附加应力外，还有土的自重应力 $\gamma(d + z)$。假设土的自重应力服从静水压力分布（静止土压力系数 $k_0 = 1$），即 $\sigma_z = \sigma_x = \gamma(d + z)$。地基中任一点 M 处的大小主应力为（令 $\beta_0 = 2\alpha$）：

$$\left.\begin{array}{c}\sigma_1\\\sigma_3\end{array}\right\} = \frac{p - \gamma d}{\pi}(\beta_0 \pm \sin \beta_0) + \gamma(d + z)$$ (6.43)

由土体的抗剪强度理论可知，当 M 点达到极限平衡状态时，σ_1，σ_3 应满足：

$$\sin \varphi = \frac{\sigma_1 - \sigma_3}{\sigma_1 + \sigma_3 + 2c\cot \varphi}$$ (6.44)

将式(6.43)代入上式，得：

$$z = \frac{p - \gamma d}{\pi\gamma}\left(\frac{\sin \beta_0}{\sin \varphi} - \beta_0\right) - \frac{c}{\gamma\tan \varphi} - d$$ (6.45)

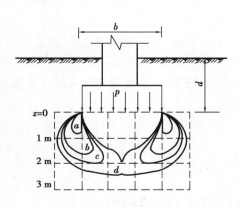

图 6.30　塑性变形区的计算结果

式(6.45)就是塑性区的边界方程式，它给出了塑性区边界线上任一点坐标 z 与视角 β_0 的关系。如果已知基础埋深 d、荷载 p，以及土的 γ,c,φ 值，则根据式(6.45)可绘出塑性区的边界线，如图 6.30 所示。从图中可以看出，在其他条件不变的情况下，随着 p 的增大，塑性区首先在基础两侧边缘出现，然后逐渐按图 6.30 中各线 a，b，c，d…次序逐渐扩大。塑性区扩大的同时，其最大深度 z_{max}（某塑性区边界线最低点至基础底面的垂直距离）也随之增加，因此 z_{max} 可以用来作为反映塑性区范围大小的一个指标。

塑性区的最大深度 z_{max} 可由 $\dfrac{\mathrm{d}z}{\mathrm{d}\beta_0} = 0$ 的条件求得,即

$$\frac{\mathrm{d}z}{\mathrm{d}\beta_0} = \frac{p - \gamma d}{\pi\gamma}\left(\frac{\cos\beta_0}{\sin\varphi} - 1\right) = 0 \tag{6.46}$$

得 $\cos\beta_0 = \sin\varphi$,即

$$\beta_0 = \frac{\pi}{2} - \varphi \tag{6.47}$$

将式(6.47)代入式(6.45)得:

$$z_{max} = \frac{p - \gamma d}{\pi\gamma}\left[\cot\varphi - \left(\frac{\pi}{2} - \varphi\right)\right] - \frac{c}{\gamma\tan\varphi} - d \tag{6.48}$$

与这一最大深度 z_{max} 对应的基底压力为:

$$p = \frac{\pi(\gamma d + c\cot\varphi + \gamma z_{max})}{\cot\varphi - \dfrac{\pi}{2} + \varphi} + \gamma d \tag{6.49}$$

6.8.2　地基临塑荷载

从地基破坏类型的分析可知,随着荷载的增加,地基土将产生压密变形和塑性变形,当荷载较小时塑性区的开展深度为零,随着荷载的增大,塑性区的开展深度也不断加深,即荷载越大,塑性区越深。根据临塑荷载 p_{cr} 的定义,塑性变形区最大深度 $z_{max} = 0$ 时所对应的荷载为临塑荷载,临塑荷载 p_{cr} 为:

$$p_{cr} = \frac{\pi(\gamma d + c\cot\varphi)}{\cot\varphi - \dfrac{\pi}{2} + \varphi} + \gamma d = N_q\gamma d + N_c c \tag{6.50}$$

式中　N_c, N_q——承载力系数。

$$N_q = \frac{\cot\varphi + \dfrac{\pi}{2} + \varphi}{\cot\varphi - \dfrac{\pi}{2} + \varphi} \tag{6.51}$$

$$N_c = \frac{\pi\cot\varphi}{\cot\varphi - \dfrac{\pi}{2} + \varphi} \tag{6.52}$$

从式(6.50)可以看出,地基的临塑荷载 p_{cr} 主要受地基土内摩擦角 φ、基础埋深 d、黏聚力 c 和基础旁侧荷载的影响,并随着这些指标的增大而增大。

【例6.5】　已知地基土的重度 $\gamma = 19.5$ kN/m³,黏聚力 $c = 15$ kPa,内摩擦角 $\varphi = 20°$,若条形基础宽度 $b = 2.4$ m,埋深 $d = 1.6$ m,求地基的临塑荷载 p_{cr}。

【解】　(1)应用临塑荷载的计算公式(6.50):

$$p_{cr} = \frac{\pi(\gamma d + c\cot\varphi)}{\cot\varphi + \varphi - \dfrac{\pi}{2}} + \gamma d$$

$$= \frac{\pi \times (19.5 \times 1.6 + 15 \times \cot 20°)}{\cot 20° + 20 \times \dfrac{\pi}{180} - \dfrac{\pi}{2}}\text{kPa} + 19.5 \times 1.6 \text{ kPa} = 180.18 \text{ kPa}$$

（2）应用临塑荷载的计算公式（6.50）：

$$p_{cr} = N_q \gamma d + N_c c$$

由基础底面持力层土的内摩擦角 $\varphi = 20°$，查表6.3分别得 $N_q = 3.1$，$N_c = 5.6$，故：

$$p_{cr} = 3.1 \times 19.5 \times 1.6 \text{ kPa} + 5.6 \times 15 \text{ kPa} = 96.72 \text{ kPa} + 84 \text{ kPa} = 180.72 \text{ kPa}$$

6.8.3 地基临界荷载

地基变形的剪切阶段也是土中塑性区范围随着作用荷载的增加而不断发展的过程，土中塑性区刚刚开始形成时对应的荷载称为临塑荷载，当地基中塑性变形区最大深度为：

$$\text{中心荷载基础 } z_{max} = \frac{b}{4}$$

$$\text{偏心荷载基础 } z_{max} = \frac{b}{3}$$

与此相对应的基础底面压力分别以 $p_{1/4}$，$p_{1/3}$ 表示，称为临界荷载。

可根据式（6.49）计算任意临界荷载，例如地基土中塑性变形区的最大深度 $z_{max} = b/4$ 或 $z_{max} = b/3$（b 为条形基础宽度）时，将 $z_{max} = b/4$ 或 $z_{max} = b/3$ 代入式（6.49）得：

$$p_{1/4} = \frac{\pi \left(\gamma d + \frac{1}{4} \gamma b + c \cot \varphi \right)}{\cot \varphi - \frac{\pi}{2} + \varphi} + \gamma d \qquad (6.53)$$

$$p_{1/3} = \frac{\pi \left(\gamma d + \frac{1}{3} \gamma b + c \cot \varphi \right)}{\cot \varphi - \frac{\pi}{2} + \varphi} + \gamma d \qquad (6.54)$$

上式可写为：

$$p = \frac{1}{2} \gamma b N_\gamma + \gamma d N_q + N_c c \qquad (6.55)$$

式中，N_γ，N_q，N_c 为承载力系数：

$$N_{\gamma \left(\frac{1}{4} \right)} = \frac{1}{2} \frac{\pi}{\cot \varphi - \frac{\pi}{2} + \varphi} \qquad （当 z_{max} = \frac{b}{4}） \qquad (6.56)$$

$$N_{\gamma \left(\frac{1}{3} \right)} = \frac{2}{3} \frac{\pi}{\cot \varphi - \frac{\pi}{2} + \varphi} \qquad （当 z_{max} = \frac{b}{3}） \qquad (6.57)$$

可以看出，承载力系数 N_γ，N_q，N_c 只与土的内摩擦角 φ 有关，为方便查询，已制成表格，见表6.3。上述推导中假定：地基土为完全弹性体，但求临界荷载时，地基中已出现一定范围的塑性变形区，而且假定 $k_0 = 1.0$。这些都与实际情况不符，因此求得的临界荷载与实际情况存在一定误差。

表 6.3 承载力系数 N_γ, N_q, N_c

$\varphi/(°)$	$N_{\gamma(\frac{1}{4})}$	$N_{\gamma(\frac{1}{3})}$	N_q	N_c
0	0	0	1.0	3.0
2	0	0	1.1	3.3
4	0	0.1	1.2	3.5
6	0.1	0.1	1.4	3.7
8	0.1	0.2	1.6	3.9
10	0.2	0.2	1.7	4.2
12	0.2	0.3	1.9	4.4
14	0.3	0.4	2.2	4.7
16	0.4	0.5	2.4	5.0
18	0.4	0.6	2.7	5.3
20	0.5	0.7	3.1	5.6
22	0.6	0.8	3.4	6.0
24	0.77	1.0	3.9	6.5
26	0.8	1.1	4.4	6.9
28	1.0	1.5	4.9	7.4
30	1.2	1.5	5.6	8.0
32	1.4	1.8	6.3	8.5
34	1.6	2.1	7.2	9.2
36	1.8	2.4	8.2	10.0
38	2.1	2.8	9.4	10.8
40	2.5	3.3	10.8	11.8
42	2.9	3.8	12.7	12.8
44	3.4	4.5	14.5	14.0
45	3.7	4.9	15.6	14.6

【例6.6】 某条形基础宽3 m,埋深2 m,地基土为均匀黏性土,其天然重度为18 kN/m³,浮重度为8 kN/m³,抗剪强度指标:$c = 12$ kPa,$\varphi = 12°$。试问该地基的临塑荷载 p_{cr}、临界荷载 $p_{1/4}$ 和 $p_{1/3}$ 各为多少? 若地下水位上升至基础底面,假定土的抗剪强度指标不变,其 $p_{cr}, p_{1/4}, p_{1/3}$ 又为多少?

【解】 将 $\varphi = 12°$ 代入式(6.51)、式(6.52)、式(6.56)、式(6.57)算得 $N_c = 4.42, N_q = 1.94, N_{\gamma(\frac{1}{4})} = 0.46, N_{\gamma(\frac{1}{3})} = 0.62$。

按式(6.50)、式(6.55)分别计算如下:

$$p_{cr} = N_q \gamma d + N_c c = (18 \times 2 \times 1.94 + 12 \times 4.42)\text{kPa} = 122.9 \text{ kPa}$$

$$p_{1/4} = \frac{1}{2}\gamma b N_{\gamma\left(\frac{1}{4}\right)} + \gamma d N_q + N_c c$$

$$= \frac{1}{2} \times 18 \times 0.46 \times 3 \text{ kPa} + 18 \times 2 \times 1.94 \text{ kPa} + 4.42 \times 12 \text{ kPa} = 135.3 \text{ kPa}$$

$$p_{1/3} = \frac{1}{2}\gamma b N_{\gamma\left(\frac{1}{3}\right)} + \gamma d N_q + N_c c$$

$$= \frac{1}{2} \times 18 \times 0.62 \times 3 \text{ kPa} + 18 \times 2 \times 1.94 \text{ kPa} + 4.42 \times 12 \text{ kPa}$$

$$= 139.6 \text{ kPa}$$

地下水位上升至基础底面时,此时 γ 应取浮重度 γ',则:

$$p_{cr} = N_q \gamma d + N_c c = (18 \times 2 \times 1.94 + 12 \times 4.42) \text{kPa} = 122.9 \text{ kPa}$$

$$p_{1/4} = \frac{1}{2}\gamma' b N_{\gamma\left(\frac{1}{4}\right)} + \gamma d N_q + N_c c$$

$$= \frac{1}{2} \times 8 \times 3 \times 0.46 \text{ kPa} + 1.94 \times 2 \times 18 \text{ kPa} + 4.42 \times 12 \text{ kPa} = 128.4 \text{ kPa}$$

$$p_{1/3} = \frac{1}{2}\gamma' b N_{\gamma\left(\frac{1}{3}\right)} + \gamma d N_q + N_c c$$

$$= \frac{1}{2} \times 8 \times 3 \times 0.62 \text{ kPa} + 1.94 \times 2 \times 18 \text{ kPa} + 4.42 \times 12 \text{ kPa} = 130.32 \text{ kPa}$$

计算表明,当地下水位上升到基底时,地基的临塑荷载没有变化,但临界荷载值因 γ 减小而降低了,显然,如果地下水位上升至基底以上时,临塑荷载也会因 γ 减小而降低。因此,实际工程中要做好排水工作,防止地表水渗入地基,这对保证地基具有的承载能力意义重大。

6.9　地基极限荷载

目前有很多求解地基极限荷载的理论计算公式,但归纳起来,求解的途径主要有两种:一种是根据土体的极限平衡理论,计算土中各点达到极限平衡时的应力和滑动面方向,并建立微分方程,根据边界条件求出地基达到极限平衡时各点的精确解,由于采用这种方法求解时在数学上遇到很大困难,只有少数情况可得到解析解,而多数情况需用数值方法;另一种是根据模型试验结果先假定滑动面形状,然后根据滑动土的静力平衡条件求解,按这种方法得到的极限荷载的计算公式比较简便,在工程实践中得到广泛应用。

6.9.1　普朗德尔和赖斯纳公式

受铅直均布荷载作用的、无限长的、底面光滑的条形刚性板置于无重量土($\gamma = 0$)的表面上($d = 0$),当刚性板下的土体处于塑性平衡状态时,其破裂面形式及极限承载力公式首先由普朗特尔在 1920 年给出,1924 年赖斯纳将普朗特尔公式进行了完善,考虑了基础埋深 d 并将基底以上土体当成作用在基础两侧基底平面的均布荷载,后人将此公式称为普朗德尔-赖斯纳公式。

普朗特尔公式是求解宽度为 b 的条形基础,置于地基表面,在中心荷载 p 作用下的极限承载力 p_u 值。

普朗特尔的基本假设及结果,归纳为如下几点:

①地基土是均匀、各向同性的无重量介质,即认为土的 $\gamma = 0$,而只具有 c,φ 的材料;

②基础底面光滑,即基础底面与土之间无摩擦力存在,因此基底的压应力垂直于地面;

③当地基处于极限平衡状态时,将出现连续的滑动面,其滑动区域将由朗肯主动区Ⅰ、径向剪切区Ⅱ或过渡区和朗肯被动区Ⅲ所组成,如图 6.31 所示。

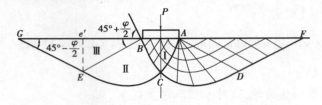

图 6.31　条形钢性板下的塑性平衡区与滑动面

根据上述基本假设取脱离体,根据脱离体上力的平衡条件可以得到地基极限承载力为:

$$p_u = cN_c \tag{6.58}$$

$$N_c = \cot\varphi\left[\exp(\pi\tan\varphi)\tan^2\left(45° + \frac{\varphi}{2}\right) - 1\right] \tag{6.59}$$

式中　N_c——承载力系数,是 φ 的函数。

若考虑基础有埋深 d,则将基底平面以上的覆土以压力 $q = \gamma_0 d$ 代替,赖斯纳得出极限承载力表达式为:

$$p_u = qN_q + cN_c \tag{6.60}$$

$$N_q = \exp(\pi\tan\varphi)\tan^2\left(45° + \frac{\varphi}{2}\right) \tag{6.61}$$

由式(6.59)、式(6.61)可得:

$$N_c = (N_q - 1)\cot\varphi \tag{6.62}$$

普朗特尔-赖斯纳公式具有重要的理论价值,它奠定了极限承载力理论的基础。其后,众多学者在他们各自研究成果的基础上,对普朗特尔-赖斯纳公式作了不同程度的修正与发展,从而使极限承载力理论逐步得以完善。

普朗特尔-赖斯纳公式假定土的重度 $\gamma = 0$,但是由于土的强度很小,同时内摩擦角 $\varphi \neq 0$,因此,不考虑重度作用是不切实际的。考虑地基土的重量以后,极限承载力的理论解将会很难求得。索科洛夫斯基假设 $c = 0,q = 0$,考虑土的重量对强度的影响,得到了土的重度引起的极限承载力为:

$$p_u = \frac{1}{2}\gamma bN_\gamma \tag{6.63}$$

魏锡克建议近似用如下分析表达式:

$$N_\gamma \approx 2(N_q + 1)\tan\varphi \tag{6.64}$$

其误差在 5% ~10%,且偏于安全,对于 c,q,γ 都不为零的情况,将式(6.63)、式(6.60)合并得:

$$p_u = \frac{1}{2}\gamma bN_\gamma + qN_q + cN_c \tag{6.65}$$

式中承载力系数 N_q,N_c,N_γ 可查表 6.3。

式(6.65)是地基极限承载力的最为通用的表达式。尽管由于假设不同,会有各种不同的极限承载力公式,其最终表达式都可写成式(6.65)的形式,但承载力系数 N_q,N_c,N_γ 各不相同。

【例6.7】 某黏性地基土的条形基础,基础宽度 $b = 3$ m,基础埋深 $d = 2$ m,地基土的天然重度 $\gamma = 19$ kN/m³,黏聚力 $c = 16$ kPa,$\varphi = 20°$,按普朗特尔-赖斯纳公式,求地基的极限承载力。

【解】 按式(6.60),地基极限承载力 p_u 为:

$$p_u = qN_q + cN_c$$

$$q = \gamma_0 d = 19 \text{ kN/m}^3 \times 2 \text{ m} = 38 \text{ kN/m}^2$$

$$N_q = \exp(\pi\tan\varphi)\tan^2\left(45° + \frac{\varphi}{2}\right) = \exp(\pi\tan 20°)\tan^2\left(45° + \frac{20°}{2}\right) = 6.4$$

$$N_c = (N_q - 1)\cot\varphi = (6.4 - 1)\cot 20° = 14.8$$

则 $p_u = 38 \times 6.4 \text{ kN/m}^2 + 16 \times 14.8 \text{ kN/m}^2 = 480 \text{ kN/m}^2$

从式(6.62)可以看出,当地基土黏聚力为零、基础埋深 d 为零时,地基极限承载力也为零,这显然不合理。造成这种现象的原因是假设地基土的重度为零。

6.9.2 太沙基公式

实际上地基土并不是无重介质,而且基础底面并不完全光滑,与地基表面之间存在着摩擦力,因此普朗特尔-赖斯纳公式假设条件与实际情况相差甚远。而地基表面摩擦力直接阻碍位于基底下那部分土体的变形,使它处于弹性平衡状态,该部分土体称为刚性核(或称为弹性核)。弹性核与基础成为整体,竖直向下移动,下移的弹性核挤压两侧土体,使地基破坏,形成滑裂线网。此时由于基础下部分土体不处于极限平衡状态,这种情况边界条件复杂,因此难以直接解极限平衡微分方程组求地基的极限承载力。这时,可以先假定弹性核和滑裂面的形状,再利用极限平衡概念和隔离体的静力平衡条件求极限承载力近似解。这类半理论半经验方法的公式甚多,最广泛应用的是太沙基公式。

对于均质地基上的条形基础,当受中心荷载作用时,若把土作为有重量的介质,即 $\gamma \neq 0$,求其极限承载力时,太沙基作了如下假设:

①基础底面粗糙,基底与土之间有摩擦力存在。当地基达到破坏并出现连续的滑动面时,其基底下有一部分土体将随着基础一起移动而处于弹性平衡状态,该部分土体称为弹性核或称为弹性楔体,如图 6.32 中 ABC 所示。弹性核的边界 CB 或 AB 为滑动面的一部分,它与水平面的夹角为 ψ,而它的具体数值又与基底的粗糙程度有关。当把基底看作完全粗糙时,$\psi = \varphi$(图6.32)。

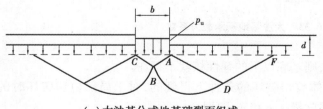

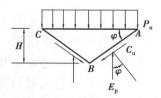

(a)太沙基公式地基破裂面组成   (b)取刚性核为隔离体的受力分析

图 6.32 太沙基理论计算图

②除弹性楔体外,滑动区域范围内的土体均处于塑性平衡状态。当把基底看作完全粗糙时,则滑动区域由径向剪切区 ABD 和朗肯被动区 ADF 所组成,如图 6.32 所示。其中径向剪切

区 *ABD* 的边界 *BD* 为对数螺旋曲线,其方程为:

$$r = r_0 \exp(\theta \tan \varphi) \tag{6.66}$$

式中　r_0——起始半径;

　　　θ——任一半径与起始半径的夹角,可以证明对数螺线在 *B* 点与竖直线相切。朗肯被动

　　　　区 *ADF* 的边界 *AD* 为直线,它与水平面成$\left(45° - \dfrac{\varphi}{2}\right)$角。

③当基础有埋置深度 *d* 时,则基底以上的土体荷载用相当的均布荷载 $q = \gamma_0 \cdot d$ 来代替,但不考虑其强度。γ_0 为基底以上土体的加权平均重度,*d* 为基础埋深。

根据静力平衡条件经推导可得地基的极限承载力为:

$$p_u = \frac{1}{2}\gamma b N_\gamma + q N_q + c N_c \tag{6.67}$$

式中　γ, c——基底下土体的重度及黏聚力,N_q, N_γ, N_c 称为承载力系数,都是土的内摩擦角 φ 的函数。

太沙基将 N_q, N_c, N_γ 绘制成曲线(图6.33),可供直接查用。

$$\left.\begin{aligned}
N_q &= \frac{1}{2}\left[\frac{\exp\left(\left(\frac{3}{4}\pi - \frac{\pi}{2}\right)\tan\varphi\right)}{\cos\left(45° + \frac{\varphi}{2}\right)}\right]^2 \\
N_c &= \cot\varphi(N_q - 1) \\
N_\gamma &= \frac{1}{2}\left(\frac{K_{p\gamma}}{\cos^2\varphi} - 1\right)\tan\varphi
\end{aligned}\right\} \tag{6.68}$$

从式(6.68)可知,承载力系数为土的内摩擦角 φ 的函数,表示土重影响的承载力 N_γ 包含相应被动土压力系数 $K_{p\gamma}$,需由试算确定。

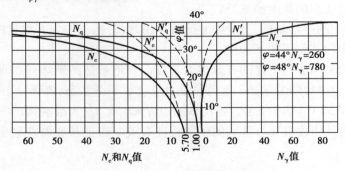

图6.33　太沙基地基承载力系数

对太沙基公式的几点说明:

①当把基础底面假定为光滑时,则基底以下的弹性核就不存在。

②太沙基承载力公式都是在整体剪切破坏的条件下得到的,对于局部剪切破坏时的承载力,太沙基建议用经验法调整抗剪强度指标 *c* 和 φ,即用:

$$c' = \frac{2}{3}c, \quad \varphi' = \arctan\left(\frac{2}{3}\tan\varphi\right)$$

代替式(6.67)、式(6.68)中的 *c* 和 φ。则此时的极限承载力采用:

$$p_u = \frac{1}{2}\gamma b N'_\gamma + q N'_q + \frac{2}{3}c N'_c \tag{6.69}$$

式中　N'_γ, N'_q, N'_c——相应于局部剪切破坏情况的承载力系数,可由图6.33中虚线得到。

③对于方形或圆形基础,太沙基建议用下列修正公式计算地基极限承载力:

$$\left.\begin{array}{l} p_u = 0.6\gamma R N_\gamma + q N_q + 1.2c N_c \\ p_u = 0.4\gamma b N_\gamma + q N_q + 1.2c N_c \end{array}\right\} \tag{6.70}$$

式中　R——圆形基础半径;

b——方形基础宽度。

应用太沙基极限荷载公式进行基础设计时,地基承载力为:

$$f = \frac{p_u}{K} \tag{6.71}$$

式中　K——地基承载力安全系数,$K \geqslant 3.0$。

【例6.8】　某混合结构办公楼采用条形基础。基础埋深$d = 1.50$ m,基础底宽$b = 2.0$ m,地基为软塑状态粉质黏土,内摩擦角$\varphi = 12°$,黏聚力$c = 22$ kPa,天然重度$\gamma = 18.5$ kN/m³,计算此住宅地基极限荷载与地基承载力。

【解】　(1)求地基的极限荷载

因地基为软塑状态粉质黏土,应用太沙基的局部剪切破坏时的极限荷载公式:

$$p_u = \frac{1}{2}\gamma b N'_\gamma + q N'_q + \frac{2}{3}c N'_c$$

根据地基土的内摩擦角$\varphi = 12°$,查图6.33中虚线,得:$N'_q = 3.0$,$N'_c = 8.7$,$N'_\gamma = 0$。

将上列数据代入松软地基的极限荷载公式,求得地基极限荷载:

由$q = \gamma_0 d$,则

$$p_u = 18.5 \times 1.5 \times 3.0 \text{ kPa} + \frac{2}{3} \times 22 \times 8.7 \text{ kPa} = 83.25 \text{ kPa} + 127.6 \text{ kPa} = 210.85 \text{ kPa}$$

(2)求地基承载力

取安全系数$K = 3.0$,则地基承载力为:

$$f = \frac{p_u}{K} = \frac{210.85 \text{ kPa}}{3} = 70.28 \text{ kPa}$$

由图6.33可见,松软土当$\varphi < 18°$时,$N'_\gamma = 0$,则所计算的极限荷载p_u的第一项$\frac{1}{2}\gamma b N'_\gamma$为零,因此计算结果$p_u$与$f$均相应减小。

6.9.3　斯凯普顿公式

饱和黏土地基上加荷过快相当于地基土体接近不固结不排水条件下受到剪切,即相当于内摩擦角$\varphi = 0$,这种情况下太沙基公式难以应用,这是因为太沙基公式中的承载力系数N'_γ, N'_q,N'_c都是φ的函数。斯凯普顿根据极限状态下各滑动体的平衡条件,导出其地基极限承载力的计算公式,研究了$\varphi = 0$的饱和软黏土地基的极限荷载计算,其计算公式为:

$$p_u = 5.14c + \gamma_0 d \tag{6.72}$$

对于矩形基础,地基极限承载力公式为:

$$p_u = 5c\left(1 + \frac{b}{5l}\right)\left(1 + \frac{d}{5b}\right) + \gamma_0 d \tag{6.73}$$

式中 c——地基土的黏聚力(kPa),取基底以下 $0.7b$ 深度范围内的平均值,考虑饱和黏性土和粉土在不排水条件下的短期承载力,黏聚力应采用土的不排水抗剪强度 c_u;

b, l——基础的宽度和长度,m;

γ_0——基础埋置深度 d 范围内土的重度,kN/m³。

应用斯凯普顿公式进行基础设计时,地基承载力为:

$$f = \frac{p_u}{K}$$

式中 K——斯凯普顿公式安全系数,取 $K = 1.1 \sim 1.5$。

斯凯普顿公式只适应于地基土的内摩擦角 $\varphi = 0$ 的饱和软土地基和浅基础,并考虑了基础长度与宽度比值等多方面因素。实践表明,按斯凯普顿公式计算的地基极限承载力与实际接近。

【例6.9】 某工业厂房设计独立浅基础,基础底面尺寸为长度 $l = 2.5$ m、宽度 $b = 1.5$ m,基础埋深 $d = 1.0$ m。地基为饱和软黏土,内摩擦角 $\varphi = 0$,黏聚力 $c = 10$ kPa,天然重度 $\gamma = 18$ kN/m³。计算此地基的极限荷载和地基承载力。当只把基础宽度 $b = 1.5$ m 加大 1 倍,即 $b = 3.0$ m,或只把 $d = 1.0$ m 加大 1 倍,即 $d = 2.0$ m 时,求这两种情况时地基的极限荷载和地基承载力。

【解】 (1)求地基的极限荷载

由于地基为 $\varphi = 0$ 的饱和软土,应用斯凯普顿公式计算极限荷载:

$$\begin{aligned}
p_u &= 5c\left(1 + \frac{b}{5l}\right)\left(1 + \frac{d}{5b}\right) + \gamma_0 d \\
&= 5 \times 10 \times \left(1 + \frac{1.5}{5 \times 2.5}\right)\left(1 + \frac{1.0}{5 \times 1.5}\right)\text{kPa} + 18 \times 1.0 \text{ kPa} \approx 81.47 \text{ kPa}
\end{aligned}$$

(2)计算地基承载力

因为工业厂房为重要建筑,采用安全系数 $K = 1.5$,地基承载力为:

$$f = \frac{p_u}{K} = \frac{81.47 \text{ kPa}}{1.5} \approx 54.31 \text{ kPa}$$

(3)当基础宽度 b 加大 1 倍时

$$\begin{aligned}
p_u &= 5c\left(1 + \frac{b}{5l}\right)\left(1 + \frac{d}{5b}\right) + \gamma_0 d \\
&= 5 \times 10\left(1 + \frac{3.0}{5 \times 2.5}\right)\left(1 + \frac{1.0}{5 \times 3.0}\right)\text{kPa} + 18 \times 1.0 \text{ kPa} \approx 81.47 \text{ kPa}
\end{aligned}$$

因为工业厂房为重要建筑,采用安全系数 $K = 1.5$,地基承载力为:

$$f = \frac{p_u}{K} = \frac{81.47 \text{ kPa}}{1.5} \approx 54.31 \text{ kPa}$$

(4)当基础深度加大 1 倍时

$$\begin{aligned}
p_u &= 5c\left(1 + \frac{b}{5l}\right)\left(1 + \frac{d}{5b}\right) + \gamma_0 d \\
&= 5 \times 10 \times \left(1 + \frac{1.5}{5 \times 2.5}\right)\left(1 + \frac{2.0}{5 \times 1.5}\right)\text{kPa} + 18 \times 2.0 \text{ kPa} \approx 106.93 \text{ kPa}
\end{aligned}$$

因为工业厂房为重要建筑，采用安全系数 $K=1.5$，地基承载力为：

$$f = \frac{p_u}{K} = \frac{106.93 \text{ kPa}}{1.5} \approx 71.29 \text{ kPa}$$

由上题计算结果可知，在饱和软土地基内摩擦角 $\varphi=0$ 时，其他条件不变，只是加大基础宽度 1 倍后，地基的极限荷载和地基承载力并没有提高，即 p_u 和 f 与 b 无关；但是，在其他条件不变时，只是加大基础深度 1 倍后，地基的极限荷载和地基承载力都显著提高。由此可见，基础埋深 d 对极限荷载 p_u 和地基承载力 f 的影响很大。

6.9.4　汉森公式

前面所述的极限承载力 p_u 和承载力系数 N_q，N_c，N_γ 均是按条形竖直均布荷载推导得到的。汉森在极限承载力上的主要贡献就是对承载力进行数项修正，包括非条形荷载的基础形状修正、埋深范围内考虑土抗剪强度的深度修正、基底有水平荷载时的荷载倾斜修正、地面有倾角 β 时的地面修正以及基底有倾角 $\overline{\eta}$ 时的基底修正。每种修正均需在承载力系数 N_q，N_c，N_γ 上乘以相应的修正系数。加以修正后，汉森的极限承载力公式为：

$$p_u = \frac{1}{2}\gamma b N_\gamma S_\gamma d_\gamma i_\gamma q_\gamma b_\gamma + q N_q S_q d_q i_q q_q b_q + c N_c S_c d_c i_c q_c b_c \tag{6.74}$$

式中　N_q，N_c，N_γ——地基承载力系数；

$$N_q = \tan^2(45° + \varphi/2)\exp(\pi\tan\varphi)$$
$$N_c = (N_q - 1)c\tan\varphi$$
$$N_\gamma = 1.8(N_q - 1)\tan\varphi$$

S_γ，S_q，S_c——相应于基础形状修正的修正系数；

d_γ，d_q，d_c——相应于考虑埋深范围内土强度的深度修正系数；

i_γ，i_q，i_c——相应于荷载倾斜的修正系数；

q_γ，q_q，q_c——相应于地面倾斜的修正系数；

b_γ，b_q，b_c——相应于基础底面倾斜的修正系数。

汉森提出上述各系数的计算公式见表 6.4。

表6.4　汉森承载力公式中的修正系数

形状修正系数	深度修正系数	荷载倾斜修正系数	地面倾斜修正系数	基底倾斜修正系数
$S_c = 1 + \dfrac{N_q b}{N_c L}$	$d_c = 1 + 0.4\dfrac{d}{b}$	$i_c = i_q - \dfrac{1 - i_q}{N_q - 1}$	$q_c = 1 - \beta/14.7°$	$b_c = 1 - \overline{\eta}/14.7°$
$S_q = 1 + \dfrac{b}{l}\tan\varphi$	$d_q = 1 + 2\tan\varphi$ $(1 - \sin\varphi)^2\dfrac{d}{b}$	$i_q = \left(1 - \dfrac{0.5P_h}{P_v + A_f c\cot\varphi}\right)^5$	$q_q = (1 - 0.5\tan\beta)^5$	$b_q = \exp(-2\overline{\eta}\tan\varphi)$
$S_\gamma = 1 - 0.4\dfrac{b}{l}$	$d_\gamma = 1.0$	$i_\gamma = \left(1 - \dfrac{0.7P_h}{P_v + A_f c\cot\varphi}\right)^5$	$q_\gamma = (1 - 0.5\tan\beta)^5$	$b_\gamma = \exp(-2\overline{\eta}\tan\varphi)$

注：①此表为综合汉森、杜-比尔及魏锡克的资料所组成。

②表中符号：A_f——基础的有效接触面积，$A_f = b'l'$；b'——基础的有效宽度，$b' = b - 2e_b$；l'——基础的有效长度，$l' = l - 2e_l$；d——基础的埋置深度；b——基础宽度；l——基础的长度；c——地基的黏聚力；φ——地基的内摩擦角；P_h——平行于基础的荷载分量；P_v——垂直于基础的荷载分量；β——地面倾角；$\overline{\eta}$——基底倾角。

6.9.5　极限承载能力公式的比较

根据前面介绍的几种地基极限承载力的计算公式可以知道,普朗特尔-赖斯纳、太沙基、汉森等极限承载力公式都是采用假定滑动面的方法并根据滑动土体的静力平衡条件得到地基的极限承载力。由式(6.60)、式(6.65)、式(6.70)可以知道,地基的极限承载力大致由下列几部分组成:

①滑动土体的自重所产生的抗力;

②基础两侧均布荷载 q 所产生的抗力;

③滑裂面上的黏聚力 c 所产生的抗力。

其中普朗特尔-赖斯纳公式由于假设基底下土体为各向同性的无重量介质,即认为土的 $\gamma=0$,因此承载力仅仅由均布荷载 q 和黏聚力 c 所产生的承载力组成;太沙基、汉森等公式先分别求出了由于地基土自重、均布荷载 q 及黏聚力 c 所产生的承载力,然后叠加得到地基的极限承载力。

前述介绍的几种求解地基极限承载力的公式并不是很完善、严格。首先,他们认为地基土由滑移边界线截然分为弹性变形区和塑性破坏区,并且将土的应力应变关系假设为理想弹性体或塑性体,而实际上土体并非纯弹性体或塑性体,它属于非线性弹塑性体。显然,采用理想化的弹塑性理论不能完全反映地基土的破坏特征,也无法描述地基土的变形、破坏过程。其次,上述公式都可写成统一的形式,但不同的滑动面形状就具有不同的极限荷载公式,它们的差异不仅仅显示在承载力系数的不同。此外,普朗特尔-赖斯纳公式与太沙基公式都没有考虑基础埋深范围内土的强度,会导致承载力计算结果偏小。虽然汉森公式考虑了基础形状、荷载形式、地面形状等因素的影响,但也只是进行了简单的数学公式修正。总之,若要想准确地反映实际问题,还需要进一步的完善。

6.10　地基容许承载力和地基承载力特征值

所有的建筑物和土工建筑物的地基基础设计时,均应满足地基承载力和变形的要求。通常地基计算时,首先应限制基底压力小于等于基础深宽修正后的地基容许承载力或地基承载力特征值。天然地基的容许承载力是天然地基所能承受建筑物基础作用在地基单位面积上容许的最大压力,在整个使用年限内都要求地基稳定,要求地基不致因承载力不足、渗流破坏而失去稳定性,也不致因变形过大而影响正常使用。按《建筑地基基础设计规范》(GB 50007—2011)定义,地基承载力特征值是指由载荷试验确定的地基土压力变形曲线线性变形段内规定的变形所对应的压力值,其最大值为比例界限值。影响地基承载力的主要因素有地基土的成因与堆积年代、地基土的物理力学性质、基础的形式与尺寸、基础埋深及施工速度等。

6.10.1　地基承载力的设计原则

对于天然地基的容许承载力,地基的强度和变形都满足设计的要求,建筑物的安全和正常使用不会受到不利的影响。如果建筑物的压力超过了地基的容许承载力,则建筑物及地基将产生不稳定或破坏的现象;如果过小的估计了地基的容许承载力,则会增加建筑物设计的造价,造成不经济的后果。因此,正确地确定地基的容许承载力是一个十分重要的问题。

确定地基的容许承载力的基本要素是:地基土性质、地基土生成条件、建筑物的结构特征。

土的生成条件对整个地基土层的构造和性质有很大影响。如果地层是整合的,土的密度、压缩性及抗剪强度是接近的,则地基的容许承载力要比非均质地层大一些。关于建筑物结构特征应考虑以下 3 个因素:基础宽度对沉降和极限承载力的影响;建筑物各部分的容许沉降差的影响;建筑物各部分荷载强度不均的影响。

地基承载力特征值是以分项系数表达的实用极限状态设计法确定的地基承载力。

根据建筑物的结构及使用性质,分别将临塑荷载 p_{cr} 和临界荷载 $p_{1/3}$,$p_{1/4}$ 作为初步确定的地基的容许承载力。

6.10.2 《建筑地基基础设计规范》规定的地基承载力特征值

地基承载力特征值可由荷载试验或其他原位测试、公式计算,并结合工程实践经验等方法综合确定。

当基础宽度大于 3 m 或埋置深度大于 0.5 m 时,从荷载试验或其他原位试验、经验值等方法确定的地基承载力特征值,尚应按下式修正:

$$f_a = f_{ak} + \eta_b \gamma (b - 3) + \eta_d \gamma_m (d - 0.5) \tag{6.75}$$

式中 f_a——修正后的地基承载力特征值,kPa;

f_{ak}——地基承载力特征值,kPa;

η_b,η_d——基础宽度和埋置深度的地基承载力修正系数,按基底下土的类别查表 6.5 取值;

γ——基础底面以下土的重度,kN/m³,地下水位以下取浮重度;

b——基础底面宽度,m,当基础底面宽度小于 3 m 时按 3 m 取值,大于 6 m 时按 6 m 取值;

γ_m——基础底面以上土的加权平均重度,kN/m³,位于地下水位以下的土层取有效重度;

d——基础埋置深度,m,宜自室外地面标高算起。在填方平整区,可自填土地面标高算起,但填土在上部结构施工完成时,应从天然地面标高算起。对于地下室,当采用箱形基础或筏基时,基础埋置深度自室外地面标高算起;当采用独立基础或条形基础时,应从室内地面标高算起。

表6.5 承载力修正系数

土的类别		η_b	η_d
淤泥和淤泥质土		0	1.0
人工填土 e 或 I_L 大于等于 0.85 的黏性土		0	1.0
红黏土	含水比 $\alpha_w > 0.8$	0	1.2
	含水比 $\alpha_w \leq 0.8$	0.15	1.4
大面积压实填土	压实系数大于 0.95、黏粒含量 $\rho_c \geq 10\%$ 的粉土	0	1.5
	最大干密度大于 2 100 kg/m³ 的级配砂石	0	2.0

续表

土的类别		η_b	η_d
粉土	黏粒含量 $\rho_c \geqslant 10\%$ 的粉土	0.3	1.5
	黏粒含量 $\rho_c < 10\%$ 的粉土	0.5	2.0
e 及 I_L 均小于 0.85 的黏性土		0.3	1.6
粉砂、细砂(不包括很湿与饱和时的稍密状态)		2.0	3.0
中砂、粗砂、砾砂和碎石土		3.0	4.4

注:①强风化和全风化的岩石,可参照所风化成的相应土类取值,其他状态下的岩石不修正;

②地基承载力特征值按本规范附录即深层平板载荷试验确定 η_d 时取 0;

③含水比是指土的天然含水量与液限的比值;

④大面积压实填土是指填土范围大于两倍基础宽度的填土。

当偏心距 e 小于或等于 0.033 倍基础底面宽度时,根据土的抗剪强度指标确定地基承载力特征值可按下式计算,并应满足变形要求:

$$f_a = M_b \gamma b + M_d \gamma_m d + M_c c_k \tag{6.76}$$

式中 f_a——由土的抗剪强度指标确定的地基承载力特征值,kPa;

M_b, M_d, M_c——承载力系数,按表 6.6 确定;

b——基础底面宽度,m,大于 6 m 时按 6 m 取值,对于砂土小于 3 m 时按 3 m 取值;

c_k——基底下 1 倍短边宽度的深度范围内土的黏聚力标准值,kPa。

表 6.6 承载力系数 M_b, M_d, M_c

土的内摩擦角标准值 $\varphi_k/(°)$	M_b	M_d	M_c
0	0	1.00	3.14
2	0.03	1.12	3.32
4	0.06	1.25	3.51
6	0.10	1.39	3.71
8	0.14	1.55	3.93
10	0.18	1.73	4.17
12	0.23	1.94	4.42
14	0.29	2.17	4.69
16	0.36	2.43	5.00
18	0.43	2.72	5.31
20	0.51	3.06	5.66
22	0.61	3.44	6.04
24	0.80	3.87	6.45
26	1.10	4.37	6.90
28	1.40	4.93	7.40
30	1.90	5.59	7.95
32	2.60	6.35	8.55
34	3.40	7.21	9.22
36	4.20	8.25	9.97
38	5.00	9.44	10.80
40	5.80	10.84	11.73

注:φ_k——基底下 1 倍短边宽度的深度范围内土的内摩擦角标准值,(°)。

对于完整、较完整、较破碎的岩石地基承载力特征值，可按《建筑地基基础设计规范》附录 H 岩石地基载荷试验方法确定；对破碎、极破碎的岩石地基承载力特征值，可根据平板载荷试验确定。对完整、较完整和较破碎的岩石地基承载力特征值，也可根据室内饱和单轴抗压强度按下式进行计算：

$$f_a = \psi_r f_{rk} \tag{6.77}$$

式中　f_a——岩石地基承载力特征值，kPa。

f_{rk}——岩石饱和单轴抗压强度标准值，kPa，可按《建筑地基基础设计规范》附录 J 确定。

ψ_r——折减系数，根据岩体完整程度以及结构面的间距、宽度、产状和组合，由地方经验确定。无经验时，对完整岩体可取 0.5，对较完整岩体可取 0.2 ~ 0.5，对较破碎岩体可取 0.1 ~ 0.2。

注：①上述折减系数值未考虑施工因素及建筑物使用后风化作用的继续；

②对于黏土质岩，在确保施工期及使用期不致遭水浸泡时，可采用天然湿度的试样，不进行饱和处理。

当地基受力层范围内有软弱下卧层时，应按下式验算软弱下卧层的地基承载力：

$$p_z + p_{cz} \leqslant f_{az} \tag{6.78}$$

式中　p_z——相应于作用的标准组合时，软弱下卧层顶面处的附加压力值，kPa；

p_{cz}——软弱下卧层顶面处土的自重压力值，kPa；

f_{az}——软弱下卧层顶面处经深度修正后的地基承载力特征值，kPa。

6.10.3　《公路桥涵地基与基础设计规范》规定的地基承载力容许值

①地基承载力的验算，应以修正后的地基承载力容许值 $[f_a]$ 控制。该值系在地基原位测试或本规范给出的各类岩土承载力基本容许值 $[f_{a0}]$ 的基础上，经修正后而得。

②地基承载力容许值应按以下原则确定：

a. 地基承载力基本容许值应首先考虑由荷载试验或其他原位测试取得，其值不应大于地基极限承载力的 1/2；对中小桥、涵洞，当受现场条件限制，或载荷试验和原位测试确有困难时，也可按照下面第③条的有关规定采用。

b. 地基承载力基本容许值尚应根据基底埋深、基础宽度及地基土的类别按照本规范第④条规定进行修正。

c. 软土地基承载力容许值可按照下面第⑤条确定。

d. 其他特殊性岩土地基承载力基本容许值可参照各地区经验或相应的标准确定。

③地基承载力基本容许值 $[f_{a0}]$ 可根据岩土类别、状态及物理力学特性指标按表 6.7 至表 6.12 选用。

a. 一般岩石地基可根据强度等级、节理按表 6.7 确定承载力基本容许值 $[f_{a0}]$。对于复杂的岩层（如溶洞、断层、软弱夹层、易溶岩石、软化岩石等），应按各项因素综合确定。

表 6.7　岩石地基承载力基本容许值[f_{a0}]　　　单位:kPa

坚硬程度	节理发育程度		
	节理不发育	节理发育	节理很发育
坚硬岩、较硬岩	>3 000	3 000～2 000	2 000～1 500
较软岩	3 000～1 500	1 500～1 000	1 000～800
软岩	1 200～1 000	1 000～800	800～500
极软岩	500～400	400～300	300～200

b. 碎石土地基可根据其类别和密实程度按表 6.8 确定承载力基本容许值[f_{a0}]。

表 6.8　碎石土地基承载力基本容许值[f_{a0}]　　　单位:kPa

土名	密实程度			
	密实	中密	稍密	松散
卵石	1 200～1 000	1 000～650	650～500	500～300
碎石	1 000～800	800～550	550～400	400～200
圆砾	800～600	600～400	400～300	300～200
角砾	700～500	500～400	400～300	300～200

注:①由硬质岩组成,填充砂土者取高值;由软质岩组成,填充黏性土者取低值;
　　②半胶结的碎石土,可按密实的同类土的[f_{a0}]值提高 10%～30%;
　　③松散的碎石土在天然河床中很少遇见,需特别注意鉴定;
　　④漂石、块石的[f_{a0}]值,可参照卵石、碎石适当提高。

c. 砂土地基可根据土的密实程度和水位情况按表 6.9 确定承载力基本容许值[f_{a0}]。

表 6.9　砂土地基承载力基本容许值[f_{a0}]　　　单位:kPa

土　名	湿度	密实程度			
		密实	中密	稍密	松散
砾砂、粗砂	与湿度无关	550	430	370	200
中砂	与湿度无关	450	370	330	150
细砂	水上	350	270	230	100
	水下	300	210	190	—
粉砂	水上	300	210	190	—
	水下	200	110	90	—

　　d. 粉土地基可根据土的天然孔隙比 e 和天然含水量 ω(%)按表 6.10 确定承载力基本容许值[f_{a0}]。

表6.10　粉土地基承载力基本容许值$[f_{a0}]$　　　单位:kPa

天然孔隙比 e	天然含水量 $\omega/\%$					
	10	15	20	25	30	35
0.5	400	380	355	—	—	—
0.6	300	290	280	270	—	—
0.7	250	235	225	215	205	—
0.8	200	190	180	170	165	—
0.9	160	150	145	140	130	125

e. 老黏性土地基可根据压缩模量 E_s 按表6.11确定承载力基本容许值$[f_{a0}]$。

表6.11　老黏性土地基承载力基本容许值$[f_{a0}]$

E_s/MPa	10	15	20	25	30	35	40
$[f_{a0}]$/kPa	380	430	470	510	550	580	620

注:当老黏性土 $E_s < 10$ MPa 时,承载力基本容许值$[f_{a0}]$按一般黏性土确定。

f. 一般黏性土可根据液性指数 I_L 和天然孔隙比 e 按表6.12确定地基承载力基本容许值 $[f_{a0}]$。

表6.12　一般黏性土地基承载力基本容许值$[f_{a0}]$　　　单位:kPa

天然孔隙比 e	液性指数 I_L												
	0	0.1	0.2	0.3	0.4	0.5	0.6	0.7	0.8	0.9	1.0	1.1	1.2
0.5	450	440	430	420	400	380	350	310	270	240	220	—	—
0.6	420	410	400	380	360	340	310	280	250	220	200	180	—
0.7	400	370	350	330	310	290	270	240	220	190	170	160	150
0.8	380	330	300	280	260	240	230	210	180	160	150	140	130
0.9	320	280	260	240	220	210	190	180	160	140	130	120	100
1.0	250	230	220	210	190	170	160	150	140	120	110	—	—
1.1	—	—	160	150	140	130	120	110	100	90	—	—	—

注:①土中含有粒径大于 2 mm 的颗粒质量超过总质量30%以上者,$[f_{a0}]$可适当提高。

②当 $e < 0.5$ 时,取 $e = 0.5$;当 $I_L < 0$ 时,取 $I_L = 0$。此外,超过表列范围的一般黏性土,$[f_{a0}] = 57.22 E_s^{0.57}$。

g. 新近沉积黏性土地基可根据液性指数 I_L 和天然孔隙比 e 按表6.13确定承载力基本容许值$[f_{a0}]$。

表 6.13 新近沉积黏性土地基承载力基本容许值 $[f_{a0}]$ 单位:kPa

天然孔隙比 e	液性指数 I_L		
	≤0.25	0.75	1.25
≤0.8	140	120	100
0.9	130	110	90
1.0	120	100	80
1.1	110	90	—

④修正后的地基承载力容许值 $[f_{a0}]$ 按式(6.79)确定。当基础位于水中不透水地层上时,$[f_a]$ 按平均常水位至一般冲刷线的水深每米再增大 10 kPa。

$$[f_a] = [f_{a0}] + k_1\gamma_1(b-2) + k_2\gamma_2(h-3) \tag{6.79}$$

式中 $[f_a]$——修正后的地基承载力容许值,kPa。

b——基础底面的最小边宽,m。当 $b<2$ m 时,取 $b=2$ m;当 $b>10$ m 时,取 $b=10$ m。

h——基底埋置深度,m,自天然地面算起,有水流冲刷时自一般冲刷线起算。当 $h<3$ m 时,取 $h=3$ m;当 $h/b>4$ 时,取 $h=4b$。

k_1,k_2——基底宽度、深度修正系数,根据基底持力层土的类别按表 6.14 确定。

γ_1——基底持力层土的天然重度,kN/m³。若持力层在水面以下且为透水者,应取浮重度。

γ_2——基底以上土层的加权平均重度,kN/m³。换算时若持力层在水面以下,且不透水时,不论基底以上土的透水性质如何,一律取饱和重度;当透水时,水中部分土层则应取浮重度。

表 6.14 地基土承载力宽度、深度修正系数 k_1,k_2

系数	黏性土				粉土	砂土								碎石土					
	老黏性土	一般黏性土		新近沉积黏性土	—	粉砂		细砂		中砂		砾砂、粗砂		碎石、圆砾、角砾		卵石			
		I_L ≥0.5	I_L <0.5		—	中密	密实	中密	密实	中密	密实	中密	密实	中密	密实	中密	密实		
k_1	0	0	0	0	0	1.0	1.2	1.5	2.0	2.0	3.0	3.0	4.0	3.0	4.0	3.0	4.0		
k_2	2.5	1.5	2.5	1.0	1.5	2.0	2.5	3.0	4.0	4.0	5.5	5.0	6.0	5.0	6.0	6.0	10.0		

注:①对于稍密和松散状态的砂、碎石土,k_1,k_2 值可采用表列中密值的 50%;
②强风化和全风化的岩石,可参照所风化成的相应土类取值;其他状态下岩石不修正。

⑤软土地基承载力容许值 $[f_a]$ 按下列规定确定:

a. 软土地基承载力基本容许值 $[f_{a0}]$ 应由荷载试验或其他原位测试取得。载荷试验和原位测试确有困难时,对于中小桥、涵洞基底未经处理的软土地基,承载力容许值 $[f_a]$ 可采用以下两种方法确定:

•根据原状土天然含水量 ω,按表 6.15 确定软土地基承载力基本容许值 $[f_{a0}]$,然后按式

(6.80)计算修正后的地基承载力容许值$[f_a]$：

$$[f_a] = [f_{a0}] + \gamma_2 h \qquad (6.80)$$

式中，γ_2, h 的意义同式(6.79)。

表 6.15　软土地基承载力基本容许值$[f_{a0}]$

天然含水量 $\omega/\%$	36	40	45	50	55	65	75
$[f_{a0}]/\text{kPa}$	100	90	80	70	60	50	40

● 根据原状土强度指标确定软土地基承载力容许值$[f_a]$：

$$[f_a] = \frac{5.14}{m} k_p C_u + \gamma_2 h \qquad (6.81)$$

$$k_p = \left(1 + 0.2\frac{b}{l}\right)\left(1 - \frac{0.4H}{blC_u}\right) \qquad (6.82)$$

式中　m——抗力修正系数，可视软土灵敏度及基础长宽比等因素选用 1.5 ~ 2.5；

C_u——地基土不排水抗剪强度标准值，kPa；

k_p——系数；

H——由作用(标准值)引起的水平力，kN；

b——基础宽度，m，有偏心作用时取 $b - 2e_b$；

l——垂直于 b 边基础长度，m，有偏心作用时取 $l - 2e_l$；

e_b, e_l——偏心作用在宽度和长度方向的偏心距。

b. 经排水固结方法处理的软土地基，其承载力基本容许值$[f_{a0}]$应通过载荷试验或其他原位测试方法确定；经复合地基方法处理的软土地基，其承载力基本容许值应通过载荷试验确定，然后按式(6.80)计算修正后的软土地基承载力容许值$[f_a]$。

⑥地基承载力容许值$[f_a]$应根据地基受荷阶段及受荷情况，乘以下列规定的抗力系数γ_R。

a. 使用阶段：

● 当地基承受作用短期效应组合或作用效应偶然组合时，可取 $\gamma_R = 1.25$；但对承载力容许值$[f_a]$小于 150 kPa 的地基，应取 $\gamma_R = 1.0$。

● 当地基承受的作用短期效应组合仅包括结构自重、预加力、土重、土侧压力、汽车和人群效应时，应取 $\gamma_R = 1.0$。

● 当基础建于经多年压实未遭破坏的旧桥基(岩石旧桥基除外)上时，不论地基承受的作用情况如何，抗力系数均可取 $\gamma_R = 1.5$；对$[f_a]$小于 150 kPa 的地基，可取 $\gamma_R = 1.25$。

● 基础建于岩石旧桥基上，应取 $\gamma_R = 1.0$。

b. 施工阶段：

● 地基在施工荷载作用下，可取 $\gamma_R = 1.25$；

● 当墩台施工期间承受单向推力时，可取 $\gamma_R = 1.5$。

习　题

6.1　已知土体中某点所受的最大主应力 $\sigma_1 = 500\ \text{kN/m}^2$，最小主应力 $\sigma_3 = 200\ \text{kN/m}^2$。试分别用解析法和图解法计算与最大主应力 σ_1 作用平面成 30°角的平面上的正应力 σ 和剪应力

τ。（答案：$\sigma = 425$ kN/m^2，$\tau = 130$ kN/m^2）

6.2　地基中某一单元体上的大主应力 $\sigma_1 = 420$ kPa，小主应力 $\sigma_3 = 180$ kPa。通过试验测得土的抗剪强度指标 $c = 18$ kPa，$\varphi = 20°$。试问：

（1）该单元体处于何种状态？（答案：$\sigma_{3f} = 180.7$ kPa $< \sigma_3$，则处于破坏状态）

（2）是否会沿剪应力最大的面发生破坏？（答案：$\tau_f > \tau_{max}$，不会沿该面发生破坏）

6.3　某正常固结饱和黏性土试样在三轴仪中进行固结不排水试验，施加周围压力 $\sigma_3 = 200$ kPa，试件破坏时的主应力差 $\sigma_1 - \sigma_3 = 280$ kPa，如果破坏面与水平面的夹角 $\alpha = 57°$，试求破坏面上的法向应力和剪应力以及试件中的最大剪应力。（答案：$\sigma = 283$ kPa，$\tau = 128$ kPa，$\tau_{max} = 140$ kPa）

6.4　某饱和土样，$\varphi_{cu} = 18°$，$c_{cu} = 0$，$\varphi' = 30°$，$c' = 0$。试求 $\sigma_3 = 100$，200，300 kPa 时的孔隙水压力系数。（答案：$A_1 = A_2 = A_3 = 0.62$）

6.5　某饱和黏性土试样在三轴仪中进行固结不排水试验，当 $\sigma_1 = 400$ kPa，$\sigma_3 = 200$ kPa 时，土样破坏，此时孔隙水压力 $u_f = 150$ kPa，已知有效抗剪强度指标 $c' = 60$ kPa，$\varphi' = 30°$。求破坏面上法向有效应力、剪应力及剪切破坏时的孔隙水压力系数 A。（答案：$\sigma' = 100$ kPa，$\tau = 86.6$ kPa，$A = 0.75$）

6.6　已知某办公楼为混合结构，条形基础，承受中心荷载。地基土分两层。表层：粉质黏土，厚度 $h_1 = 1.5$ m，土的天然重度 $\gamma_1 = 18.5$ kN/m^3，内摩擦角 $\varphi_1 = 19°$，黏聚力 $c_1 = 15$ kPa；第二层：黏土，层厚 $h_2 = 7.5$ m，土的天然重度 $\gamma_2 = 19.8$ kN/m^3，内摩擦角 $\varphi_2 = 16°$，黏聚力 $c_2 = 28$ kPa。基础埋深 d 为 2.0 m。计算地基的临塑荷载 p_{cr}。（答案：$p_{cr} = 231.18$ kPa）

6.7　有一正常固结饱和黏土样，放在三轴仪中进行固结快剪。试验过程是：先在压力室加水压 200 kPa 对土样进行固结，然后关闭连通土样的排水管阀，在垂直方向施加压力，当压力增量 $\Delta\sigma = 160$ kPa 时，土样被剪坏。若剪坏时的孔隙压力系数 $A = 0.6$，试求算：固结快剪总内摩擦角 φ_{cu} 和有效内摩擦角 φ'。（答案：$\varphi_{cu} = 16.6°$，$\varphi' = 25.77°$）

6.8　有一条形基础，基础宽度 $b = 2.0$ m，埋深 $d = 1.0$ m，地基土的天然重度 $\gamma = 19$ kN/m^3，饱和重度 $\gamma_{sat} = 20$ kN/m^3，$\varphi = 10°$，黏聚力 $c = 10$ kPa，试求：

（1）地基的临塑荷载 p_{cr} 和临界荷载 $p_{1/3}$，$p_{1/4}$。（答案：$p_{cr} = 75$ kPa，$p_{1/4} = 84.8$ kPa，$p_{1/3} = 88.2$ kPa）

（2）当地下水位上升到基础底面时，承载力有何变化？（答案：$p_{1/4}$，$p_{1/3}$ 降低，p_{cr} 不变）

6.9　黏性土地基上条形基础的宽度 $b = 2$ m，基础埋深 $d = 1.5$ m，地下水位在基础底面处。地基土的比重 $d_s = 2.7$，孔隙比 $e = 0.7$，水位以上土的饱和度 $S_r = 0.8$，土的抗剪强度指标 $c = 10$ kPa，$\varphi = 20°$。求地基土的临塑荷载 p_{cr}，临界荷载 $p_{1/4}$，$p_{1/3}$ 和太沙基极限承载力 p_u 并进行比较。（答案：$p_{cr} = 142.8$ kPa，$p_{1/4} = 152.8$ kPa，$p_{1/3} = 156.3$ kPa，$p_u = 424.33$ kPa）

6.10　地基为粉质黏土，其重度 $\gamma = 18.6$ kN/m^3，孔隙比 $e = 0.63$，液性指数 $I_L = 0.44$，经现场标准贯入试验，测得地基承载力特征值 $f_{ak} = 260$ kPa。已知条形基础宽度 $b = 3.5$ m，埋置深度 1.8 m。

（1）试采用现行《建筑地基基础设计规范》确定地基承载力；（答案：$f_a = 301.5$ kPa）

（2）若传至基础顶面的建筑物荷载为 1 200 kN/m，试问地基承载力是否满足要求？（答案：附加应力 $p = 293.9$ kPa $< f_a = 301.5$ kPa，满足要求）

6.11　已知某拟建建筑物场地地质条件，第一层：杂填土，层厚 1.0 m，$\gamma = 18$ kN/m^3；第二层:粉质黏土,层厚 4.2 m,$\gamma = 18.5$ kN/m³,$e = 0.92$,$I_L = 0.94$,地基承载力特征值 $f_{ak} = 136$ kPa,试采用现行《建筑地基基础设计规范》计算以下基础条件下修正后的地基承载力特征值:

(1)当基础底面为 4.0 m×2.6 m 的矩形独立基础,埋深 $d = 1.0$ m;(答案:$f_a = 145.0$ kPa)

(2)当基础底面为 9.5 m×36 m 的箱形基础,埋深 $d = 3.5$ m。(答案:$f_a = 191.2$ kPa)

6.12 某桥梁基础,基础埋置深度 $h = 5.2$ m,基础底面短边尺寸 $b = 2.6$ m。地基土为一般黏性土,天然孔隙比 $e_0 = 0.85$,液性指数 $I_L = 0.7$,土在水面以下容积密度(饱和状态)$\gamma_0 = 27$ kN/m³。要求按现行《公路桥涵地基与基础设计规范》:

(1)查表确定地基土的承载力基本容许值$[f_{a0}]$;(答案:$[f_{a0}] = 195$ kPa)

(2)计算对基础宽度、埋深修正后的地基承载力容许值$[f_a]$。(答案:$[f_a] = 284.10$ kPa)

第7章 土压力理论

土压力通常是指挡土墙后的填土,因自重或外荷载作用对墙背产生的侧压力。土压力是挡土墙的主要外荷载,因此设计挡土墙时首先要确定土压力的性质、大小、方向和作用点。土压力的计算是一个比较复杂的问题。它随挡土墙可能位移的方向分为主动土压力、被动土压力和静止土压力。土压力的大小还与墙后填土的性质、墙背倾斜方向等因素有关。

7.1 挡土结构和土压力类型

7.1.1 挡土结构

挡土墙是防止土体坍塌的构筑物,在房屋建筑、桥梁、道路以及水利等工程中得到广泛了应用。例如,支撑建筑物周围填土的挡土墙、地下室侧墙、桥台以及储藏粒状材料的挡墙等(图7.1)。又如大、中桥两岸引道路堤的两侧挡土墙(可少占土地和减少引道路堤的土方量),还有深基坑开挖支护墙以及隧道、水闸、驳岸等构筑物的挡土墙。挡土墙设计包括结构类型选择、构造措施及计算。由于挡土墙侧作用着土压力,计算中抗倾覆和抗滑移稳定性验算十分重要,通常绕墙趾点倾覆,但当地基软弱时,墙底可能陷入土中,力矩中心点向内移动,通常沿基础底面滑动。另外,挡土结构按其刚度及位移方式可分为刚性挡土墙、柔性挡土墙和临时支撑3类。

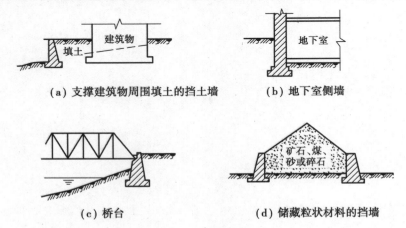

(a) 支撑建筑物周围填土的挡土墙   (b) 地下室侧墙

(c) 桥台   (d) 储藏粒状材料的挡墙

图 7.1 挡土墙应用举例

7.1.2　土压力的类型

挡土墙的土压力大小及其分布规律受墙体可能的位移方向、墙背填土的种类、填土面的形式、墙的截面形状和地基变形等一系列因素的影响。根据墙的位移情况和墙后土体所处的应力状态,土压力可分为以下3种:

(1)静止土压力

当挡土墙静止不动,土体处于弹性平衡状态时,土对墙的压力称为静止土压力,以 E_0 表示,如图7.2(a)所示。

(2)主动土压力

当挡土墙向离开土体方向偏移至土体达到主动极限平衡状态时,作用在墙上的土压力称为主动土压力,以 E_a 表示,如图7.2(b)所示。

(3)被动土压力

若挡土墙向土体方向偏移至土体达到被动极限平衡状态时,作用在挡土墙上的土压力称为被动土压力,以 E_p 表示,如图7.2(c)所示。

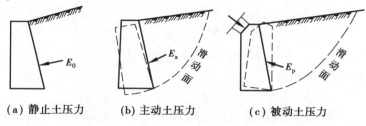

| (a) 静止土压力 | (b) 主动土压力 | (c) 被动土压力 |

图7.2　挡土墙侧的三种土压力

试验表明,在相同条件下,主动土压力小于静止土压力,而静止土压力小于被动土压力。同时,挡土墙的位移大小决定着墙后土体应力状态和土压力的性质,挡土墙所受土压力大小并不是一个常数,随着挡土墙位移量的变化,墙后土体的应力应变状态不同,因而土压力值也在变化,土压力的大小可能变化于两个极限值之间,其方向随之变化。现有的土压力理论主要是研究极限状态的土压力。主动土压力和被动土压力是墙后填土处于两种不同极限平衡状态时的土压力,至于介于两个极限平衡状态间的情况,除静止土压力这一特殊情况外,由于填土处于弹性或弹塑性平衡状态,是一个超静定问题,这种挡土墙在任意位移条件下的土压力计算还比较复杂,涉及挡土墙、填土和地基三者的变形、强度特性和共同作用,目前还不易计算其相应的土压力。不过,随着土工计算技术的发展,在某些情况下可以根据土的实际应力-应变关系,利用有限元法来确定墙体位移量与土压力大小的定量关系,如图7.3所示。

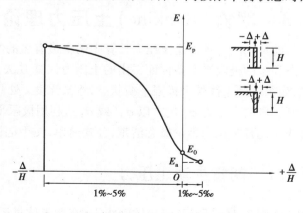

图7.3　墙身位移和土压力的关系

7.2 静止土压力计算

静止土压力状态犹如半无限空间弹性体,在自重作用下,在填土表面下任意深度 z 取一个微小单元体,在单元体顶面作用有竖向自重应力 γz,则该处的静止土压力强度 σ_0 为:

$$\sigma_0 = K_0 \gamma z \tag{7.1}$$

式中　σ_0——静止土压力强度,kPa;

K_0——静止土压力系数,可由泊松比 μ 来确定,$K_0 = \dfrac{\mu}{1-\mu}$;

γ——墙背填土的重度,kN/m³;

z——计算点深度,m。

一般土的泊松比值,砂土可取 0.25 ~ 0.40,其相应的 K_0 值在 0.25 ~ 0.67。对于理想刚体 $\mu = 0$,$K_0 = 0$,对于液体 $\mu = 0.5$,$K_0 = 1$,土的静止土压力系数 K_0 也可在室内由三轴仪或在现场由原位自钻式旁压仪等测试手段和方法得到。在缺乏经验资料时,可按下述经验公式估算 K_0 值。

砂性土　　　　　$K_0 = 1 - \sin \varphi'$ 　　　　　　　(7.2)

黏性土　　　　　$K_0 = 0.95 - \sin \varphi'$ 　　　　　　(7.3)

超固结黏性土　　$K_0 = \sqrt{OCR}(1 - \sin \varphi')$ 　　　　(7.4)

式中　φ'——土的有效内摩擦角;

OCR——土的超固结比。

由式(7.1)可知,静止土压力沿墙高呈三角形分布。如果取单位墙长,则作用在墙上的静止土压力为:

$$E_0 = \frac{1}{2}\gamma H^2 K_0 \tag{7.5}$$

式中　H——挡土墙高度,m;

E_0——静止土压力,kN/m,合力方向水平,作用点距墙底 $H/3$ 高度处。

7.3 朗肯(Rankine)土压力理论

朗肯土压力理论是土压力计算中两个最有名的经典理论之一,它是根据半无限空间的应力状态和土的极限平衡条件而得出的土压力计算方法。朗肯假定墙背直立、光滑,墙后填土面水平,如果墙后土体处于极限平衡状态,将某深度 z 处竖向自重应力 $\sigma_z = \gamma z$ 代之以 σ_1(或 σ_3),将墙背一侧的土压力 σ_x 代之以 σ_3(或 σ_1),利用极限平衡条件,得出主动(被动)土压力强度计算公式。朗肯土压力理论概念清楚,公式简单,便于记忆,因此目前在工程中广泛应用。

7.3.1 朗肯主动土压力

如图 7.4(a)所示,当土体静止不动时,土体处于弹性平衡状态,深度 z 处水平界面上的法向应力 $\sigma_z = \gamma z$,而竖直界面上的法向应力 $\sigma_x = K_0 \gamma z$,由于半空间内每一竖直面都是对称面,因

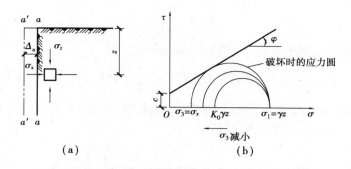

图7.4 朗肯主动土压力的概念

此,竖直截面和水平截面上的剪应力都等于零,则相应截面上的法向应力 σ_z 和 σ_x 都是主应力。为保证应力条件和边界条件不变,朗肯以某一竖直光滑面 aa 作为挡土墙墙背,并假定 aa 面向外水平平移,此时 σ_z 不变,而 σ_x 则会随着水平位移的不断发生而逐渐减小。当 aa 面的水平位移足够大时(移至 $a'a'$ 面时),应力面与土体强度包线 τ_f 相切,如图 7.4(b)所示,表示土体达到主动极限平衡状态,此时竖向应力 $\sigma_1 = \sigma_z = \gamma z$ 保持不变,而水平向应力 $\sigma_3 = \sigma_x$ 却逐渐由静止土压力减少至破坏状态的主动土压力,根据土力学极限强度理论,当达到主动破坏状态时,作用在墙背上的小主应力即为主动土压力强度 σ_a。

$$\sigma_a = \sigma_3 = \sigma_x = \gamma z \tan^2\left(45° - \frac{\varphi}{2}\right) - 2c\tan\left(45° - \frac{\varphi}{2}\right) \tag{7.6}$$

对于无黏性土,则有:

$$\sigma_a = \gamma z \tan^2\left(45° - \frac{\varphi}{2}\right) \tag{7.7}$$

令主动土压力系数 $K_a = \tan^2\left(45° - \frac{\varphi}{2}\right)$,则上面两式可以写成:

$$\sigma_a = \gamma z K_a - 2c\sqrt{K_a} \tag{7.8}$$

$$\sigma_a = \gamma z K_a \tag{7.9}$$

式中　γ——墙后填土重度,地下水位以下取有效重度;

　　　c,φ——土的黏聚力和内摩擦角;

　　　z——计算点距填土表面的距离。

由式(7.9)可见,无黏性土主动土压力沿墙高为直线分布,即与深度 z 成正比,如图 7.5 所示。取单位墙长计算,则主动土压力合力 E_a 为:

$$E_a = \frac{1}{2}\gamma H^2 \tan^2\left(45° - \frac{\varphi}{2}\right) = \frac{1}{2}\gamma H^2 K_a \tag{7.10}$$

其中 E_a 的作用点位于距底边 $H/3$ 处。对于黏性土,由式(7.8)可见,其主动土压力包括两部分:一部分是由自重引起的土压力 $\gamma z K_a$;另一部分是由于黏聚力造成的负的侧向压力 $2c\sqrt{K_a}$。墙后主动土压力是这两部分的叠加,如图 7.5(c)所示,其中 ade 部分是负侧压力,对于墙背来说是拉应力,但实际上墙背与土之间不可能出现拉应力,故计算土压力时,这部分土拉力不计,因此作用在墙背上的力仅是 abc 部分。

土压力零点位置 a 的深度 z_0 称为临界深度,这一深度表示在填土无表面荷载的条件下,在 z_0 深度范围内可以垂直开挖,即使无挡土结构,边坡也不会失稳,临界深度 z_0 根据式(7.8)得:

$$z_0 = \frac{2c}{\gamma\sqrt{K_a}} \tag{7.11}$$

取单位墙长计算主动土压力 E_a 为三角形 abc 的面积,即

$$E_a = \frac{1}{2}(H - z_0)(\gamma H K_a - 2c\sqrt{K_a}) = \frac{1}{2}\gamma H^2 K_a - 2cH\sqrt{K_a} + \frac{2c^2}{\gamma} \tag{7.12}$$

主动土压力 E_a 的作用点通过三角形 abc 的形心,即作用在距离底边 $(H - z_0)/3$ 的高度处。主动土压力沿墙高分布如图 7.5(c) 所示。

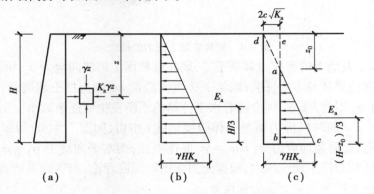

图 7.5 主动土压力沿墙高的分布

【例 7.1】 有一挡土墙如图 7.6(a)所示,其墙背竖直($\alpha = 0$)、光滑($\delta = 0$)及填土表面水平($\beta = 0$),墙高 $H = 10$ m,墙后填粉质黏土,容重 $\gamma = 17$ kN/m³,内摩擦角 $\varphi = 15°$,黏聚力 $c = 18$ kPa。试用朗肯理论计算作用于挡土墙上各点的主动土压力强度,绘出土压力分布图,求出合力,指出作用点位置。

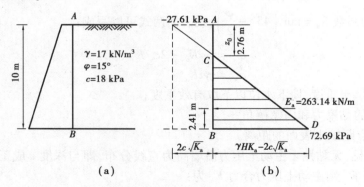

图 7.6 例 7.1 图

【解】 (1)根据所给条件,按式(7.8)计算主动土压力强度。

A 点:由于 $H = 0$,故只有 c 的影响,即

$$\sigma_{aA} = \gamma H K_a - 2c\sqrt{K_a} = 0 - 2 \times 18 \times 0.767 \text{ kPa} = -27.61 \text{ kPa}$$

式中,$K_a = \tan^2\left(45° - \frac{\varphi}{2}\right) = \tan^2\left(45° - \frac{15°}{2}\right) = 0.59$,$\sqrt{K_a} = 0.767$。

B 点:因为 $H \neq 0$,故存在两项,因此有

$$\sigma_{aB} = \gamma H K_a - 2c\sqrt{K_a} = 17 \times 10 \times 0.59 \text{ kPa} - 27.61 \text{ kPa} = 72.69 \text{ kPa}$$

（2）绘制主动土压力强度分布图，如图7.6（b）所示。

（3）求主动土压力。

求主动土压力为零的点是C点。设C点距地表距离为z_0，根据

$$z_0 = \frac{2c}{\gamma\sqrt{K_a}} = \frac{2 \times 18}{17 \times 0.767}\text{m} = 2.76 \text{ m}$$

故土压力合力为图7.6（b）中阴影三角形BCD的面积。

$$E_a = \frac{1}{2}BD \times BC = \frac{1}{2} \times 72.69 \times (10 - 2.76)\text{kN/m} = 263.14 \text{ kN/m}$$

（4）求合力作用点位置。

合力作用点在距墙底$(H-z_0)/3$处，即$7.24 \text{ m} \times \frac{1}{3} = 2.41 \text{ m}$。

7.3.2 朗肯被动土压力

如图7.7（a）所示，当土体静止不动，土体处于弹性平衡状态，深度z处水平截面上的法向应力$\sigma_z = \sigma_1 = \gamma z$，而竖直截面上的法向应力$\sigma_x = \sigma_3 = K_0\gamma z$，若$aa$面在外力作用下向填土方向水平移动，挤压土体，则$\sigma_x$会随着水平位移的移动而逐渐增加，当增加到一定程度后（移至$a'a'$面），σ_x成为大主应力σ_1，σ_z由于大小不发生变化成为小主应力σ_3，直至达到极限平衡状态时应力圆与土体强度包线相切[图7.7（b）]，作用在aa面上的压力σ_x达到最大值，此即为被动土压力强度σ_p。根据极限平衡条件可得：

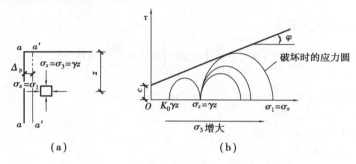

图7.7 朗肯被动土压力概念

无黏性土 $\quad\quad \sigma_p = \sigma_1 = \gamma z\tan^2\left(45° + \frac{\varphi}{2}\right) = \gamma z K_p$ $\quad\quad\quad\quad$ (7.13)

黏性土 $\quad\quad \sigma_p = \sigma_1 = \gamma z\tan^2\left(45° + \frac{\varphi}{2}\right) + 2c\tan\left(45° + \frac{\varphi}{2}\right) = \gamma z K_p + 2c\sqrt{K_p}$ $\quad\quad$ (7.14)

式中 $\quad K_p$——被动土压力系数，$K_p = \tan^2\left(45° + \frac{\varphi}{2}\right)$；

$\quad\quad$ 其他符号意义同前。

被动土压力沿墙高也呈直线分布，如图7.8所示。无黏性土的被动土压力呈三角形分布，如图7.8（b）所示；黏性土的被动土压力则呈梯形分布，如图7.8（c）所示。若取单位墙长计算，则被动土压力E_p同样可由被动土压力强度分布面积求得，即

无黏性土 $\quad\quad E_p = \frac{1}{2}\gamma H^2 K_p$ $\quad\quad\quad\quad\quad\quad\quad\quad\quad\quad\quad\quad\quad$ (7.15)

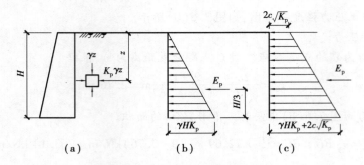

图 7.8 被动土压力沿墙高的分布

黏性土 $\qquad E_p = \dfrac{1}{2}\gamma H^2 K_p + 2cH\sqrt{K_p}$ $\qquad\qquad$ (7.16)

无黏性土中被动土压力作用点距底边 $H/3$ 处;黏性土中,被动土压力作用点通过梯形的形心,可将梯形分成矩形和三角形两部分求得。

朗肯土压力理论应用半空间中的应力状态和极限平衡理论,概念明确,公式简单易于记忆。但为了使墙后的应力状态符合半空间应力状态,必须假设墙背直立、光滑、墙后填土水平,因而使其应用范围受到限制,并使计算结果与实际有所出入。

【例 7.2】 已知某混凝土挡土墙墙高 $H = 6$ m,墙背直立、光滑。墙后填土面水平,填土重度 $\gamma = 19$ kN/m³,内摩擦角 $\varphi = 30°$,黏聚力 $c = 10$ kPa。试计算作用在该挡土墙上的主动土压力和被动土压力强度,画出土压力强度分布图,并求主动土压力合力、被动土压力合力及其作用点位置。

【解】 (1)主动土压力计算

主动土压力系数为:$K_a = \tan^2\left(45° - \dfrac{\varphi}{2}\right) = \tan^2\left(45° - \dfrac{30°}{2}\right) = 0.33$

土压力零点位置为:$z_0 = \dfrac{2c}{\gamma\sqrt{K_a}} = \dfrac{2 \times 10}{19\sqrt{0.33}}$ m $= 1.83$ m

沿墙高各点土压力为:$\sigma_a = \gamma z K_a - 2c\sqrt{K_a}$

分布图如图 7.9(b)所示。

主动土压力合力为:

$$E_a = \dfrac{1}{2}\gamma H^2 K_a - 2cH\sqrt{K_a} + \dfrac{2c^2}{\gamma}$$

$$= \dfrac{1}{2} \times 19 \times 6^2 \times 0.33 \text{ kN/m} - 2 \times 10 \times 6 \times \sqrt{0.33} \text{ kN/m} + \dfrac{2 \times 10^2}{19} \text{kN/m} = 54.45 \text{ kN/m}$$

作用点位于距离墙底 $(H - Z_0)/3 = 1.39$ m

(2)被动土压力计算

被动土压力系数为:$K_p = \tan^2\left(45° + \dfrac{\varphi}{2}\right) = \tan^2\left(45° + \dfrac{30°}{2}\right) = 3$

沿墙高各点土压力为:$\sigma_p = \gamma z K_p + 2c\sqrt{K_p}$

分布图如图 7.9(c)所示。

被动土压力合力为:

$$E_p = \frac{1}{2}\gamma H^2 K_p + 2cH\sqrt{K_p}$$

$$= \left(\frac{1}{2} \times 19 \times 6^2 \times 3 + 2 \times 10 \times 6 \times \sqrt{3}\right) kN/m = 1\ 233.8\ kN/m$$

E_p 作用点距离墙底的距离为：

$$h = \frac{34.6 \times 6 \times 3 + \frac{1}{2} \times (376.6 - 34.6) \times 6 \times 2}{1\ 233.8} m = 2.17\ m$$

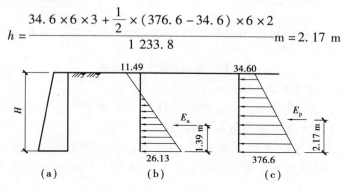

图 7.9　土压力分布图（单位：kPa）

7.4　库仑(Coulomb)土压力理论

　　1773 年库仑(Coulomb)根据挡土墙后滑动楔体达到极限平衡状态时的静力平衡方程提出一种土压力分析计算方法,即著名的库仑土压力理论。库仑土压力理论计算理论简明、适应性较广,因此具有普遍实用意义。

7.4.1　库仑土压力基本假设与适用条件

1)基本假设
①墙后填土为理想的散粒体,即黏聚力 $c = 0$；
②当墙背向前或向后达到极限平衡状态时,滑动破裂面为通过墙踵的斜平面,在土体内部形成一个滑动楔体△ABC；
③土楔体△ABC处于极限平衡状态,不计自身压缩变形,按力多边形法则分析力的平衡关系。

2)适用条件
①墙背倾斜,倾角为 α(俯斜时取正号,仰斜时取负号)；
②墙背粗糙,墙与土之间摩擦角为 δ；
③填土表面倾斜,坡角为 β。

7.4.2　库仑主动土压力

　　一般挡土墙的计算均属于平面应变问题,若墙后滑动土楔体 ABC 处于主动极限平衡状态(图7.10),取长度方向 1 m 土楔体作脱离体,对其进行静力分析,则作用在土楔体 ABC 上的力有：

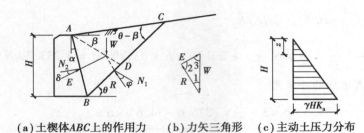

(a) 土楔体ABC上的作用力   (b) 力矢三角形   (c) 主动土压力分布

图 7.10   库仑主动土压力计算

①滑动土楔体的自重 $W = \triangle ABC \cdot \gamma$，方向垂直向下。

②滑动面 BC 下方稳定土体对滑动土楔体的作用力 R，R 的大小未知，方向与滑动面 BC 的法线 N_1 之间的夹角等于土的内摩擦角 φ，并位于 N_1 的下侧。

③墙背对滑动土楔体的反力 E，大小未知，方向与墙背的法线 N_2 呈 δ 角，δ 角为墙背与填土之间的摩擦角，由于土楔体向下滑动，故 E 位于 N_2 的下侧。与 E 大小相等方向相反的作用力即为墙背上的土压力。

土楔体在以上 3 个力的作用下处于静力平衡状态。因此，3 个力构成一个闭合的力矢三角形，如图 7.10(b) 所示。由于 R 与 W 的夹角 $\angle 1 = \theta - \varphi$，$E$ 与 R 的夹角 $\angle 2 = 90° - \theta + \varphi + \delta + \alpha$，根据正弦定理 $\dfrac{E}{\sin \angle 1} = \dfrac{W}{\sin \angle 2}$ 得：

$$E = W\frac{\sin(\theta - \varphi)}{\sin(90° - \theta + \varphi + \delta + \alpha)} = W\frac{\sin(\theta - \varphi)}{\cos(\theta - \varphi - \delta - \alpha)} \qquad (7.17)$$

式中 W——土楔体自重。

$$W = \gamma \triangle ABC = \gamma \cdot \frac{1}{2}\overline{BC} \times \overline{AD} \qquad (7.18)$$

在 $\triangle ABC$ 中，$\overline{AB} = \dfrac{H}{\cos \alpha}$，$\angle ABC = 90° - (\theta - \alpha)$，$\angle CAB = 90° + \beta - \alpha$，$\angle BCA = \theta - \beta$，根据正弦定理得：

$$\overline{BC} = \overline{AB}\frac{\sin(90° + \beta - \alpha)}{\sin(\theta - \beta)} = H\frac{\cos(\alpha - \beta)}{\cos \alpha \sin(\theta - \beta)} \qquad (7.19)$$

$$\overline{AD} = \overline{AB}\sin(90° - \theta + \alpha) = H\frac{\cos(\theta - \alpha)}{\cos \alpha} \qquad (7.20)$$

将式(7.19)和式(7.20)代入式(7.18)得：

$$W = \frac{1}{2}\gamma H^2 \frac{\cos(\alpha - \beta)\cos(\theta - \alpha)}{\cos^2 \alpha \sin(\theta - \beta)} \qquad (7.21)$$

将式(7.21)代入式(7.17)，即可得到土压力的表达式为：

$$E = \frac{1}{2}\gamma H^2 \frac{\cos(\alpha - \beta)\cos(\theta - \alpha)\sin(\theta - \varphi)}{\cos^2 \alpha \sin(\theta - \beta)\cos(\theta - \varphi - \delta - \alpha)} \qquad (7.22)$$

在式(7.22)中，$\alpha, \beta, \varphi, \delta, \gamma, H$ 均为已知条件，而滑动面 $\overline{BC}$ 与水平面的夹角 θ 则是任意假定的，因此，假定不同的滑动面可以得到不同的土压力 E 值，即 E 是 θ 的函数。当 $\theta = \dfrac{\pi}{2} + \alpha$ 时，$W = 0$，则 $E = 0$；当 $\theta = \varphi$ 时，R 与 W 重合，则 $E = 0$。因此，θ 在 $\dfrac{\pi}{2} + \alpha$ 和 φ 之间变化时，E 将存在

一个极大值 E_{max}（E_{max} 即为墙背的主动土压力），其所对应的滑动面即是土楔体最危险滑动面。为求主动土压力，可用微分学中求极值的方法求 E_{max}，为此可令 $\dfrac{dE}{d\theta}=0$，解得 E_{max} 所对应的填土破坏角 θ_{cr}（θ_{cr} 为真正滑动面的倾角），将 θ_{cr} 代入式(7.22)整理后可得库仑主动土压力的一般表达式如下：

$$E_a = \frac{1}{2}\gamma H^2 \frac{\cos^2(\varphi-\alpha)}{\cos^2\alpha\cos(\alpha+\delta)\left[1+\sqrt{\dfrac{\sin(\varphi+\delta)\sin(\varphi-\beta)}{\cos(\alpha+\delta)\cos(\alpha-\beta)}}\right]^2} = \frac{1}{2}\gamma H^2 K_a \quad (7.23)$$

式中　K_a——库仑主动土压力系数；
　　　H——挡土墙高度，m；
　　　γ——墙后填土重度，kN/m³；
　　　δ——土对挡土墙背的摩擦角，(°)，见表7.1；
　　　φ——墙后填土的内摩擦角，(°)；
　　　α——墙背的倾斜角，(°)，俯斜时取正号，仰斜时取负号；
　　　β——墙后填土面的倾角，(°)。

表7.1　墙背摩擦角 δ

挡土墙情况	墙背摩擦角 δ
墙背光滑、排水不良	$0\sim\varphi/3$
墙背粗糙、排水良好	$\varphi/3\sim\varphi/2$
墙背很粗糙、排水良好	$\varphi/2\sim2\varphi/3$
墙背与填土间不可能滑动	$2\varphi/3\sim1.0\varphi$

在库仑主动土压力计算式(7.23)中，当墙背直立、光滑以及墙后填土水平，即取 $\alpha=0,\delta=0,\beta=0$ 时，则有：

$$E_a = \frac{1}{2}\gamma H^2\tan^2\left(45°-\frac{\varphi}{2}\right) \quad (7.24)$$

可见，在上述条件下，库仑公式与朗肯公式相同，说明无黏性土的朗肯土压力是库仑土压力的一种特例。

沿墙高的土压力分布强度 σ_a，可通过 E_a 对 z 求导得到：

$$\sigma_a = \frac{dE_a}{dz} = \frac{d}{dz}\left(\frac{1}{2}\gamma z^2 K_a\right) = \gamma z K_a \quad (7.25)$$

由此可见，库仑主动土压力沿墙高呈三角形分布，如图7.10(c)所示，作用点在距墙底 $H/3$ 处，方向与墙背法线夹角为 δ。

【例7.3】　挡土墙高4m，墙背倾斜角 $\alpha=10°$（俯斜），填土坡角 $\beta=30°$，填土重度 $\gamma=18$ kN/m³，$\varphi=30°$，$c=0$，填土与墙背的摩擦角 $\delta=2\varphi/3=20°$，如图7.11所示。试根据库仑理论求主动土压力 E_a 及其作用点。

【解】　根据 $\delta=20°,\alpha=10°,\beta=30°,\varphi=30°$，由式(7.23)的后面部分得到库仑主动土压力系数：

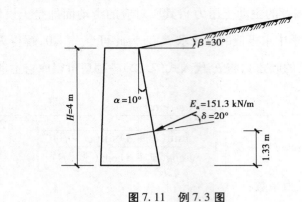

图 7.11 例 7.3 图

$$K_a = \cfrac{\cos^2(\varphi - \alpha)}{\cos^2\alpha\cos(\alpha + \delta)\left[1 + \sqrt{\cfrac{\sin(\varphi + \delta)\sin(\varphi - \beta)}{\cos(\alpha + \delta)\cos(\alpha - \beta)}}\right]^2} = 1.051$$

同时,由式(7.23)计算主动土压力:

$$E_a = \gamma H^2 K_a/2 = 18 \times 4^2 \times 1.051/2 \text{ kN/m} = 151.3 \text{ kN/m}$$

土压力作用点在距离墙底 $H/3 = 4 \text{ m}/3 = 1.33 \text{ m}$ 处。

7.4.3　库仑被动土压力

当挡土墙受外力作用推向填土,直至土体沿某一破坏面 $\overline{BC}$ 破坏时,土楔体 ABC 向上滑动,并处于被动极限平衡状态[图 7.12(a)],此时土楔体 ABC 在其自重 W、反力 R 和 E 的作用下平衡[图 7.12(b)],R 和 E 的方向都分别在 BC 和 $\overline{AB}$ 面法线的上方。按上节求主动土压力的相同原理可求得被动土压力的库仑公式为:

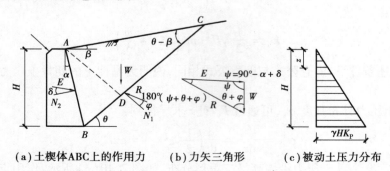

(a)土楔体ABC上的作用力　　　(b)力矢三角形　　　(c)被动土压力分布

图 7.12　库仑土压力中的被动土压力

$$E_p = \frac{1}{2}\gamma H^2 \cfrac{\cos^2(\varphi + \alpha)}{\cos^2\alpha\cos^2(\alpha - \delta)\left[1 - \sqrt{\cfrac{\sin(\varphi + \delta)\sin(\varphi + \beta)}{\cos(\alpha - \delta)\cos(\alpha - \beta)}}\right]^2} \qquad (7.26)$$

或 $\qquad E_p = \dfrac{1}{2}\gamma H^2 K_p$ (7.27)

式中 K_p——库仑被动土压力系数,是式(7.26)的后面部分;

δ——土对挡土墙背或桥台背的外摩擦角;

其他符号意义同前。

如果墙背直立($\alpha = 0$)、光滑($\delta = 0$)以及墙后填土水平($\beta = 0$),则式(7.26)变为:

$$E_p = \frac{1}{2}\gamma H^2 \tan^2\left(45° + \frac{\varphi}{2}\right)$$ (7.28)

可见,在上述条件下,库仑被动土压力公式也与朗肯被动土压力公式相同。被动土压力强度 σ_p 可按下式计算:

$$\sigma_p = \frac{dE_p}{dz} = \frac{d}{dz}\left(\frac{1}{2}\gamma z^2 K_p\right) = \gamma z K_p$$ (7.29)

被动土压力强度沿墙高也呈三角形分布,如图 7.12(c)所示,土压力的作用点在距离墙底 $H/3$ 处,方向与墙背法线的夹角为 δ。必须注意,在图 7.12(c)中所示的土压力分布图只表示其大小,而不代表其作用方向。

【例 7.4】 有一重力式俯斜挡土墙如图 7.13 所示,高 5.0 m,墙背倾角 $\alpha = 5°$;墙后填砂土,表面倾角 $\beta = 10°$,填土重度 $\gamma = 19~\text{kN/m}^3$,抗剪强度指标:$c = 0$,$\varphi = 30°$。当墙背与填土间摩擦角 $\delta = 15°$ 时,分别计算作用于墙背上的主动土压力(合力)E_a 和被动土压力(合力)E_p 的大小、方向及作用点。

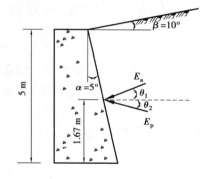

图 7.13 例 7.4 图

【解】 (1)主动土压力

先求库仑主动土压力系数 K_a。将 $\alpha = 5°$,$\beta = 10°$,$\delta = 15°$ 及 $\varphi = 30°$ 代入库仑主动土压力系数公式,由式(7.23)得:

$$K_a = \frac{\cos^2(\varphi - \alpha)}{\cos^2\alpha\cos(\alpha + \delta)\left[1 + \sqrt{\dfrac{\sin(\varphi + \delta)\sin(\varphi - \beta)}{\cos(\alpha + \delta)\cos(\alpha - \beta)}}\right]^2} = 0.387$$

单位长度挡土墙受到的主动土压力的合力 E_a 为:

$$E_a = \frac{1}{2}\gamma H^2 K_a = \frac{1}{2} \times 19 \times 5^2 \times 0.387~\text{kN/m} = 91.9~\text{kN/m}$$

E_a 作用方向与墙背法线成 δ 角,且偏于法线的上方,即与水平方向夹角为:

$$\theta_1 = \alpha + \delta = 5° + 15° = 20°$$

E_a 作用点位置距墙底高度:$h_a = \dfrac{H}{3} = 1.67~\text{m}$,$E_a$ 方向及作用点如图 7.13 所示。

(2)被动土压力

先求库仑被动土压力系数。将 $\alpha = 5°$,$\beta = 10°$,$\delta = 15°$ 及 $\varphi = 30°$ 代入库仑被动土压力系数式,由式(7.26)的后面部分确定。

$$K_p = \cfrac{\cos^2(\varphi + \alpha)}{\cos^2\alpha\cos(\alpha - \delta)\left[1 - \sqrt{\cfrac{\sin(\varphi + \delta)\sin(\varphi + \beta)}{\cos(\alpha - \delta)\cos(\alpha - \beta)}}\right]^2} = 6.73$$

单位长度挡土墙受到的被动土压力的合力 E_p 为：

$$E_p = \frac{1}{2}\gamma H^2 K_p = \frac{1}{2} \times 19 \times 5^2 \times 6.73 \text{ kN/m} = 1\,598.38 \text{ kN/m}$$

E_p 作用方向与墙背法线成 δ 角，且偏于法线的下方，即与水平方向夹角为：

$$\theta_2 = \delta - \alpha = 10°$$

E_p 作用点位置距墙底高度：$h_p = \cfrac{H}{3} = 1.67$ m，E_p 方向及作用点如图 7.13 所示。

7.5　几种常见情况下的土压力

7.5.1　黏性土库仑土压力计算

库仑土压力理论假设墙后填土为理想的散体，即填土的黏聚力 $c = 0$，因此从理论上来说库仑土压力理论仅适用于无黏性土。但在实际工程中面临墙后填土为黏性土时，使得库仑土压力理论在使用上具有局限性。为使库仑土压力理论扩大适用于黏性土，可用以下方法进行黏性土的库仑土压力计算。

1）等效内摩擦角法

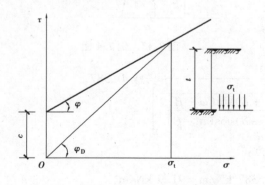

图 7.14　等效内摩擦角 φ_D 的计算

等效内摩擦角，就是将黏性土的黏聚力折算成内摩擦角，经折算后的内摩擦角称为等效内摩擦角，用 φ_D 表示。目前，工程上常用下面两种方法来计算 φ_D。

①根据抗剪强度相等的原理，等效内摩擦角 φ_D 可从土的抗剪强度曲线上，通过作用在墙底处的图中垂直应力 σ_t 求出，如图 7.14 所示。

$$\varphi_D = \arctan\left(\tan\varphi + \frac{c}{\sigma_t}\right) \qquad (7.30)$$

式中　σ_t——墙底处土中竖向应力，包括自重应力和填土面超载产生的附加应力；

其他符号意义同前。

②根据土压力相等的概念来计算等效内摩擦角，为了使问题简化，假定墙背直立、光滑，墙后填土与墙顶齐高，填土面水平。

有黏聚力的朗肯土压力计算公式：

$$E_{a1} = \frac{1}{2}\gamma H^2 \tan^2\left(45° - \frac{\varphi}{2}\right) - 2cH\tan\left(45° - \frac{\varphi}{2}\right) + \frac{2c^2}{\gamma} \qquad (7.31)$$

按等效内摩擦角确定土压力计算公式：

$$E_{a2} = \frac{1}{2} \gamma H^2 \tan^2 \left(45° - \frac{\varphi_D}{2} \right) \tag{7.32}$$

令 $E_{a1} = E_{a2}$，可得：

$$\tan \left(45° - \frac{\varphi_D}{2} \right) = \tan \left(45° - \frac{\varphi}{2} \right) - \frac{2c}{\gamma H} \tag{7.33}$$

$$\varphi_D = 2 \left\{ 45° - \arctan \left[\tan \left(45° - \frac{\varphi}{2} \right) - \frac{2c}{\gamma H} \right] \right\} \tag{7.34}$$

【例7.5】　土层参数为 $\gamma = 18 \text{ kN/m}^3, c = 8 \text{ kPa}, \varphi = 30°$，当挡土墙高度分别为 $4,6,8,10 \text{ m}$ 时，试根据抗剪强度相等条件和土压力相等条件分别计算等效内摩擦角 φ_D。

【解】　分别根据下列两个公式计算 φ_D，其计算结果见表7.2。

$$\varphi_D = \arctan \left(\tan \varphi + \frac{c}{\sigma_t} \right), \sigma_t = \gamma H \qquad ①$$

$$\varphi_D = 2 \left\{ 45° - \arctan \left[\tan \left(45° - \frac{\varphi}{2} \right) - \frac{2c}{\gamma H} \right] \right\} \qquad ②$$

表7.2　例7.5等效内摩擦角 φ_D 计算结果

墙高 H/m	4	6	8	10
公式①	32.89	31.95	31.47	31.18
公式②	42.65	38.28	36.15	34.89

从上表可以看出：两种等效内摩擦角方法计算出的 φ_D 均随挡土墙高度的增加而减小；在相同墙高情况下，根据土压力相等条件计算等效内摩擦角 φ_D 最大。

在挡土墙设计中，等效内摩擦角的计算方法应根据验算项目类型确定。由于挡土墙的设计主要由抗滑移和抗倾覆条件来控制，因此按式(7.34)计算等效内摩擦角比较符合实际。但为了简化计算且使计算结果偏于安全一些，等效内摩擦角无论是抗滑移还是抗倾覆计算中，均按抗滑移条件控制来求为宜，即按式(7.34)求 φ_D。

2) 规范推荐方法

根据《建筑地基基础设计规范》(GB 50007—2011)，采用楔体试算法，推荐采用式(7.35)计算主动土压力，该公式也适用于黏性土和粉土。

$$E_a = \psi_c \cdot \frac{1}{2} \gamma h^2 \cdot K_a \tag{7.35}$$

式中　E_a——主动土压力；

　　　ψ_c——主动土压力增大系数，土坡高度小于5 m时宜取1.0，高度为5~8 m时宜取1.1，高度大于8 m时宜取1.2；

　　　γ——墙后填土重度，kN/m^3；

　　　h——挡土墙高度，m；

　　　K_a——主动土压力系数，按下式确定：

$$K_a = \frac{\sin(\alpha+\beta)}{\sin^2\alpha\sin^2(\alpha+\beta-\varphi-\delta)}\left\{k_q\left[\sin(\alpha+\beta)\sin(\alpha-\delta)+\sin(\varphi+\delta)\sin(\varphi-\beta)\right]+\right.$$

$$2\eta\sin\alpha\cos\varphi\cos(\alpha+\beta-\varphi-\delta)-2\left[\left(k_q\sin(\alpha+\beta)\sin(\varphi-\beta)+\eta\sin\alpha\cos\varphi\right)\right.$$

$$\left.\left.\left(k_q\sin(\alpha-\delta)\sin(\varphi+\delta)+\eta\sin\alpha\cos\varphi\right)\right]^{1/2}\right\} \tag{7.36}$$

$$k_q = 1 + \frac{2q\sin\alpha\cos\beta}{\gamma h\sin(\alpha+\beta)} \tag{7.37}$$

$$\eta = \frac{2c}{\gamma h} \tag{7.38}$$

式中 q——地表均布荷载(以单位水平投影面上的荷载强度
             计算);

        φ——墙后填土的内摩擦角;

        c——墙后填土黏聚力。

        α,β,δ,h 如图 7.15 所示。

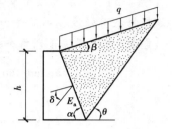

图 7.15   计算简图

7.5.2   成层土的土压力

当墙后填土是由多层不同种类的水平分布的土层组成时,可用朗肯理论计算土压力。此时填土面下,任意深度 z 处土单元所受的竖向应力为其上覆土的自重应力之和,即 $\sum_{i=1}^{n}\gamma_i h_i$,$\gamma_i$ 和 h_i 分别为第 i 层土的重度和厚度。以无黏性土为例,成层土产生的主动土压力强度为 $\sigma_a = \sigma_1 K_a$,σ_1 为任意深度处土单元所受的竖向应力,如图 7.16 所示。

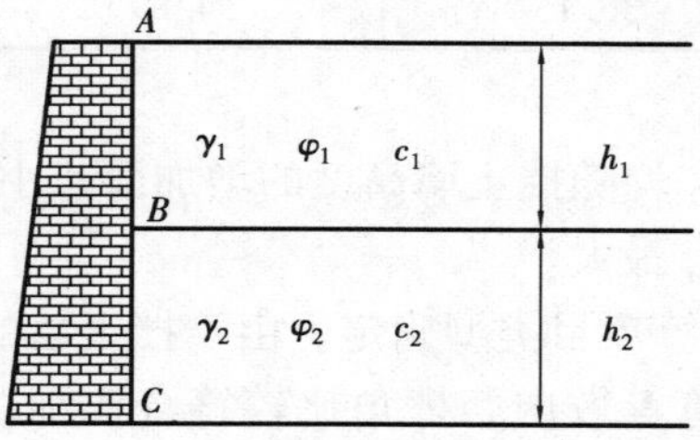

如图 7.16 所示的挡土墙各层面的主动土压力强度为:

图 7.16   成层土的土压力计算

第一层土

     填土表面 A 处 $\sigma_{aA} = 0$

     第一层层底 B 处 $\sigma_{aB}^{\text{上}} = \gamma_1 h_1 K_{a1}$ (7.39)

第二层土 $\sigma_{aB}^{\text{下}} = \gamma_1 h_1 K_{a2}$ (7.40)

                             $\sigma_{aC} = (\gamma_1 h_1 + \gamma_2 h_2) K_{a2}$ (7.41)

由于各层土的性质不同,主动土压力系数 K_a 也不同,因此在土层的分界面处,主动土压力强度会出现两个值。墙后填土由性质不同的土层组成时,土压力将受到不同填土性质的影响,当墙背竖直、填土面水平时,为简单起见,常用朗肯理论计算。现以如图 7.16 所示的双层黏性填土为例,说明其计算方法。

作用在第一层范围内的墙背 AB 段上的土压力分布仍按均质土层挡墙计算,并采用第一层土的指标和土压力系数 K_{a1}。考虑作用在第二层土范围内的墙背 BC 段上的土压力分布时,可

将第一层土的重力 $\gamma_1 h_1$ 看成作用在第二层土面上的超载,用第二层土的指标和土压力系数 K_{a2} 计算,但仅适用于第二层范围,这样在 B 点土压力强度有一个突变:在第一层底面土压力强度为 $\gamma_1 h_1 K_{a1} - 2c_1 \sqrt{K_{a1}}$,在第二层顶面为 $\gamma_1 h_1 K_{a2} - 2c_2 \sqrt{K_{a2}}$。同样的,如果要考虑第三层土,将第一、第二层土的重力 $\gamma_1 h_1 + \gamma_2 h_2$ 作为超载作用在第三层土面上,用第三层土的指标和土压力系数 K_{a3} 计算,但仅适用于第三层土,当有更多土层时,依此进行。

【例 7.6】 如图 7.17 所示,挡土墙高 6 m,填土由三层土组成,试计算主动土压力。

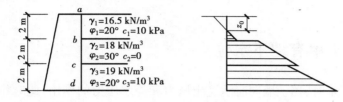

图 7.17 例 7.6 图

【解】 临界深度:$z_0 = \dfrac{2c}{\gamma \sqrt{K_a}}$

$$K_{a1} = \tan^2\left(45° - \frac{\varphi_1}{2}\right) = \tan^2\left(45° - \frac{20°}{2}\right) = 0.49$$

$$z_0 = \frac{2 \times 10}{16.5 \times \sqrt{0.49}} \text{ m} = 1.73 \text{ m}$$

b 点上土压力强度:

$$\sigma_{b_1} = \gamma_1 h_1 K_{a1} - 2c_1 \sqrt{K_{a1}} = 16.5 \times 2 \times 0.49 \text{ kPa} - 2 \times 10 \sqrt{0.49} \text{ kPa} = 2.17 \text{ kPa}$$

$$K_{a2} = \tan^2\left(45° - \frac{\varphi_2}{2}\right) = \tan^2\left(45° - \frac{30°}{2}\right) = 0.333$$

b 点下土压力强度:

$$\sigma_{b2} = \gamma_1 h_1 K_{a2} = 16.5 \times 2 \times 0.333 \text{ kPa} = 11 \text{ kPa}$$

c 点上土压力强度:

$$\sigma_{c1} = (\gamma_1 h_1 + \gamma_2 h_2) K_{a2} = (16.5 \times 2 + 18 \times 2) \times 0.333 \text{ kPa} = 23 \text{ kPa}$$

$$K_{a3} = \tan^2\left(45° - \frac{\varphi_3}{2}\right) = \tan^2\left(45° - \frac{20°}{2}\right) = 0.49$$

c 点下土压力强度:

$$\sigma_{c2} = (\gamma_1 h_1 + \gamma_2 h_2) K_{a3} - 2c_3 \sqrt{K_{a3}} = (16.5 \times 2 + 18 \times 2) \times 0.49 \text{ kPa} - 2 \times 10 \times \sqrt{0.49} \text{ kPa} = 19.81 \text{ kPa}$$

d 点土压力强度:

$$\begin{aligned} \sigma_d &= (\gamma_1 h_1 + \gamma_2 h_2 + \gamma_3 h_3) K_{a3} - 2c_3 \sqrt{K_{a3}} \\ &= (16.5 \times 2 + 18 \times 2 + 19 \times 2) \times 0.49 \text{ kPa} - 2 \times 10 \times \sqrt{0.49} \text{ kPa} \\ &= 52.43 \text{ kPa} - 14 \text{ kPa} = 38.43 \text{ kPa} \end{aligned}$$

土压力合力:

$$E_a = \frac{1}{2}\sigma_{b1}(h_1 - z_0) + \frac{1}{2}(\sigma_{b2} + \sigma_{c1})h_2 + \frac{1}{2}(\sigma_{c2} + \sigma_d)h_3$$

$$= \frac{1}{2} \times 2.17 \times (2 - 1.73)\,\text{kN/m} + \frac{1}{2} \times (11 + 23) \times 2\,\text{kN/m} +$$

$$\frac{1}{2} \times (19.81 + 38.43) \times 2\,\text{kN/m}$$

$$= 0.293\,\text{kN/m} + 34\,\text{kN/m} + 58.24\,\text{kN/m} = 92.53\,\text{kN/m}$$

7.5.3　墙后填土中有地下水位

当填土中有地下水时,挡土墙同时承受土压力和静水压力的作用,此时作用于墙背的压力由土的自重引起的土压力和静水压力两者叠加而成。对于地下水位以上的土层,与前面单层或多层土的计算方法相同;对于地下水位以下的土层,当单独考虑土压力时,要考虑水浮力及地下水对于土体强度指标的影响。当前,计算作用于挡土墙上作用力的方法有水土分算方法和水土合算方法。对透水性比较强的砂土和碎石土,一般采用水土分算的方法,该方法符合土的有效应力原理,理论根据比较充分;当对于透水性弱的黏性土,可根据现场情况与当地工程经验,确定水土合算还是水土分算。

1)水土分算方法

分别计算作用于挡土墙上的土压力和水压力,作用于挡土墙上的作用力为二者之矢量和。在计算地下水位以下土层的土压力时,应采用有效重度及有效强度指标;作用于挡土墙上水压力的影响则根据帕斯卡定律确定。

2)水土合算方法

对于处于地下水位以下透水性弱的粉土和黏性土,一般采用水土合算的方法计算挡土墙上的作用力。地下水位以下,计算主动及被动土压力的方法与地下水位以上土层采用方法相同,只不过土的物性指标分别采用土的饱和重度 γ_{sat} 及总应力强度指标 c,φ。

对于朗肯被动状态,上述几种特殊情况下的土压力计算可参照上述主动土压力的计算方法。

【例7.7】　已知某挡土墙高度 $H = 8.0$ m,墙背竖直、光滑,填土表面水平,地下水位在填土表面下4 m。墙后填土为砂土,地下水位以上:重度 $\gamma = 18$ kN/m^3,黏聚力 $c = 0$,内摩擦角 $\varphi = 32°$;地下水位以下:饱和重度 $\gamma_{sat} = 20$ kN/m^3,黏聚力 $c' = 0$,内摩擦角 $\varphi' = 32°$,如图7.18(a)所示。试求作用在挡土墙上的主动土压力及水压力分布与合力。

【解】　由于填土为砂土,采用水土分算的方法。

(1)主动土压力

由于本例中在地下水位上、下,土的内摩擦角相等,故:

$$K_{a1} = K_{a2} = \tan^2\left(45° - \frac{\varphi}{2}\right) = \tan^2\left(45° - \frac{32°}{2}\right) = 0.307$$

挡土墙墙背上各点主动土压力强度为:

$$\sigma_{a(A)} = \gamma z K_{a1} = 0$$

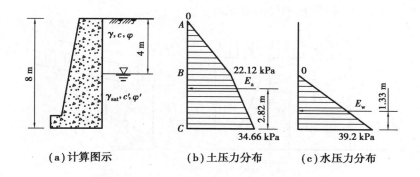

(a) 计算图示   (b) 土压力分布   (c) 水压力分布

图 7.18 例 7.7 图

$$\sigma_{a(B)} = \sigma'_{a(B)} = \gamma h_1 K_{a1} = 18 \times 4 \times 0.307 \text{ kPa} = 22.12 \text{ kPa}$$

$$\sigma_{a(C)} = (\gamma h_1 + \gamma' h_2) K_{a2} = [18 \times 4 + (20 - 9.8) \times 4] \times 0.307 \text{ kPa} = 34.66 \text{ kPa}$$

主动土压力强度分布如图 7.18(b) 所示。

单位长度挡土墙承受的主动土压力(合力)E_a 为:

$$E_a = \frac{1}{2}\sigma_{a(B)}h_{A\text{-}B} + \frac{1}{2}(\sigma'_{a(B)} + \sigma'_{a(C)})h_{B\text{-}C}$$

$$= \left[\frac{22.12 \times 4}{2} + \frac{(22.12 + 34.66) \times 4}{2}\right] \text{kN/m} = 157.8 \text{ kN/m}$$

E_a 作用点位置:

$$h_a = \frac{\frac{1}{2}\sigma_{a(B)}h_1\left(h_2 + \frac{h_1}{3}\right) + \sigma'_{a(B)}\frac{h_2^2}{2} + \frac{h_2^2}{6}(\sigma_{a(C)} - \sigma'_{a(B)})}{E_a} = 2.82 \text{ m}$$

其方向水平,垂直于墙背。

(2) 水压力

墙背各点水压力强度:$\sigma_{w(B)} = \gamma_w z = 0$

$$\sigma_{w(C)} = \gamma_w h_2 = 9.8 \times 4 \text{ kPa} = 39.2 \text{ kPa}$$

水压力强度分布如图 7.18(c) 所示。

单位长度挡土墙承受的总水压力为:

$$E_w = \frac{1}{2}\sigma_{w(C)}h_2 = 78.4 \text{ kN/m}$$

E_w 作用点位置距挡土墙底面 $h_w = \frac{1}{3}h_2 = 1.33$ m,其方向水平,垂直于墙背。

7.5.4 填土表面有荷载作用

1) 连续均布荷载作用

若挡土墙墙背垂直,在水平填土面上有连续均布荷载 q 作用时,如图 7.19(a) 所示,也可用朗肯理论计算主动土压力。此时填土面下,墙背面 z 深度处单元所受的应力 $\sigma_1 = q + \gamma z$,则 $\sigma_3 = P_a = \sigma_1 K_a$,即 $\sigma_a = qK_a + \gamma z K_a$,由该式可以看出,作用在墙背面的土压力 σ_a 由两部分组成:一部分由均布荷载 q 引起,是常数,其分布与深度 z 无关;另一部分由土重引起,与深度 z 成正比。总

土压力 E_a 即为如图 7.19(a) 所示的梯形分布图。

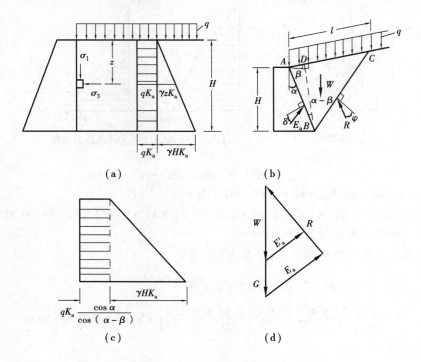

图 7.19 填土面上有连续均布荷载作用

若挡土墙墙背及填土面均为倾斜平面,如图 7.19(b) 所示时,为了求解作用在墙背上的总土压力 E_a,可以采用库仑图解法。这时可认为滑裂面位置不变,仍与没有 q 荷载作用时相同,只是在计算每一滑动楔体重量 W 时,应将该滑动楔体范围内的总荷载重 $G = ql$ 考虑在内[图7.19(d)],然后即可按前述方法求出总主动土压力 E_a。此外,也可用数解法,直接由库仑理论在计入作用于滑动楔体上的荷载 $G = ql$ 后,推导出计算总土压力 E_a 的公式。在图 7.19(d) 中,设 E'_a 为填土表面没有荷载作用时的总土压力,E_a 为计入填土表面均布荷载后的总土压力,根据三角形相似原理,应有:

$$\frac{E_a}{E'_a} = \frac{W + G}{W} \tag{7.42}$$

$$E_a = E'_a\left(1 + \frac{G}{W}\right) \tag{7.43}$$

$$\Delta E_a = E'_a\frac{G}{W} \tag{7.44}$$

$$E_a = E'_a + \Delta E_a \tag{7.45}$$

由式(7.45)可以看出,等号右边第一项 E'_a 为土中引起的总土压力,根据原来的公式知道,$E'_a = \frac{1}{2}\gamma H^2 K_a$;第二项即为填土表面上均布荷载 q 引起的土压力增量 ΔE_a。下面推求 ΔE_a。

从图 7.19(b) 所示的几何关系可知:

$$W = \frac{l \cdot \overline{BD}}{2}\gamma \tag{7.46}$$

$$\overline{BD} = \overline{AB} \cdot \cos(\alpha - \beta) = \frac{H}{\cos\alpha}\cos(\alpha - \beta) \tag{7.47}$$

将式(7.46)和式(7.47)代入式(7.44),并经化简即可得出:

$$\Delta E_a = qHK_a \frac{\cos\alpha}{\cos(\alpha - \beta)} \tag{7.48}$$

于是,作用在挡土墙上的总土压力:

$$E_a = E'_a + \Delta E_a = \frac{1}{2}\gamma H^2 K_a + qHK_a \frac{\cos\alpha}{\cos(\alpha - \beta)} \tag{7.49}$$

土压力沿墙高的分布如图7.19(c)所示。

【例7.8】 如图7.20所示,某挡土墙高6 m,试计算墙所受到的主动土压力。

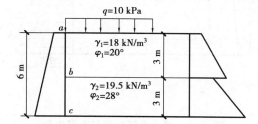

图7.20 例7.8图

【解】 上面土层:$K_{a1} = \tan^2\left(45° - \frac{20°}{2}\right) = 0.49$

下面土层:$K_{a2} = \tan^2\left(45° - \frac{28°}{2}\right) = 0.36$

a 点土压力强度:

$$\sigma_a = \gamma h K_{a1} + q K_{a1} = 10 \times 0.49 \text{ kPa} = 4.9 \text{ kPa}$$

b 点上土压力强度:

$$\sigma_{b1} = \gamma_1\left(\frac{q}{\gamma_1} + h\right)K_{a1} = 18 \times \left(\frac{q}{\gamma_1} + 3\right)K_{a1} = 18 \times \left(\frac{10}{18} + 3\right) \times 0.49 \text{ kPa} = 31.36 \text{ kPa}$$

b 点下土压力强度:

$$\sigma_{b2} = (q + \gamma_1 h_1)K_{a2} = (10 + 18 \times 3) \times 0.36 \text{ kPa} = 23.04 \text{ kPa}$$

c 点土压力强度:

$$\sigma_c = (q + \gamma_1 h_1 + \gamma_2 h_2)K_{a2} = (10 + 18 \times 3 + 19.5 \times 3) \times 0.36 \text{ kPa} = 44.1 \text{ kPa}$$

土压力:

$$E_a = \frac{1}{2}(\sigma_a + \sigma_{b1})h_1 + \frac{1}{2}(\sigma_{b2} + \sigma_c)h_2$$

$$= \frac{1}{2} \times (4.9 + 31.36) \times 3 \text{ kN/m} + \frac{1}{2} \times (23.04 + 44.1) \times 3 \text{ kN/m}$$

$$= 155.1 \text{ kN/m}$$

2)局部均布荷载作用

若填土表面有局部荷载 q 作用时[图7.21(a)],则 q 对墙背产生的附加土压力强度值仍可用朗肯土压力公式计算,即 $p_{aq} = qK_a$,但其分布范围难以从理论上严格规定。一种近似方法认为,地面局部荷载产生的土压力是沿平行于破裂面的方向传递至墙背上的。在如图 7.21(a)所示的条件下,荷载 q 仅在墙背 CD 范围内引起附加土压力 p_{aq},C 点以上和 D 点以下认为不受 q 的影响,C,D 两点分别为自局部荷载 q 的两个端点 m,n 作与水平面成 $45° + \dfrac{\varphi}{2}$ 的斜线至墙背的交点。作用于墙背面的总土压力分布如图 7.21(b)中所示的阴影面积。

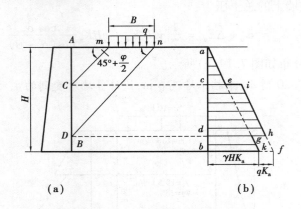

图 7.21　填土表面有局部荷载作用

【例 7.9】　某挡土墙高 7 m,填土顶面局部作用荷载 $q = 10\ \text{kN/m}^2$,试计算挡土墙主动土压力。

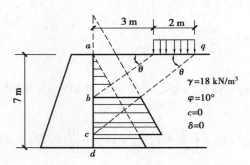

图 7.22　例 7.9 图

【解】　主动土压力系数:

$$K_a = \tan^2\left(45° - \frac{\varphi}{2}\right) = \tan^2\left(45° - \frac{10°}{2}\right) = 0.70$$

从荷载两端点作两条辅助线,它们与水平面成 θ 角,$\theta = 45° + \dfrac{\varphi}{2} = 50°$,认为 b 点以上和 c 点以下土压力不受地面荷载影响,而 bc 间的土压力按均布荷载计算。

$$ab = 3\tan\theta = 3 \times \tan 50° = 3 \times 1.19\ \text{m} = 3.6\ \text{m}$$
$$ac = 5\tan\theta = 5 \times \tan 50° = 5 \times 1.19\ \text{m} = 5.95\ \text{m}$$

a 点:　　　　　　　　　$\sigma_a = 0$

b 点上:　　　　　　　　$\sigma_{b1} = \gamma h K_a = 18 \times 3.6 \times 0.70\ \text{kPa} = 45.4\ \text{kPa}$

b 点下:　　　　　　　　$\sigma_{b2} = (q + \gamma h)K_a = (10 + 18 \times 3.6) \times 0.70\ \text{kPa} = 52.36\ \text{kPa}$

c 点上：$\quad\sigma_{c1} = (q + \gamma h)K_a = (10 + 5.95 \times 18) \times 0.70 \text{ kPa} = 81.97 \text{ kPa}$

c 点下：$\quad\sigma_{c2} = \gamma h K_a = 18 \times 5.95 \times 0.70 \text{ kPa} = 74.97 \text{ kPa}$

d 点：$\quad\sigma_d = \gamma h K_a = 18 \times 7 \times 0.70 \text{ kPa} = 88.2 \text{ kPa}$

主动土压力：

$$E_a = \frac{1}{2}\sigma_{b1} \times ab + \frac{1}{2}(\sigma_{b2} + \sigma_{c1}) \times bc + \frac{1}{2}(\sigma_{c2} + \sigma_d) \times cd$$

$$= \frac{1}{2} \times 45.4 \times 3.6 \text{ kN/m} + \frac{1}{2} \times (52.36 + 81.97) \times 2.35 \text{ kN/m} +$$

$$\frac{1}{2} \times (74.97 + 88.2) \times 1.05 \text{ kN/m}$$

$$= (81.7 + 157.8 + 85.7)\text{kN/m} = 325.2 \text{ kN/m}$$

3）填土表面有线荷载 P

当在填土表面距墙背为 d 处作用有线荷载 P 时，如图 7.23 所示，可用下述方法求解主动土压力。

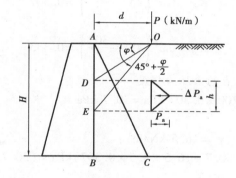

图 7.23　填土表面作用线荷载时的土压力

从荷载作用点 O 引与水平线成 φ 角及 $45° + \dfrac{\varphi}{2}$ 角的两条线分别交墙背于 D，E 两点，使荷载 P 只对 D，E 之间墙背上的土压力有影响，则 DE 段墙上由于荷重 P 所引起的土压力增量 ΔP_a 按下式计算：

$$\Delta P_a = PK_a \tag{7.50}$$

设作用在墙背 DE 段上的土压力增量分布图形为一等腰三角形，最大应力为：

$$P_a = \frac{2P}{h}K_a \tag{7.51}$$

式中　P_a——土压力强度分布图形的最大值，kPa；

$\quad\quad h$——DE 段墙背高度，m；

$\quad\quad P$——作用于填土表面的线荷载，kN/m；

$\quad\quad \Delta P_a$——由线荷载引起的土压力增量，亦即土压力强度分布图形等腰三角形的面积，kN/m。

【例 7.10】　某挡土墙的墙壁光滑（$\delta = 0$），墙高 7.0 m，墙后两层填土，性质如图 7.24 所示，地下水位在填土表面下 3.5 m 处与第二层填土面齐平。填土表面作用有 $q = 100$ kPa 的连续均布荷载。试求作用在墙上总主动土压力 E_a、水压力 E_w 及其作用点位置。

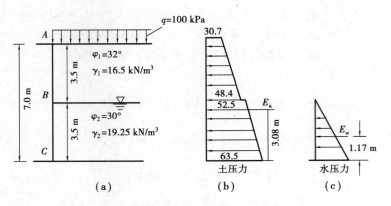

图7.24 例7.10图

【解】 根据本题所给条件,可按朗肯理论计算。

(1)先求二层土的主动土压力系数 K_{a1} 和 K_{a2}

$$K_{a1} = \tan^2\left(45° - \frac{32°}{2}\right) = 0.307$$

$$K_{a2} = \tan^2\left(45° - \frac{30°}{2}\right) = 0.333$$

(2)沿墙高求 A、B、C 三点的土压力强度

A 点:$z = 0$,$\sigma_{aA} = qK_{a1} = 100 \times 0.307$ kPa $= 30.7$ kPa

B 点:

分界面以上:$H_1 = 3.5$ m,$\gamma_1 = 16.5$ kN/m^3

$\sigma_{aB} = qK_{a1} + \gamma_1 H_1 K_{a1} = (30.7 + 16.5 \times 3.5 \times 0.307)$ kPa $= (30.7 + 17.7)$ kPa $= 48.4$ kPa

分界面以下:

$$\sigma_{aB'} = (q + \gamma_1 H_1)K_{a2} = (100 + 16.5 \times 3.5) \times 0.333 \text{ kN/m} = 52.5 \text{ kPa}$$

C 点:$H_2 = 3.5$ m,$\gamma_2' = (19.25 - 9.81)$ kN/m^3 $= 9.44$ kN/m^3

$\sigma_{aC} = (q + \gamma_1 H_1 + \gamma_2' H_2)K_{a2} = (100 + 16.5 \times 3.5 + 9.44 \times 3.5) \times 0.333$ kPa $= 63.5$ kPa

A,B,C 三点土压力分布图示于图7.24(b)中。作用于挡土墙上的总土压力,即为土压力分布面积之和,故:

$$E_a = \frac{1}{2} \times (30.7 + 48.4) \times 3.5 \text{ kN} + \frac{1}{2} \times (52.5 + 63.5) \times 3.5 \text{ kN} = 341.4 \text{ kN}$$

(3)求水压力 E_w

$$E_w = \frac{1}{2}\gamma_w H_2^2 = \frac{1}{2} \times 9.8 \times 3.5^2 \text{ kN} = 60.0 \text{ kN}$$

水压力的分布见图7.24(c),E_w 作用于距墙底 $\frac{3.5}{3}$ m $= 1.17$ m 处。

(4)求 E_a 的作用点位置

设 E_a 作用点距墙底高度为 H_c,则:

$$H_c = \left[30.7 \times 3.5 \times 5.25 + \frac{1}{2} \times (48.4 - 30.7) \times 3.5 \times 4.67 + 52.5 \times\right.$$

$$\left.3.5 \times 1.75 + \frac{1}{2} \times (63.5 - 52.5) \times 3.5 \times 1.17\right]/341.4 \text{ m} = 3.08 \text{ m}$$

7.5.5　墙背形状有变化的情况

1)折线形墙背

当挡土墙墙背不是一个平面而是折面时[图7.25(a)],可用墙背转折点为界,分成上墙与下墙,然后分别按库仑理论计算主动土压力 E_a。

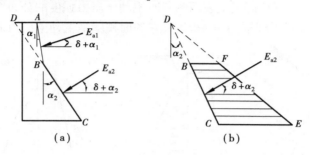

图7.25　折线墙背土压力计算

首先将上墙 AB 当作独立挡土墙,计算出主动土压力 E_{a1},这时不考虑下墙的存在。然后计算下墙的土压力。计算时,可将下墙背 BC 向上延长交地面线于 D 点,以 DBC 作为遐想墙背,算出墙背土压力分布如图7.25(b)中 DCE 所示。再截取与 BC 段相应的部分,即 $BCEF$ 部分,算出其合力,即为作用于下墙 BC 段的总主动土压力 E_{a2}。

2)墙背设置卸荷平台

为了减少作用在墙背上的主动土压力,有时采用在墙背中部加设卸荷平台的办法,如图7.26(a)所示。此时,平台以上 H_1 高度内可按朗肯理论计算作用在 AB 面上的土压力分布,如图7.26(b)所示。由于平台以上土重 W 已由卸荷平台 BCD 承担,故平台下 C 点处土压力变为零,从而起到减少平台下 H_2 段内土压力的作用。减压范围,一般认为至滑裂面与墙背交点 E 处为止。连接图7.26(b)中相应的 C' 和 E',则图中阴影部分即为减压后的土压力分布。显然卸荷平台伸出越长,则减压作用越大。

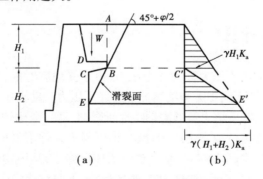

图7.26　设卸荷平台的挡土墙土压力

7.5.6 填土表面不规则时的土压力

图 7.27 为填土表面不规则时主动土压力计算图。此时需分为按填土表面为水平或倾斜情况分别进行计算,然后再叠加。如图 7.27(a)所示为墙背后先有一段水平的填土,然后为斜面。计算时,可延长倾斜面交墙背于 C 点,分别计算墙背为 AB 而填土表面水平时主动土压力强度分布图形 ABD,以及墙背为 BC 而填土表面倾斜时主动土压力强度的分布图形 CBE,两者交于 F 点,实际主动土压力强度可近似取图中 ABEFA,它的面积就是主动土压力 E_a 的近似值。

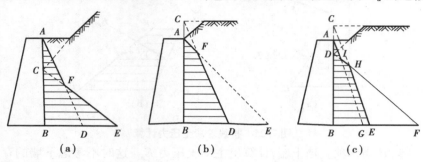

图 7.27 填土表面不规则时的主动土压力的近似计算

当填土所示表面有部分斜坡时[图 7.27(b)],可分别计算墙背 AB 在填土表面为倾斜时的主动土压力强度分布图形 ABE,以及虚设墙背 BC 在填土表面为水平时的主动土压力强度分布图形 BCD,两个图形交于 F 点,可近似取 ABDFA 为主动土压力强度分布图形,相应面积就是主动土压力 E_a。

当填土如图 7.27(c)所示,表面自距墙背一定距离开始倾斜时,可近似计算墙背为 AB 而填土表面水平时主动土压力强度的分布图形 ABG,和墙背为 BD 而填土表面倾斜时主动土压力强度分布图形 DBF,以及虚设墙背 BC 在填土表面为水平时主动土压力强度的近似分布图形 CBE,这 3 个图形分别交于 I,H 点,则实际主动土压力强度分布图形可以近似认为如 ABEHIA 所示,它的面积就是主动土压力 E_a 的近似值。

7.5.7 地震土压力计算

地震时作用在挡土墙上的土压力称为动土压力,由于受地震时的动力作用,墙背上的动土压力不论其大小或分布形式,都不同于无震动情况下的静土压力。动土压力的确定不仅与地震强度有关,还受地基土、挡土墙及墙后填土等的震动特性所影响,是一个比较复杂的问题。目前国内外工程实践中仍多用拟静力法进行地震土压力计算,即以静力条件下的库仑土压力理论为基础,考虑竖向和水平方向地震加速度的影响,对原库仑公式加以修正,其中物部-冈部(Mononobe-okabe,1926)提出的分析方法使用较为普遍,通称为物部-冈部法,下面对该法作简要介绍。

图 7.28(a)表示一具有倾斜墙背 α 和倾斜填土面 β 的挡土墙,ABC 为无地震情况下的滑动楔体,楔体重量 W。地震时,墙后土体受地震加速度作用,产生惯性力。地震加速度可分为水平方向和竖直方向两个分量,方向可正可负,取其不利方向。水平地震惯性力 $K_h W$ 取朝挡土墙方向,竖向地震惯性力 $K_v W$ 取竖直向上,如图 7.28(b)所示,其中:

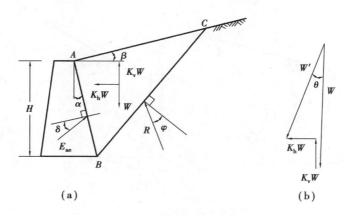

图 7.28　地震时滑动楔体受力分析

$$K_h = \frac{\text{地震加速度的水平分量}}{\text{重力加速度 } g}, \text{称之为水平向地震系数；}$$

$$K_v = \frac{\text{地震加速度的竖直分量}}{\text{重力加速度 } g}, \text{称之为竖向地震系数。}$$

将这两个惯性力当成静载与土楔体重量 W 组成合力 W'，则 W' 与铅直线的夹角为 θ，称 θ 为地震偏角。显然：

$$\theta = \tan^{-1}\left(\frac{K_h}{1 - K_v}\right) \tag{7.52}$$

$$W' = (1 - K_v) W \sec \theta \tag{7.53}$$

这样，若假定在地震条件下土的内摩擦角 φ 与墙背摩擦角 δ 均不改变，则墙后滑动楔体的平衡力系图如图 7.29(a)所示。可以看出，该平衡力系图与原库仑理论力系图的差别仅在于 W' 方向与垂直方向倾斜了 θ 角。为了直接利用库仑公式计算 W' 作用下的土压力 E_{ae}，物部-冈部提出将墙背及填土均逆时针旋转 θ 角的方法[图 7.29(b)]，使 W' 仍处于竖直方向。由于这种转动并未改变平衡力系中三力间的相互关系，即没有改变图 7.29(c)中的力三角形 $\triangle edf$，故这种改变不会影响对 E_{ae} 的求算，但需将原挡土墙及填土的边界参数加以改变，成为：

$$\beta' = \beta + \theta \tag{7.54}$$

$$\alpha' = \alpha + \theta \tag{7.55}$$

$$H' = AB \cdot \cos(\alpha + \theta) = H\frac{\cos(\alpha + \theta)}{\cos \alpha} \tag{7.56}$$

另外由式(7.53)，土楔体的容重为 $\gamma' = \gamma(1 - K_v)\sec \theta$。用这些变换后的新参数 $\beta', \alpha', H', \gamma'$ 代替库仑主动土压力公式(7.23)中的 β, α, H 和 γ，整理后得出地震条件下的动主动土压力 E_{ae}：

$$E_{ae} = (1 - K_v)\frac{\gamma H^2}{2}K_{ae} \tag{7.57}$$

其中：

$$K_{ae} = \frac{\cos^2(\varphi - \alpha - \theta)}{\cos \theta \cos^2 \alpha \cos(\alpha + \theta + \delta)\left[1 + \sqrt{\dfrac{\sin(\varphi + \delta)\sin(\varphi - \beta - \theta)}{\cos(\alpha - \beta)\cos(\alpha + \theta + \delta)}}\right]^2} \tag{7.58}$$

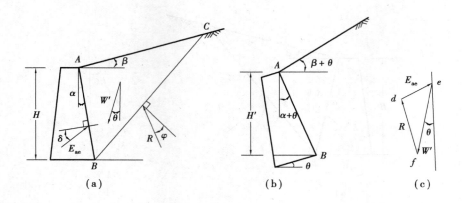

图7.29   物部-冈部法求地震土压力

K_{ae}即为考虑了地震影响的主动土压力系数。通常称式(7.57)为物部-冈部主动土压力公式。从式(7.58)可以得到,若$(\varphi - \beta - \theta) < 0$,则$K_{ae}$没有实数解,意味着不满足平衡条件。因此,根据平衡要求,回填土的极限坡角应为$\beta \leqslant \varphi - \theta$。

按物部-冈部公式,墙后动土压力分布仍为三角形,作用点在距墙底$\frac{1}{3}H$处,但有些理论分析和实测资料表明,作用点的位置高于$\frac{1}{3}H$,在$\frac{1}{3}H \sim \frac{1}{2}H$,随水平地震作用的加强而提高。

7.5.8   车辆荷载引起的土压力计算

在挡土墙或桥台设计时,应考虑车辆荷载引起的土压力。《公路桥涵设计通用规范》(JTG D60—2015)中对车辆荷载引起的土压力计算方法作出了具体规定。计算原理是按照库仑土压力理论,把填土破坏棱体范围内的车辆荷载换算成等代均布土层厚度h_e,然后用库仑土压力公式计算,如图7.30所示。

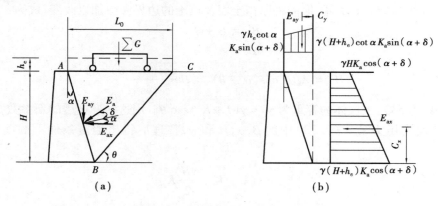

图7.30   车辆荷载作用时的土压力计算

1)汽车荷载

《公路桥涵设计通用规范》(JTG D60—2015)中的汽车荷载分为公路-Ⅰ级和公路-Ⅱ级两个等级。汽车荷载由车道荷载和车辆荷载组成,挡土墙土压力计算采用车辆荷载。车辆荷载与车道荷载的作用不得叠加。各级公路桥涵设计的汽车荷载等级应符合表7.3的规定。

表7.3　各级公路桥涵的汽车等级

公路等级	高速公路	一级公路	二级公路	三级公路	四级公路
汽车荷载等级	公路-Ⅰ级	公路-Ⅰ级	公路-Ⅱ级	公路-Ⅱ级	公路-Ⅱ级

2)等代均布土层厚度

车辆荷载在挡土墙后填土的破坏棱体上引起的土侧压力,可按式(7.59)换算成等代均布土层厚度 h_e 计算:

$$h_e = \frac{\sum G}{B l_0 \gamma} \tag{7.59}$$

式中　γ——土的重度,kN/m^3。

l_0——桥台或挡土墙后填土的破坏棱体长度,m。对于墙顶以上有填土的路堤式挡土墙,l_0 为破坏棱体范围内的路基宽度部分。

B——挡土墙的计算长度,m。

$\sum G$——布置在 $B \times l_0$ 面积内的车辆车轮重力,kN。计算挡土墙的土压力时,车辆荷载应按图7.31规定作横向布置,车辆外侧车轮中线距路面边缘0.5 m,计算中当涉及多车道加载时,车轮总重力应按表7.4进行折减。

表7.4　横向折减系数

横向布置设计车道数	2	3	4	5	6	7	8
横向折减系数	1.00	0.78	0.67	0.60	0.55	0.52	0.50

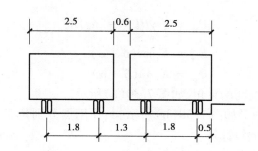

图7.31　车辆荷载横向布置

挡土墙的计算长度可按下式计算,但不应超过挡土墙分段长度(图7.32):

$$B = 13 + H\tan 30° \tag{7.60}$$

式中　H——挡土墙高度,m。对墙顶以上有填土的挡土墙,为2倍墙顶填土厚度加墙高,当挡土墙分段长度小于13 m时,B 取分段长度,并在该长度内按不利情况布置轮重。

关于台背或墙背填土的破坏棱体长度 l_0,对于墙顶以上有填土的挡土墙,l_0 为破坏棱体范围内的路基宽度部分;对于桥台或墙顶以上没有填土的挡土墙,l_0 可用下式计算:

$$l_0 = H(\tan \alpha + \cot \theta) \tag{7.61}$$

式中　H——桥台或挡土墙的高度。

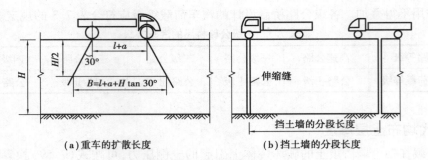

（a）重车的扩散长度　　　　　　　（b）挡土墙的分段长度

图 7.32　挡土墙设计长度 B 的计算

α——台背或墙背倾斜角，仰斜时以负值代入，垂直时则 $\alpha=0$。

θ——滑动面倾斜角，确定时忽略车辆荷载对滑动面位置的影响，按没有车辆荷载时的式（7.22）解得，使主动土压力 E_a 为极大值时最危险滑动面的破裂倾斜角。当填土面倾斜角 $\beta=0°$ 时，破坏棱体破裂面与水平面夹角 θ 的余切值可按下式计算：

$$\cot\theta = -\tan(\alpha+\delta+\varphi) + \sqrt{\left[\cot\varphi + \tan(\alpha+\delta+\varphi)\right]\left[\tan(\alpha+\delta+\varphi) - \tan\alpha\right]} \quad (7.62)$$

式（7.62）中 α,δ,φ 分别为墙背倾斜角（取值同上）、墙背与填土间的外摩擦角和填土内摩擦角。

3）主动土压力

①当土层特性无变化且无汽车荷载时，作用在桥台、挡土墙前后的主动土压力合力可按下式计算：

$$E_a = \frac{1}{2}K_a\gamma H^2 \quad (7.63)$$

②当土层特性无变化但有汽车荷载作用时，作用在桥台、挡土墙后的主动土压力合力在 $\beta=0°$ 时，可按下式计算：

$$E_a = \frac{1}{2}\gamma H(H+2h_e)K_a \quad (7.64)$$

$$E_{ax} = E_a\cos(\delta+\alpha) \quad (7.65)$$

$$E_{ay} = E_a\sin(\delta+\alpha) \quad (7.66)$$

式中　$\delta+\alpha$——E_a 与水平线间的夹角，如图 7.30（a）所示。

其中 E_{ax} 和 E_{ay} 的分布图形如图 7.30（b）所示，其作用点分别位于各分布图形的形心处，可分别按照式（7.65）和式（7.66）计算。

E_{ax} 的作用点距墙脚 B 点的竖直距离 C_x 为：

$$C_x = \frac{H}{3}\frac{H+3h_e}{H+2h_e} \quad (7.67)$$

E_{ay} 的作用点距墙脚 B 点的竖直距离 C_y 为：

$$C_y = \frac{d}{3}\frac{d+3d_1}{d+2d_1} \quad (7.68)$$

其中，$d=H\tan\alpha$，$d_1=h_e\tan\alpha$。

【例 7.11】　某公路路肩挡土墙如图 7.33 所示。路面宽为 7 m，荷载为公路-Ⅱ级，填土重度为 18 kN/m³。内摩擦角 $\varphi=35°$，黏聚力 $c=0$，挡土

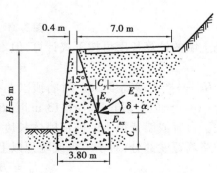

图 7.33　例 7.11 图

墙高度 $H = 8$ m,墙背摩擦角为 $2\varphi/3$,伸缩缝间距为 10 m,试计算作用于挡土墙上的土压力。

【解】 (1)求破坏棱体长度 l_0

填土面为水平($\beta = 0$),墙背俯斜,$\alpha = 15° > 0$

$$\cot\theta = -\tan(\alpha + \delta + \varphi) + \sqrt{[\cot\varphi + \tan(\alpha + \delta + \varphi)][\tan(\alpha + \delta + \varphi) - \tan\alpha]}$$

$$= -\tan 73.3° + \sqrt{[\cot 35° + \tan 73.3°][\tan 73.3° - \tan 15°]} = 0.487$$

$$l_0 = H(\tan\alpha + \cot\theta) = 8 \times (\tan 15° + 0.487)\text{m} = 6.04 \text{ m}$$

(2)求挡土墙的计算长度 B

已知荷载为公路-Ⅱ级,挡土墙的分段长度(即伸缩缝间距)为 13 m,小于 13 m,故取 $B = 10$ m。

(3)求汽车荷载的等代均布土层厚度 h_e

从图 7.31 可知,$l_0 = 6.04$ m 时,在 l_0 长度范围内可布置两列汽车,而在墙长度方向,因取 $B = 10$ m,布置如图 7.34(b)所示。因此,在 $B \times l_0$ 面积内可布置的汽车车轮的重力 $\sum G$ 为:

$$\sum G = 2 \times (120 + 120 + 140 + 140)\text{kN} = 1\,040 \text{ kN}$$

$$h_e = \frac{\sum G}{B l_0 \gamma} = \frac{1\,040}{10 \times 6.04 \times 18}\text{m} = 0.96 \text{ m}$$

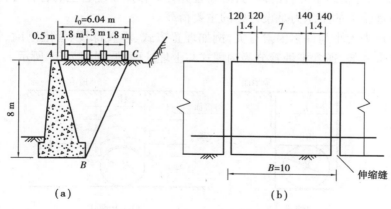

图 7.34 $B \times l_0$ 面积内汽车荷载的布置

(4)计算主动土压力系数

$$K_a = \frac{\cos^2(\varphi - \alpha)}{\cos^2\alpha\cos(\alpha + \delta)\left[1 + \sqrt{\dfrac{\sin(\varphi + \delta)\sin(\varphi - \beta)}{\cos(\alpha + \delta)\cos(\alpha - \beta)}}\right]^2}$$

$$= \frac{\cos^2(35° - 15°)}{\cos^2 15°\cos(15° + 23.3°)\left[1 + \sqrt{\dfrac{\sin(\varphi + \delta)\sin(\varphi - \beta)}{\cos(\alpha + \delta)\cos(\alpha - \beta)}}\right]^2}$$

$$= \frac{0.88}{0.93 \times 0.78 \times \left(1 + \sqrt{\dfrac{0.85 \times 0.57}{0.78 \times 0.97}}\right)^2} = \frac{0.88}{0.725 \times 3.24} = 0.372$$

（5）计算主动土压力

$$E_a = \frac{1}{2}\gamma H(H + 2h_e)K_a = \frac{1}{2} \times 18 \times 8 \times (8 + 2 \times 0.96) \times 0.372 \text{ kN/m} = 265.6 \text{ kN/m}$$

$$E_{ax} = E_a\cos(\delta + \alpha) = 265.5 \times \cos 38.3° \text{ kN/m} = 265.5 \times 0.78 \text{ kN/m} = 208.3 \text{ kN/m}$$

$$E_{ay} = E_a\sin(\delta + \alpha) = 265.5 \times \sin 38.3° \text{ kN/m} = 265.5 \times 0.62 \text{ kN/m} = 164.7 \text{ kN/m}$$

E_{ax}和E_{ay}的作用点的位置为：

$$C_x = \frac{H}{3}\frac{H + 3h_e}{H + 2h_e} = \frac{8}{3} \times \frac{8 + 3 \times 0.96}{8 + 2 \times 0.96}\text{m} = 2.92 \text{ m}$$

$$d = H\tan\alpha = 8 \text{ m} \times \tan 15° = 2.14 \text{ m}$$

$$d_1 = h_e\tan\alpha = 0.92 \text{ m} \times \tan 15° = 0.26 \text{ m}$$

$$C_y = \frac{d}{3}\frac{d + 3d_1}{d + 2d_1} = \frac{2.14 \times (2.14 + 3 \times 0.26)}{3 \times (2.14 + 2 \times 0.26)}\text{m} = 0.78 \text{ m}$$

7.5.9 埋管土压力计算

地下埋管用途广泛，如水利工程中的坝下埋管，市政工程和能源工程中的给排水管、煤气管、输油管等。为了分析地下埋管的内力，必须首先计算作用于埋管上的各种外荷载，其中埋管四周填土作用于埋管上的土压力是设计中的主要荷载。

埋管所受土压力大小与许多因素有关，例如埋置方式、埋置深度、管道刚度、管周填土性质以及管座与基础形式等，通常把埋管分为沟埋式与上埋式两种，如图 7.35 所示。

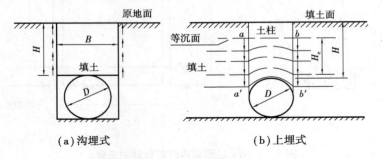

（a）沟埋式　　　　　　　　　（b）上埋式

图 7.35 涵管的埋置方式

沟埋式是先在天然场地中开挖沟槽至设计高程，放置涵管后，再用土回填沟槽至地面高程。管顶上的填土在自重及荷载作用下产生沉降变形时，必然受到槽壁向上的摩阻力，回填土的一部分自重被槽壁向上的摩阻力所抵消，所以管顶所受的垂直压力小于填土自重 $P_z < \gamma H$。

上埋式是将管道直接敷设在天然地面或浅沟内，然后再在上面回填土至设计地面。上埋式如图 7.35（b）所示，此时开槽宽度相对较大，管道两侧的填土厚度大于管道顶部，因而管道两侧的回填土在自重及负载作用下沉降变形也大，对管道两侧产生向下的摩擦力（下拉力），此时管道顶部所受的垂直压力 $P_z \geq \gamma H$，显然，如果令沟埋式和上埋式管顶的 P_z 相等，便可解出一个临界开槽宽度或解出一个界限深度 H_e，H_e 以上土体沉降均匀，因此 H_e 高度处的平面称为等沉面。

1）沟埋式管顶垂直土压力计算

马斯顿（A. Marston）1913 年利用散体极限平衡条件提出一个计算沟埋式土压力的一般通

用公式,图7.36表示一沟埋式埋管,沟槽宽度为B,填土表面作用有均布荷载q,填土在自重和外荷载q作用下向下沉陷,在两侧沟壁处产生向上的剪切力τ,它等于土的抗剪强度τ_f。

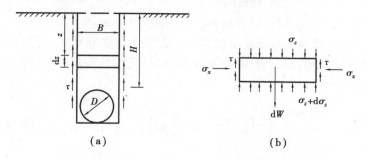

图7.36 马式埋管土压力分析模型

现考虑填土面下z深度处dz厚度土层的受力情况,如图7.36(b)所示。土层重量$dW = \gamma B dz$,侧向土压力$\sigma_x = K\sigma_z$,则沟壁抗剪强度$\tau_f = c + \sigma_x \tan \varphi$。根据竖向力的平衡条件可得:

$$dW + B\sigma_z = B(\sigma_z + d\sigma_z) + 2\tau_f dz \tag{7.69}$$

则

$$\gamma B dz - B d\sigma_z - 2c dz - 2K\sigma_z \tan \varphi dz = 0 \tag{7.70}$$

式中 γ——沟中填土容重;

c, φ——填土与沟壁之间的黏聚力与内摩擦角;

B——沟槽宽度;

K——土压力系数,介于主动土压力系数K_a与静止土压力系数K_0之间,马斯顿采用主动力压力系数K_a。

由上式可得:

$$\frac{d\sigma_z}{dz} = \gamma - \frac{2c}{B} - 2K\sigma_z \frac{\tan \varphi}{B} \tag{7.71}$$

上式为一个一阶常微分方程,根据边界条件$z = 0$时,$\sigma_z = q$,解上述微分方程,即可得出深度z处竖直向土压力σ_z为:

$$\sigma_z = \frac{B\left(\gamma - \frac{2c}{B}\right)}{2K\tan \varphi}\left(1 - e^{-2K\frac{Z}{B}\tan \varphi}\right) + q e^{-2K\frac{Z}{B}\tan \varphi} \tag{7.72}$$

若$\varphi = 0$,则$\sigma_z = \left(\gamma - \frac{2c}{B}\right)Z + q$。

根据σ_z可知,作用在管顶的竖直向总土压力G为:

$$G = \sigma_z D = D\left[\frac{\gamma B - 2c}{2K\tan \varphi}\left(1 - e^{-2K\frac{H}{B}\tan \varphi}\right) + q e^{-2K\frac{H}{B}\tan \varphi}\right] \tag{7.73}$$

式中 D——埋管的直径;

H——由地表到埋管顶部的填土深度。

2)上埋式垂直土压力计算

图7.37(a)表示上埋式管道。马斯顿假定:管上土体与周围土体发生相对位移的滑动面为竖直平面aa'和bb'。采用与沟埋式管道受力分析相同的方法,即可导出作用于上埋式涵管顶部的竖直向上压力公式,所不同的只是作用于假定滑动面aa'和bb'上的剪切力τ_f方向向下。其σ_z表达式为:

$$\sigma_z = \frac{D\left(\gamma + \frac{2c}{D}\right)}{2K\tan\varphi}\left(e^{2K\frac{H}{D}\tan\varphi} - 1\right) + qe^{2K\frac{H}{D}\tan\varphi} \tag{7.74}$$

同样,根据上式可求出作用在埋管顶部的总土压力 $G = \sigma_z D$。

上式适用于埋管顶部填土厚度较小的情况。若填土厚度 H 较大,等沉面将在填土面以下,即发生相对位移的土层厚度 $H_e < H$,滑动面为 aa' 和 bb',如图 7.37(b)所示。这时,作用于埋管上的垂直土压力 σ_z 应为:

$$\sigma_z = \frac{D\left(\gamma + \frac{2c}{D}\right)}{2K\tan\varphi}\left(e^{2K\frac{H_e}{D}\tan\varphi} - 1\right) + \left[q + \gamma(H - H_e)\right]e^{2K\frac{H_e}{D}\tan\varphi} \tag{7.75}$$

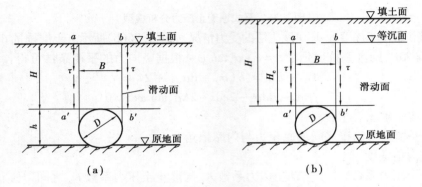

图 7.37　上埋式垂直土压力计算模型

式(7.75)中,H_e 可按下式计算:

$$e^{2K\frac{H_e}{D}\tan\varphi} - 2K\tan\varphi\frac{H_e}{D} = 2K\tan\varphi \cdot \gamma_{sd} \cdot \zeta + 1 \tag{7.76}$$

式中　γ_{sd}——沉降比,为一实验系数,对于埋设在一般土基上的刚性管,可取 $0.5 \sim 0.8$;

　　　ζ——突出比,指埋管顶部突出于原地面以上的高度 H' 与埋管外径 D 之比。

需要指出的是,上述马斯顿土压力公式是在管顶两侧发生竖直滑动面的假设基础上推导出来的,与实际情况并不完全符合,因而用马斯顿土压力公式计算出的 σ_z 大小和分布常常带来误差,一般要比实测值偏大,故在使用时,可结合具体情况进行一定修正,可参阅有关规程。对于重要的工程设计,还可用有限元法进行较为精确的计算。

3)埋管的侧向土压力计算

埋管两侧土压力计算有两种方法。

①有了垂直压力,乘以主动或静止土压力系数 K_a 或 K_0,即得侧向压力。垂直压力公式中的 z 表示自管径顶到管径底的长度。

②按朗肯土压力计算:

按下述公式计算:

$$\sigma_{a1} = \gamma H_1\tan^2\left(45° - \frac{\varphi}{2}\right) - 2c\tan\left(45° - \frac{\varphi}{2}\right) \tag{7.77}$$

$$\sigma_{a2} = \gamma H_2\tan^2\left(45° - \frac{\varphi}{2}\right) - 2c\tan\left(45° - \frac{\varphi}{2}\right) \tag{7.78}$$

式中　H_1，H_2——自填土表面分别至管径顶和管径底的高度(深度)；

$\quad\quad\gamma$——填土的重度；

$\quad\quad c$，φ——填土的黏聚力和内摩擦角。

按式(7.77)和式(7.78)计算,侧压力呈梯形分布,为简化,也可以自填土表面算至管径中部的高度(深度),此时取 $H_1 = H_2 = H$，将 H 代入式(7.77)或式(7.78)计算,这样得出的侧压力便呈矩形分布。有了垂直压力和侧压力,就可按照结构书计算管道内力和变形,进一步确定材料断面和配筋。

【例7.12】　已知某输水渠道涵管如图7.38所示,管子外径 $D = 8.0$ m,采用沟埋式施工方法,槽宽 $B = 2.0$ m,回填稍湿砂土,$c = 0$，$\varphi = 30°$，$\gamma = 16.5$ kN/m³。试求当管顶填土厚度分别为 $H = 2.0,3.0,4.0$ m 时,作用于管顶上的竖直土压力 σ_z 及总土压力 G。

【解】　用已给条件,按公式可得：

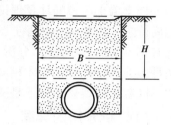

图7.38　例7.12图

$$\sigma_z = \frac{B\gamma}{2K\tan\varphi}\left(1 - e^{-2K\frac{H}{B}\tan\varphi}\right)$$

$$G = \sigma_z D$$

采用 $K = K_a = \tan^2\left(45° - \dfrac{\varphi}{2}\right) = \tan^2\left(45° - \dfrac{30°}{2}\right) = 0.333$。

下面分别算出 $H = 2.0,3.0,4.0$ m 时的 σ_z 及 G。

(1)当 $H = 2.0$ m 时

$$\sigma_z = \frac{2 \times 16.5}{2 \times 0.333 \times \tan 30°} \times \left(1 - e^{-2 \times 0.333 \times \frac{2.0}{2.0}\times\tan 30°}\right) \text{kN/m}^2$$

$$= \frac{16.5}{0.192}\text{kN/m}^2 \times \left(1 - e^{-0.384}\right)\text{kN/m}^2$$

$$= \frac{16.5}{0.192} \times (1 - 0.681)\text{kN/m}^2 = 27.4\ \text{kN/m}^2$$

$G = 27.4 \times 0.8\ \text{kN/m} = 21.9\ \text{kN/m}$

(2)当 $H = 3.0$ m 时

$$\sigma_z = \frac{16.5}{0.192} \times \left(1 - e^{-2 \times 0.333 \times \frac{3.0}{2.0}\times 0.577}\right)\text{kN/m}^2 = \frac{16.5}{0.192} \times \left(1 - e^{-0.576}\right)\text{kN/m}^2$$

$$= \frac{16.5}{0.192}(1 - 0.562)\text{kN/m}^2 = 37.64\ \text{kN/m}^2$$

$G = 37.64 \times 0.8\ \text{kN/m} = 30.11\ \text{kN/m}$

(3)当 $H = 4.0$ m 时

$$\sigma_z = \frac{16.5}{0.192} \times \left(1 - e^{-2 \times 0.333 \times \frac{4.0}{2.0}\times 0.577}\right)\text{kN/m}^2 = \frac{16.5}{0.192} \times \left(1 - e^{-0.769}\right)\text{kN/m}^2$$

$$= \frac{16.5}{0.192} \times (1 - 0.464)\text{kN/m}^2 = 46.1\ \text{kN/m}^2$$

$G = 46.1 \times 0.8\ \text{kN/m} = 36.9\ \text{kN/m}$

若将上述不同 H 填土厚度下的 σ_z 与沟槽内相同 H 处的填土柱重量 $\overline{\sigma}_z = \gamma H$ 进行比较(见表7.5),可以看出:沟埋式管顶的 σ_z 均小于 $\overline{\sigma}_z$，且在本例范围内,随着埋管深度 H 的增加,沟壁向上的摩阻力对管顶上土压力的卸荷作用也随之加大。

表 7.5　计算表

H_x/m	$\sigma_z/(kN\cdot m^{-2})$	$\overline{\sigma}_z/(kN\cdot m^{-2})$	$\sigma_z/\overline{\sigma}_z$
2.0	27.4	33.0	0.83
3.0	37.6	49.5	0.76
4.0	46.1	66	0.70

7.6　朗肯土压力理论与库仑土压力理论的比较

挡土墙土压力的计算理论是土力学的主要课题之一,也是较复杂的问题之一,还有许多问题尚待进一步解决。朗肯土压力理论和库仑土压力理论都是研究土压力问题的简化方法,它们各有其不同的基本假定、分析方法和适用条件,只有在最简单的情况下($\alpha=0,\beta=0,\delta=0$)用这两种古典理论计算结果才相同。因此,在应用时必须注意针对实际情况合理选择,否则将会造成不同程度的误差。以下是两种理论的一些基本比较。

1)分析方法的异同

朗肯理论和库仑理论均属于极限状态土压力理论,都是计算极限平衡状态作用下墙背土压力,这是它们的共同点。但两者在分析方法上存在着较大的差异,朗肯土压力理论依据半空间应力状态和土的极限平衡条件,从一点的应力出发,先求土压力强度及分布,再计算总土压力,因而朗肯理论属于极限应力法;库仑土压力理论根据墙背和滑裂面之间的土楔整体处于极限平衡状态,用静力平衡条件先求出作用在墙背上的总土压力,需要时再计算土压力强度及其分布形式,因而库仑理论属于滑动楔体法。

上述两种理论中,朗肯理论在理论上比较严密,但只能在理想的简单条件下求解,应用上受到了一定的限制。库仑理论虽然是一种简化理论,但由于其能适用于较为复杂的各种实际边界条件,且在一定的范围内能得出比较满意的结果,因而应用更广。

2)计算误差

朗肯土压力理论和库仑土压力理论都是建立在某些人为假定的基础上,因此,计算结果都有一定误差。朗肯土压力理论应用半空间中的应力状态和极限平衡理论的概念比较明确,公式简单,便于记忆,对于黏性土和无黏性土都可以用该公式直接计算,故在工程中得到广泛应用。但为了使墙后的应力状态符合半空间的应力状态,必须假设墙背直立的、光滑的,墙后填土面是水平的。由于该理论忽略了墙背与填土之间摩擦影响,使计算的主动土压力增大,被动土压力偏小。

库仑土压力理论根据墙后滑动土楔的静力平衡条件导出得计算公式,考虑了墙背与土之间的摩擦力,并可用于墙背倾斜、填土面倾斜情况。库仑土压力理论的关键是破坏面的形状和位置如何确定,为使问题简化,一般都假定破坏面为平面,但实际上却是一曲面,因此这种平面滑裂面的假定,使得破坏楔体平衡时所必须满足的力系对任一点的力矩之和等于零($\sum M=0$)的条件得不到满足,这时用库仑理论计算土压力,只有当墙背的倾斜度不大、墙背与填土间的摩擦角较小时,破坏面才接近于平面。因此,在通常情况下,在计算主动土压力时这种偏差为 2% ~ 10%,可以认为已满足实际工程所要求的精度;但在计算被动土压力时,由于破坏面接近于对数螺线,因此计算结果误差较大,有时可达2~3倍,甚至更大。

习 题

7.1 已知某混凝土挡土墙墙高 $H = 7.0$ m,墙背直立、光滑,墙后填土面水平,填土重度 $\gamma = 18.5$ kN/m^3,内摩擦角 $\varphi = 20°$,黏聚力 $c = 20$ kPa。计算作用在此挡土墙上的静止土压力、主动土压力和被动土压力强度,并求土压力合力大小。(答案:$E_0 = 298.2$ kN/m,$E_a = 69.4$ kN/m,$E_p = 1\,324.4$ kN/m)

7.2 已知某挡土墙高度 $H = 8.0$ m,墙背垂直,填土水平,墙与填土的摩擦角 $\delta = 20°$。填土为中砂,重度 $\gamma = 18.5$ kN/m^3,内摩擦角 $\varphi = 30°$。计算作用在挡土墙上的主动土压力合力,并与墙背光滑($\delta = 0°$)时比较。(答案:$\delta = 20°$时,$E_a = 175.8$ kN/m;$\delta = 0°$ 时,$E_a = 197.1$ kN/m)

7.3 有一高 7 m 的挡土墙,墙背直立光滑,填土表面水平。填土的物理力学性质指标:$c = 12$ kPa,$\varphi = 15°$,$\gamma = 18$ kN/m^3。试求总主动土压力及作用点位置,并绘出主动土压力分布图。(答案:$E_a = 146.8$ kN/m)

7.4 某挡土墙高度 $H = 8.0$ m,墙后填土 $\beta = 10°$,墙与填土的摩擦角 $\delta = 20°$,墙后填土为中砂,重度 $\gamma = 18.5$ kN/m^3,内摩擦角 $\varphi = 30°$。试计算当 $\alpha = -10°,0°,+10°$时挡土墙上的主动土压力合力及方向,并简要分析 α 变化对 E_a 的影响。(答案:$\alpha = -10°$时,$E_a = 155.1$ kN/m;$\alpha = 0°$时,$E_a = 201.3$ kN/m;$\alpha = +10°$,$E_a = 259.3$ kN/m)

7.5 某挡土墙高 5 m,墙背垂直光滑,墙后填土为砂土,$\gamma = 18$ kN/m^3,$\varphi = 40°$,$c = 0$,填土表面水平。试比较静止、主动和被动土压力值大小。(答案:$E_p = 1\,035$ kN/m $> E_0 = 81$ kN/m $> E_a = 49.5$ kN/m)

7.6 某挡土墙高 4.5 m,墙后填土为砂土,其内摩擦角 $\varphi = 35°$,重度 $\gamma = 19$ kN/m^3,填土面与水平面的夹角 $\beta = 20°$,墙背倾角 $\alpha = 5°$,墙背外摩擦角 $\delta = 25°$。试求主动土压力 E_a。(答案:$E_a = 73.8$ kN/m,作用点离墙底 1.5 m,与水平面成 30°)

7.7 一挡土墙高 $H = 6$ m,墙背竖直、光滑,墙后填土表面水平。填土表面作用有均布超载 $q = 15$ kPa,地下水位在地表面下 3 m 处,土的容重 γ、饱和容重 γ_{sat} 和水位上下 φ,c 如图 7.39 所示。试计算作用于挡土墙上的总侧压力。(答案:$E_a = 123.44$ kN/m,$E_w = 45$ kN/m,$E_{侧} = 169$ kN/m)

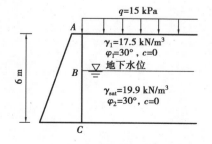

图 7.39 习题 7.7 附图

7.8 一挡土墙如图 7.40 所示,试计算作用于墙上的总主动土压力并绘出土压力分布图。(答案:135.71 kN/m)

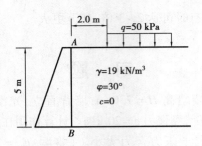

图7.40 习题7.8附图

7.9 挡土墙高5 m,墙背倾斜角 $\alpha = 10°$(俯斜),填土坡角 $\beta = 30°$,填土为无黏性土,其重度 $\gamma = 18$ kN/m³, $\varphi = 30°$填土与墙背的摩擦角 $\delta = \dfrac{2}{3}\varphi$。试根据库仑理论求主动土压力及其作用点。(答案:$E_a = 236.475$ kN/m,土压力作用点距墙底1.67 m处。)

7.10 某挡土墙高度 $H = 10.0$ m,墙背竖直、光滑,墙后填土表面水平。填土上作用均布荷载 $q = 20$ kPa。墙后填土分两层:上层为中砂,重度 $\gamma_1 = 18.5$ kN/m³,内摩擦角 $\varphi_1 = 30°$,厚度 $h_1 = 3.0$ m;下层为粗砂,$\gamma_2 = 19.0$ kN/m³,$\varphi_2 = 35°$。地下水位在离墙顶6.0 m位置。水下粗砂的饱和重度为 $\gamma_{sat} = 20.0$ kN/m³。试计算作用在挡土墙上的总主动土压力和水压力。(答案:298 kN/m,80.0 kN/m)

第 8 章　　土坡稳定分析

　　土坡就是具有倾斜坡面的土体,可分为天然土坡与人工土坡。天然土坡是由于地质作用自然形成的土坡,如天然河道的土坡、山麓堆积的坡积层等;人工土坡是由人工开挖或回填而形成的土坡,如坝、防洪堤、公路及铁路的路堤、人工开挖的引河、基坑等。土坡的简单外形和各部位的名称如图 8.1 所示。

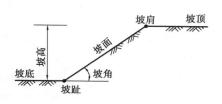

图 8.1　土坡各部位名称

　　由于土坡表面倾斜,使得土坡在其自身重力的作用及周围其他外力作用下,有从高处向低处滑动的趋势,如果土体内部某个面上的滑动力超过土体抗滑动的能力,就会发生滑坡。

　　人工开挖或填筑的人工土坡,如果设计的坡度太陡,或工作条件的变化,使土体内的应力状态发生改变,在土体内就会形成一个连贯的剪切破坏面而发生滑坡。荷兰沿海早期建筑工程中,曾经发生过多起软土滑动事故。我国在软土上修建工程时也曾发生多起事故。例如,1958年修建天津海河闸时,由于坡顶堆土太多,发生了多达 17 万 m³ 土的滑坡。滑动前土体断面如图 8.2 所示。经调查了解到当开挖土堆置的比原底面高出 9.0 m 时,在滑坡附近的地下水位观测孔中,水位上升最高达 7.3 m。当地 100 km 内地势平坦,地下水位上升只能是孔隙水应力增大的结果。滑坡发生在夜间,且滑动速度很快。滑动前已发现堤顶附近出现裂缝,估计大滑动前会有土体移动,加之滑动前没有及时观测和采取措施,导致事故发生。

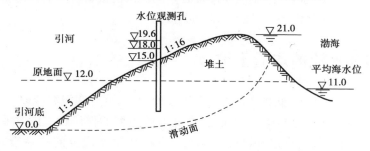

图 8.2　海河闸土坡滑动示意图

8.1　无黏性土坡稳定性分析

　　无黏性土坡即是由粗颗粒土所堆筑的土坡。无黏性土坡的稳定性分析比较简单,可以分为下面 3 种情况进行讨论。

8.1.1 均质的干坡和水下坡

均质干坡和水下坡指由一种土组成,完全在水位以上或完全在水位以下,没有渗透水流作用的无黏性土坡。这两种情况只要坡面上的土颗粒在重力作用下能够保持稳定,整个土坡就处于稳定状态。

图 8.3(a)表示通过漏斗在地面上堆砂堆,无论砂堆多高,所能形成的最陡的坡角总是一定的,就是土坡处于极限平衡状态时的坡角。

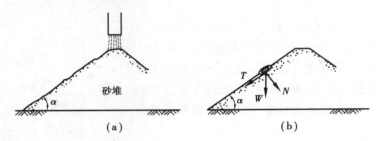

图 8.3 无黏性土坡

现从坡面上取一小块土体来分析它的稳定条件。设该小块土体的重量为 W,W 沿坡面的滑动力 $T = W\sin\alpha$。垂直于坡面的正应力 $N = W\cos\alpha$,正应力产生摩擦阻力,阻抗土体下滑,称为抗滑力,其值 $R = N\tan\varphi = W\cos\alpha\tan\varphi$。定义土体的稳定安全系数 F_s 为:

$$F_s = \frac{抗滑力}{滑动力} = \frac{R}{T} = \frac{W\cos\alpha\tan\varphi}{W\sin\alpha} = \frac{\tan\varphi}{\tan\alpha} \tag{8.1}$$

式中　φ——土的内摩擦角,(°);

　　　α——土坡坡角,(°)。

很显然,分析的土体无论坡面上哪一个高度都能得到式(8.1)的结果,因此安全系数 F_s 代表整个边坡的安全度。

当 $F_s = 1$ 时,$\alpha = \varphi$,α 称为天然休止角,其值等于砂在松散状态时的内摩擦角。如果是经过压密后的无黏性土,内摩擦角增大,稳定坡角也随之增大。

8.1.2 有渗透水流的均质土坡

挡水土堤内形成渗流场,如果浸润线在下游坡面溢出,这时在浸润线以下,下游坡内的土体除受重力作用外,还受渗透力的作用,因而会降低下游边坡的稳定性。图 8.4 表示渗透水流从土堤的下游溢出。如果水流的方向与水平面成夹角 θ,则沿水流方向的渗透力 $j = \gamma_w i$。在坡面上取土体 V 中的土骨架为隔离体,其有效重力为 $\gamma'V$。分析这块土骨架的稳定性,作用在土骨架上的渗透力为 $J = jV = \gamma_w iV$。沿坡面的全部滑动力包括重力和渗透力,为:

$$T = \gamma'V\sin\alpha + \gamma_w iV\cos(\alpha - \theta)$$

坡面的正压力为:

$$N = \gamma'V\cos\alpha - \gamma_w iV\sin(\alpha - \theta)$$

土体沿坡面滑动的稳定安全系数:

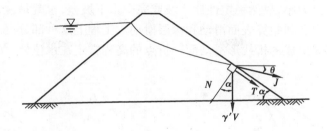

图 8.4　渗透水流溢出的土坡

$$F_s = \frac{N\tan\varphi}{T} = \frac{\left[\gamma'V\cos\alpha - \gamma_w iV\sin(\alpha-\theta)\right]\tan\varphi}{\gamma'V\sin\alpha + \gamma_w iV\cos(\alpha-\theta)} \tag{8.2}$$

式中　i——渗透坡降；

　　　γ'——土体的浮容重；

　　　γ_w——水的容重。

若水流在溢出段顺坡面流动，即 $\theta=\alpha$。这时，流经途径 ds 的水头损失为 dh，故有：

$$i = \frac{dh}{ds} = \sin\alpha \tag{8.3}$$

代入式(8.2)得

$$F_s = \frac{\gamma'V\cos\alpha\tan\varphi}{\gamma'V\sin\alpha + \gamma_w V\sin\alpha} = \frac{\gamma'\cos\alpha\tan\varphi}{\gamma_{sat}\sin\alpha} = \frac{\gamma'}{\gamma_{sat}}\frac{\tan\varphi}{\tan\alpha} \tag{8.4}$$

由此可见，当溢出段为顺坡渗流时，安全系数降低 γ'/γ_{sat}，通常 γ'/γ_{sat} 约为 0.5，即安全系数降低 1/2。因此，要保持同样的安全度，有渗流溢出时的坡角比没有渗流溢出时要平缓得多。为了使设计经济合理，工程上一般要在下游坝址处设置排水棱体，使渗流水流不直接从下游坡面溢出，如图 8.5 所示。这时下游坡面虽然没有浸润线溢出，但下游坡内浸润线以下的土体仍然受渗透力的作用。这种渗透力是一种滑动力，它降低从浸润线以下通过的滑动面的稳定性，这时深层滑动面(图 8.5 中虚线所示)的稳定性可能比下游坡面的稳定性差，即危险的滑动面向深层发展。这种情况下，除了要按前述方法验算坡面的稳定性外，还应该用圆弧滑动法验算深层滑动面的可能性。有关圆弧滑动法的计算原理，详见 8.2 节"黏性土坡的稳定分析"。

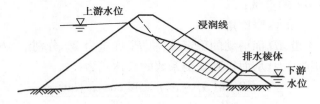

图 8.5　渗透水流未溢出的土坡

8.1.3　部分浸水土坡

当水库部分蓄水时，水位以上是干坡，水位以下则是浸坡。水位线下，土的容重从天然容重变成浮容重。按前面分析，如果水位上下土的内摩擦角不变，则整个坡面土体的稳定性相同。但是对于深入坡内的滑动面，例如图 8.6(a) 中的 ADC 面，由于滑动土体上部的容重大，滑动力大,下部的容重小,抗滑力小,显然稳定性比干坡或完全水下坡差,也就是说,危险滑动面可能向坡内发展。这种情况也必须验算表面滑动和深层滑动。工程上这种部分浸水坡的稳定分析,常假定滑动面为两段直线组成的折线形滑动面。折点的高程常定在水位处,如图8.6(a)中所示。

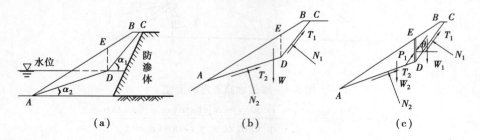

图8.6 部分浸水土坡

分析折线形滑坡体的稳定性通常采用力平衡法。力平衡法是极限平衡法的一种,其特点是静力平衡条件中只考虑土体是否滑移而不考虑是否转动。这时作用在滑动土体上的力系只需满足主向量等于0的平衡条件,即 $\sum F_x = 0$ 和 $\sum F_z = 0$,而不考虑是否满足力矩平衡条件。

图8.6(b)表示作用在折线滑动面上的正压力分别为 N_1 和 N_2,滑动面上的抗剪力分别为 $T_1 = \dfrac{N_1 \tan \varphi_1}{F_s}$ 和 $T_2 = \dfrac{N_2 \tan \varphi_2}{F_s}$。因此,待定的未知量为 N_1,N_2 和安全系数 F_s,而滑动土体的平衡方程只有两个,是一个超静定问题。

将块体从折点处竖直切开,如图8.6(c)所示,变成两个块体,这样可以建立4个力的平衡方程。但是原来 DE 面上的内力 P_1,在块体切开后变成外力,因而又增加两个未知量,即 P_1 和 P_1 的方向 θ,仍然是超静定问题。为使问题可解,必须做某种假定以减少未知量的数目,通常的做法是假定 P_1 的方向。有几种选择,可以假定 P_1 的方向是水平方向,或者平行于内坡 DC,或者平行于外坡 BE,还可以假定 ED 也是滑裂面,则 P_1 与 ED 的法线成夹角 φ,φ 为内摩擦角。

今假定 P_1 与内坡 DC 平行。考虑块体 $BCDE$ 的平衡,有:

$$P_1 = W_1 \sin \alpha_1 - \frac{1}{F_s}(W_1 \cos \alpha_1 \tan \varphi_1) \tag{8.5}$$

式中　W_1——块体 $BCDE$ 的重量;

　　　φ_1——水位以上土的内摩擦角。

然后分析块体 EDA 沿 AD 面滑动的稳定性,将 P_1 和重力 W_2 分别沿 AD 面分解为切向力和法向力,算出滑动力和抗滑力,从而得到安全系数的表达式为:

$$F_s = \frac{[P_1 \sin(\alpha_1 - \alpha_2) + W_2 \cos \alpha_2] \tan \varphi_2}{P_1 \cos(\alpha_1 - \alpha_2) + W_2 \sin \alpha_2} \tag{8.6}$$

式中　φ_2——水位以下土的内摩擦角,其他符号见图8.6(c)。

用迭代法解式(8.5)和式(8.6),求安全系数 F_s,就是沿 CD 和 DA 面滑动的安全系数。但是滑动面 CD 和 DA 是任意假定的,因此得到的安全系数不能代表整个边坡的稳定性。还必须假定各种不同的水位以及各种折角 α_1,α_2,进行许多个滑动面计算,以确定最危险的水位高程和最不利的滑动面位置,得到最小的安全系数,才是边坡真正的稳定安全系数。计算过程十分烦琐,可以编成计算程序,在计算机上计算。

【例8.1】 如图8.7所示,一无限长土坡与水平面成 α 角,土的容重 $\gamma = 19$ kN/m³,土与基岩面的抗剪强度指标 $c=0$，$\varphi=30°$。求安全系数 $F_s=1.2$ 时的 α 角容许值。

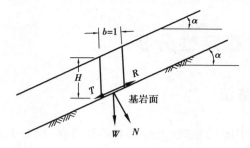

图 8.7　例 8.1 图

【解】　从无限长坡中截取单宽土柱进行稳定分析，单宽土柱的安全系数与全坡相同。

土柱重量：$\qquad W=\gamma H$

沿基面滑动力：$\qquad T=W\sin\alpha$

沿基面抗滑力：$\qquad R=W\cos\alpha\tan\varphi$

土柱两侧的作用力大小相等，方向沿坡面，对稳定无影响，故：

$$F_s=\frac{W\cos\alpha\tan\varphi}{W\sin\alpha}=\frac{\tan\varphi}{\tan\alpha}$$

$$\tan\alpha=\frac{\tan\varphi}{F_s}=\frac{0.577}{1.2}=0.48，得\ \alpha=25.7°$$

【例 8.2】　上题中，若地下水位沿土坡表面，土的比重 $d_s=2.65$，含水量 $\omega=20\%$，问安全系数为 1.2 时 α 角的容许值。

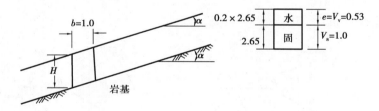

图 8.8　例 8.2 图

【解】　按图 8.8 中的三相草图求土的饱和容重 $\gamma_{sat}=\dfrac{2.65(1+0.2)}{1+e}\times9.8\ \mathrm{kN/m^3}=20.4$

$\mathrm{kN/m^3}$

土的浮容重：$\qquad \gamma'=\gamma_{sat}-\gamma_w=(20.4-9.8)\ \mathrm{kN/m^3}=10.6\ \mathrm{kN/m^3}$

渗透坡降：$\qquad i=\dfrac{\Delta h}{\Delta s}=\dfrac{b\tan\alpha}{b/\cos\alpha}=\sin\alpha$

单位渗透力：$\qquad j=\gamma_w i=9.8\sin\alpha$

土柱总渗透力：$\qquad J=Aj=H\gamma_w i=9.8H\sin\alpha$

安全系数：

$$F_s=\frac{W'\cos\alpha\tan\varphi}{W'\sin\alpha+J}=\frac{\gamma'H\cos\alpha\tan\varphi}{\gamma'H\sin\alpha+9.8H\sin\alpha}=\frac{\gamma'}{\gamma'+\gamma_w}\frac{\tan\varphi}{\tan\alpha}=\frac{10.6\tan\varphi}{(10.6+9.8)\tan\alpha}$$

$$\tan\alpha=\frac{10.6\times0.577}{1.2(10.6+9.8)}=\frac{6.12}{24.48}=0.25，得\ \alpha=14.0°$$

与上题比较,可见有渗流时稳定坡角要平缓得多。

8.2　黏性土坡的稳定性分析

8.2.1　整体圆弧滑动法

整体圆弧滑动法是最常用的方法之一,由瑞典的彼得森(K. E. Petterson)于 1915 年提出,后被广泛应用于实际工程。它将滑动面以上的土体视作刚体,并分析在极限平衡条件下它的整体受力情况,以整个滑动面上的平均抗剪强度与平均剪应力之比来定义土坡的安全系数,即

$$F_s = \frac{\tau_f}{\tau} \tag{8.7}$$

对于均质的黏性土土坡,其实际滑动面与圆柱面接近。计算时一般假定滑动面为圆柱面,在土坡断面上投影即为圆弧。其安全系数也可用滑动面上的最大抗滑力矩 M_f 与滑动力矩 M_s 之比来定义,其结果与式(8.7)的定义完全相同,即

$$F_s = \frac{M_f}{M_s} = \frac{\tau_f \cdot \widehat{L} \cdot R}{\tau \cdot \widehat{L} \cdot R} = \frac{\tau_f}{\tau} \tag{8.8}$$

式中　τ_f——滑动面上的平均抗剪强度,kPa;

　　　τ——滑动面上的平均剪应力,kPa;

　　　$\widehat{L}$——滑弧长度,m;

　　　R——滑弧半径,m。

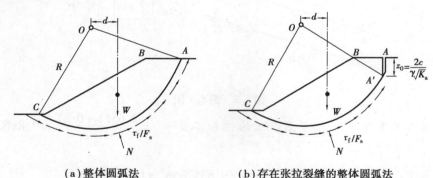

（a）整体圆弧法　　　　　　　　　（b）存在张拉裂缝的整体圆弧法

图 8.9　均质黏性土土坡的计算简图

如图 8.9 所示为一均质黏性土土坡,AC 为假定的滑动面,圆心为 O,半径为 R。滑动土体 ABC 可视为刚体,在自重作用下,将绕圆心 O 沿 AC 弧转动下滑。如果假设滑动面上的抗剪强度完全发挥,即 $\tau = \tau_f$,则其抗滑力矩 $M_f = \tau_f \widehat{L} \cdot R$,滑动力矩 $M_s = W \cdot d$,将 M_f 与滑动力矩 M_s 代入式(8.8),可得:

$$F_s = \frac{M_f}{M_s} = \frac{\tau_f \cdot \widehat{L} \cdot R}{W \cdot d} \tag{8.9}$$

式中　W——滑动土体的自重，kN；

　　　$\widehat{L}$——滑弧 AC 长度，m；

　　　d——滑动土体重力对滑弧圆心的力臂，m。

按照莫尔-库仑强度理论，一般情况下，黏性土的抗剪强度 $\tau_f = \sigma\tan\varphi + c$，因此 τ_f 是随着滑动面上法向应力 σ 的改变而变化的，沿整个滑动面并非一个常数；但对饱和黏性土来说，在不排水剪切条件下，$\varphi_u = 0$，$\tau_f = c_u$，于是式(8.9)可写成：

$$F_s = \frac{M_f}{M_s} = \frac{c_u \cdot \widehat{L} \cdot R}{W \cdot d} \tag{8.10}$$

这时用式(8.10)可直接进行黏性土（$\varphi_u = 0$ 情况下）边坡的抗滑稳定安全系数计算，这种稳定分析方法通常称为 $\varphi_u = 0$ 分析法。

黏性土土坡发生整体滑动前，一般先在坡顶出现张拉裂缝，然后沿某一曲面产生整体滑动，如图8.9(b)所示。其深度 z_0 可按第7章中式(7.11)计算，即

$$z_0 = \frac{2c}{\gamma\sqrt{K_a}} = \frac{2c}{\gamma\tan\left(45° - \dfrac{\varphi}{2}\right)} \tag{8.11}$$

当 $\varphi_0 = 0$ 时，$z_0 = \dfrac{2c}{\gamma}$，故裂缝的出现使滑弧长度由 AC 减小到 $A'C$ 段，该段的稳定分析仍可用式(8.10)来分析。

以上求出的 F_s 是与任意假定的某个滑动面相对应的安全系数，而土坡稳定分析要求的是与最危险的滑动面相对应的最小安全系数。为此，通常需要假定一系列滑动面进行多次试算，才能找到所需要的最危险滑动面对应的安全系数，计算工作量是很大的。费伦纽斯(Fellenius)通过大量计算，曾提出确定最危险滑动面圆心的经验方法，迄今仍被使用。

表8.1　β_1 及 β_2 数值表

土坡坡度（竖直：水平）	坡角 β	β_1	β_2
1:0.58	60°	29°	40°
1:1	45°	28°	37°
1:1.5	33°41′	26°	35°
1:2	26°34′	25°	35°
1:3	18°26′	25°	35°
1:4	14°02′	25°	37°
1:5	11°19′	25°	37°

费伦纽斯认为：对于均质黏性土土坡，其最危险滑动面常通过坡脚。对于 $\varphi = 0$ 时，其圆心位置可由图8.10(a)中 AO 与 BO 两线的交点确定，图中 β_1，β_2 与坡角或坡度有关，可查表8.1。对于 $\varphi > 0$ 的土，最危险滑动面的圆心位置可能在图8.10(b)中 MO_1 的延长线上。M 点则位于坡顶之下 $2H$ 深处，距坡脚的水平距离为 $4.5H$。

具体计算时沿 MO_1 延长线上取 O_2，O_3，O_4 等作为圆心，绘出相应的通过坡脚的滑弧，分别

求出各滑弧的稳定安全系数 K_2，K_3，K_4 等，绘出 K 的曲线后就可求出最小的稳定安全系数 K_{min}（相应的圆心为 O_n），如图 8.10(b) 所示。

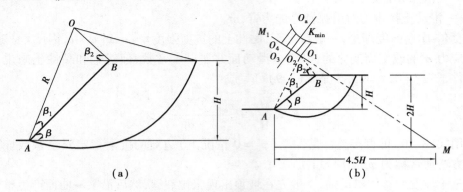

(a)　　　　　　　　　(b)

图 8.10　最危险滑动圆心位置的确定

对于非均质黏性土土坡，或坡面形状及荷载情况都比较复杂，这样确定的 O_n 还不甚可靠，尚需过点作 MO 的垂直线 EF（图 8.10 中未绘出），在 EF 线上 O_n 的两侧再取几个圆心 O_5，O_6，O_7 等，分别求出相应的安全系数，从而按上法确定该土坡的最小稳定安全系数值 K_{min}。

当土坡外形和土层分布都比较复杂时，最危险滑动面处不一定通过坡脚，其位置要由圆心坐标和滑弧弧脚等因素来确定，用费伦纽斯法并不十分可靠。近期根据电算结果进行分析，认为无论多么复杂的土坡，其最危险滑弧圆心的轨迹都是一根类似于双曲线的曲线，位于土坡坡线中点竖直线与法线之间。如果使用电算，可在此范围内有规律地选取若干圆心坐标，结合不同的滑弧弧脚，再求出相应滑弧的安全系数，通过比较求得最小值；或根据各圆心对应的 K 值，画出 K 等值线图，从而求出 K_{min}。但需注意，对于成层土土坡，其低值区不止一个，需分别进行计算。

8.2.2　瑞典条分法

瑞典条分法是条分法中最简单、最古老的一种，由瑞典的贺尔汀（H. Hultin）和彼得森（Petterson）于 1916 年首先提出，后经费兰纽斯等人不断修改，在工程上得到了广泛应用。《建筑地基基础设计规范》（GB 50007—2011）推荐使用该法进行地基稳定性分析。计算简图如图 8.11 所示。

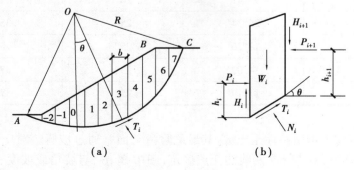

(a)　　　　　　　　　(b)

图 8.11　瑞典条分法计算图示

如图 8.11(a) 所示，瑞典条分法假设滑动面为圆弧面，将滑动体分为若干个竖向土条，并忽略各土条间的相互作用力。按照这一假设，任意土条只受自重力 W_i、滑动面上的剪切力 T_i 和法

向力 N_i,如图 8.11(b)所示。将 W_i 分解为沿着滑动面切向方向分力和垂直于切向的法向分力,并由第 i 条土的静力平衡条件可得 $N_i = W_i\cos\theta_i$,其中 $W_i = b_i h_i \gamma_i$。设土坡安全系数为 F_s,它等于第 i 个土条的安全系数,由库仑强度理论得:

$$T_i = \frac{c_i l_i + N_i \tan\varphi_i}{F_s} \quad (i = 1,2,3,\cdots,n) \tag{8.12}$$

按整体力矩平衡条件,滑动体 ABC 上所有外力对圆心的力矩之和应为 0。在各土条上作用的重力产生的滑动力矩之和为:

$$\sum_{i=1}^{n} W_i d_i = \sum_{i=1}^{n} W_i R\sin\theta_i \tag{8.13}$$

滑动面上的法向力 N_i 通过圆心,不引起力矩,滑动面上的剪力 τ_i 产生的滑动力矩为:

$$\sum_{i=1}^{n} T_i R = \sum_{i=1}^{n} \frac{c_i l_i + N_i \tan\varphi_i}{F_s} R \tag{8.14}$$

按照安全系数的定义有:

$$F_s = \frac{\sum\limits_{i=1}^{n} (c_i l_i + N_i \tan\varphi_i)}{\sum\limits_{i=1}^{n} W_i \sin\theta_i} \tag{8.15}$$

式(8.15)是瑞典条分法的计算公式。由于忽略了土条之间的相互作用力,所以由土条的 3 个力 W_i,T_i 和 N_i 组成的力多边形不闭合。因此,瑞典条分法不满足静力平衡条件,只满足滑动土体的整体力矩平衡条件。

需要指出的是,使用瑞典条分法仍然要假设很多滑动面,并通过试算分析才能找到最小的 F_s 值,从而找到相应的最危险滑动面。

下面分析有孔隙水压力作用时采用瑞典条分法计算土坡稳定性。

当已知第 i 个土条在滑动面上的孔隙水压力为 u_i 时,要用有效指标 c_i' 及 φ_i' 代替原来的 c_1 和 φ_1。考虑土的有效强度,根据莫尔-库仑强度理论,有:

$$\tau_{fi} = c_i' + (\sigma_i - u_i)\tan\varphi_i' \tag{8.16}$$

$$T_i = \tau l_i = \frac{\tau_{fi}}{F_s} l_i = \frac{c_i' l_i}{F_s} + \frac{(c_i l_i - u_i l_i)\tan\varphi_i'}{F_s} = \frac{c_i' l_i}{F_s} + \frac{(N_i - u_i l_i)\tan\varphi_i'}{F_s} \tag{8.17}$$

取法线方向力的平衡可得 $N_i = W_i\cos\theta_i$,各土条对圆弧中心 O 的力矩和为 0,即

$$\sum_{i=1}^{n} W_i d_i - \sum_{i=1}^{n} T_i R = 0 \tag{8.18}$$

式中 d_i——圆心 O 至 W_i 作用线的水平距离,$d_i = R\sin\theta_i$。

将式(8.17)代入式(8.18),可得:

$$F_s = \frac{\sum\limits_{i=1}^{n} \left[c_i' l_i + (W_i\cos\theta_i - u_i l_i)\tan\varphi_i' \right]}{\sum\limits_{i=1}^{n} W_i \sin\theta_i} \tag{8.19}$$

式中 c',φ'——土的有效应力强度指标;

u_i——第 i 条土条底面中点处的孔隙水应力。

式(8.19)就是用有效应力表示的瑞典条分法计算 F_s 的公式。

经过多年实践,对瑞典条分法已经积累了大量的工程经验。用该法计算的安全系数一般比其他较严格的方法低10% ~20%;在滑动面圆弧半径较大并且孔隙水压力较大时,安全系数计算值会比其他较严格的方法小1/2。因此,这种方法是偏于安全的。

【例8.3】 某均质黏性土土坡,高20 m,坡比为1:2,填土黏聚力 $c = 10$ kPa,内摩擦角 φ 为20°,重度 γ 为18 kN/m³。试用瑞典条分法计算土坡的稳定安全系数。

【解】 (1)选择滑弧圆心,作出相应的滑动圆弧。按一定比例画出土坡剖面,如图8.12所示。因为是均质土坡,可由表8.1查得 β_1 为25°、β_2 为35°,作 BO 线及 CO 线得交点 O。再如图8.12求出 E 点,作 EO 的延长线,在 EO 延长线上任取一点 O_1 作为第一次试算的滑弧圆心,通过坡脚作相应的滑动圆弧,量得其半径 R 为40 m。

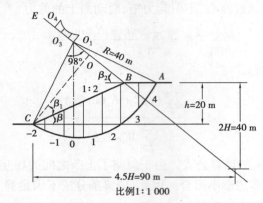

图8.12 例8.3图

(2)将滑动土体分成若干土条,并对土条进行编号。为计算方便,土条宽度 b 取等宽为0.2R,等于8 m。土条编号一般从滑弧圆心的垂线开始作为0,逆滑动方向的土条依次为1,2,3…,顺滑动方向的土条依次为 -1,-2,-3…。

(3) 量出各土条中心高度 h_i,并列表计算 $\sin \theta_i$,$\cos \theta_i$ 以及 $\sum h_i \cos \theta_i$,$\sum h_i \sin \theta_i$ 等值,见表8.2。应当注意,当取等宽时,土体两端土条的宽度不一定恰好等于 b,此时需将土条的实际高度折算成相应于 b 时的高度,对 $\sin \theta$ 亦应按实际宽度计算,见表8.2备注栏。

表8.2 瑞典条分法计算表(圆心编号:O_1,滑弧半径:40 m,土条宽:8 m)

土条编号	h_i/m	$\sin \theta_i$	$\cos \theta_i$	$h_i \sin \theta_i$	$h_i \cos \theta_i$	备 注
-2	3.3	-0.383	0.924	-1.26	3.05	
-1	9.5	-0.2	0.980	-1.90	9.31	
0	14.6	0	1	0	14.60	1. 从图上量出"-2"土条的实际宽度为6.6 m,实际高度为4.0 m,折算后的"-2"土条高度为3.3 m
1	17.5	0.2	0.980	3.5	17.15	
2	19.0	0.4	0.916	1.60	17.40	2. $\sin \theta_{-2} = \dfrac{1.5b + 0.5b_{-2}}{R}$
3	17.9	0.6	0.800	10.20	13.60	$= -0.383$
4	9.0	0.8	0.600	7.20	5.40	
$\sum$				25.34	80.51	

（4）量出滑动圆弧的中心角 θ 为 98°，计算滑弧弧长为：

$$\overset{\frown}{L} = \frac{\pi}{180} \cdot \theta \cdot R = 68.4 \text{ m}$$

如果考虑裂缝，滑弧长度只能算到裂缝为止。

（5）计算安全系数，由式（8.15）得：

$$F_s = \frac{\sum\limits_{i=1}^{n}(c_i l_i + N_i \tan \varphi_i)}{\sum\limits_{i=1}^{n} W_i \sin \theta_i} = \frac{\sum\limits_{i=1}^{n}(c_i l_i + b_i h_i \gamma_i \cos \theta_i \tan \varphi_i)}{\sum\limits_{i=1}^{n}(b_i h_i \gamma_i \sin \theta_i)} = 1.34$$

（6）在 EO 延长线上重新选择滑弧圆心 $O_2, O_3 \cdots$，重复上列计算，从而求出最小的安全系数，即为该土坡的稳定安全系数。

8.2.3　毕肖普条分法

毕肖普（A. N. Bishop）于 1955 年提出了一个可以考虑土条侧面作用力的土坡稳定分析方法，称为毕肖普法。这种方法仍然假定滑动面为圆弧面，并假定各土条底部滑动面上的抗滑安全系数均相同，都等于整个滑动面上的平均安全系数。

毕肖普方法可以采用有效应力的形式表达，也可以用总应力的形式表达。下面分别予以推导。

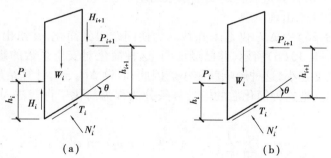

（a）　　　　　　　　　　　（b）

图 8.13　毕肖普条分法计算图示

设图 8.13（a）为一个具有圆弧滑动面的滑动体，将滑动体分条编号。现任取一土条 i 并分析其受力，土条上作用有自重 W_i、土条底面的切向抗剪力 T_i、有效法向反力 N_i'、孔隙水压力合力 $u_i l_i$、土条侧向的法向力 P_i 和 P_{i+1} 及切向力 H_i 和 H_{i+1}。令 $\Delta H_i = H_{i+1} - H_i$。

根据莫尔-库仑强度理论，在极限状态下如图 8.13（b）所示，任意土条 i 滑动面上的抗剪力为：

$$T_{fi} = c_i' l_i + N_i \tan \varphi_i' \tag{8.20}$$

根据安全系数的定义：

$$T_i = \frac{T_{fi}}{F_s} = \frac{c_i' l_i + N_i' \tan \varphi_i'}{F_s} \tag{8.21}$$

在极限条件下，土条应当满足静力平衡条件，所以有：

$$W_i + \Delta H_i - T_i \sin \theta_i - N_i \cos \theta_i - u_i l_i \cos \theta_i = 0 \tag{8.22}$$

将式（8.22）代入式（8.21），可得：

$$N_i = \frac{W_i + \Delta H_i - u_i b_i - \dfrac{c'_i l_i \sin\theta_i}{F_s}}{\cos\theta_i + \dfrac{\tan\varphi'_i}{F_s}\sin\theta_i} \tag{8.23}$$

令 $\cos\theta_i + \dfrac{\tan\varphi'_i}{F_s}\sin\theta_i = m_i$，则上式变成：

$$N_i = \frac{W_i + \Delta H_i - u_i b_i - \dfrac{c'_i l_i \sin\theta_i}{F_s}}{m_i} \tag{8.24}$$

下面考虑整个极限状态下，整个滑动体对圆心 O 的力矩平衡条件。此时，相邻土条之间侧壁上的法向作用力由于大小相等、方向相反，所以对 O 点的力矩将相互抵消，而各土条滑动面上的有效法向应力合力 N'_i 的作用线通过圆心，也不产生力矩。故有：

$$\sum_{i=1}^{n} W_i x_i - \sum_{i=1}^{n} T_i R = \sum_{i=1}^{n} W_i R\sin\theta_i - \sum_{i=1}^{n} T_i R = 0 \tag{8.25}$$

将式（8.21）代入式（8.25），而后再代入式（8.24），可得：

$$F_s = \frac{\displaystyle\sum_{i=1}^{n} \frac{1}{m_i}\big[c'_i b_i + (W_i - u_i b_i + \Delta H_i)\tan\varphi'_i\big]}{\displaystyle\sum_{i=1}^{n} W_i \sin\theta_i} \tag{8.26}$$

式（8.26）是毕肖普条分法计算边坡稳定安全系数的基本公式。尽管其考虑了侧面的法向力 H_i 和 H_{i+1}，但式（8.26）中并未出现该项。

需要注意，在式（8.26）中 ΔH_i 仍是未知数。为使问题得到简化，并给出确定的 F_s 大小，毕肖普假设 $\Delta H_i = 0$，如图 8.13(b) 所示，并已经证明，这种简化对安全系数的影响仅在 1% 左右。而且在条分时，土条宽度越小，这种影响就越小。因此，假设 $\Delta H_i = 0$，计算结果能满足工程设计对精确度的要求。因此，把这种简化后的毕肖普条分法称为简化毕肖普法，其基本公式得到了广泛的应用，即

$$F_s = \frac{\displaystyle\sum_{i=1}^{n} \frac{1}{m_i}\big[c'_i b_i + (W_i - u_i b_i)\tan\varphi'_i\big]}{\displaystyle\sum_{i=1}^{n} W_i \sin\theta_i} \tag{8.27}$$

依据有效应力原理和式（8.26），可以给出毕肖普条分法的总应力计算公式，即

$$F_s = \frac{\displaystyle\sum_{i=1}^{n} \frac{1}{m_i}\big[c_i b_i + (W_i + \Delta H_i)\tan\varphi_i\big]}{\displaystyle\sum_{i=1}^{n} W_i \sin\theta_i} \tag{8.28}$$

式中 $m_i = \cos\theta_i + \dfrac{\tan\varphi_i}{F_s}\sin\theta_i$。

同理，令 $\Delta H_i = 0$，就得到用总应力形式表示的简化毕肖普条分法计算公式为：

$$F_s = \frac{\displaystyle\sum_{i=1}^{n} \frac{1}{m_i}(c_i b_i + W_i\tan\varphi_i)}{\displaystyle\sum_{i=1}^{n} W_i \sin\theta_i} \tag{8.29}$$

与瑞典条分法相比,简化的毕肖普条分法假定 $\Delta H_i = 0$,实际上未考虑土条的切向力,并在此条件下满足力多边形闭合条件。也就是说,此方法虽然在最终计算 F_s 表达式中未出现水平力,但实际上考虑了土条之间的水平相互作用力,简化的毕肖普条分法具有以下特点:

①假设圆弧形滑动面;

②满足整体力矩平衡条件;

③假设土条间只有法向力而无切向力;

④在②和③条件下,满足各个土条的力多边形闭合条件,而不满足各个土条的力矩平衡条件;

⑤从计算结果上分析,由于考虑了土条间水平作用力,它的安全系数比瑞典条分法略高一些。

简化的毕肖普条分法虽然不是严格的极限平衡法,但它的计算结果却与严格方法很接近,这一点已被大量工程实践证实,并且其计算不是很复杂,精度较高,所以它是目前工程上常用的方法之一。

【例8.4】　某基坑工程,地基土分为两层,第一层为粉质黏土,天然重度 $\gamma_1 = 18 \text{ kN/m}^3$,黏聚力 $c_1 = 6.0 \text{ kPa}$,内摩擦角 $\varphi_1 = 25°$,层厚2.0 m;第二层为黏土,天然重度 $\gamma_2 = 18.9 \text{ kN/m}^3$,黏聚力 $c_2 = 9.2 \text{ kPa}$,内摩擦角 $\varphi_2 = 17°$,厚度8.0 m。基坑开挖深度5.0 m。

(1)试用瑞典条分法计算放坡的角度;

(2)如果放坡角为45°,试用简化毕肖普法计算该土坡的安全系数 F_s。

【解】　(1)瑞典条分法计算放坡的角度

①根据经验初步确定基坑开挖边坡为1:1,即坡脚 β 为45°。

②用坐标纸按照一定比例绘制基坑剖面图,如图8.14所示。

③取圆弧半径 $R = 10.0 \text{ m}$,滑动圆弧下端通过坡脚 A 点。取圆心 O(是按照第8.2.3节中介绍的原理得到的),使过 O 垂线距离 A 点的水平距离为0.5 m,线段 OO' 的长度近似等于10 m。以 O 为圆心,半径为10 m画圆弧,即是滑动面 AC。

④取单个土条宽 $b = R/10 = 1.0 \text{ m}$。

⑤土条分条编号。以过圆心 O 的垂线处为第0条,向上依次编为1,2,3…,共8条。

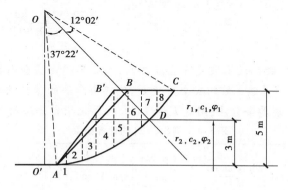

图8.14　基坑开挖计算图示

⑥分段计算两层土各自的弧长。依照一定比例绘制剖面图,量出角 $\angle AOD$ 和 $\angle COD$ 的大小(弧度),则从 A 点到 D 点的弧长 $L_{AD} = \angle AOD \times 10 \text{ m} = 6.52 \text{ m}$,从 C 点到 D 点的弧长 $L_{CD} = \angle COD \times 10 \text{ m} = 2.09 \text{ m}$。

⑦各土条的自重计算。土条自重等于土条的横断面面积乘单位长度 1 m，再乘土条的重度。土条的横断面面积可取土条的平均高度 h_i（可在按比例所画的图上量取，再按比例折合成实际的高度）乘土条的宽度 $b = 1$ m，即 $W_i = h_i b \gamma$，具体计算结果见表 8.3。

⑧各土条的滑动力和摩擦力具体计算结果见表 8.3。对于第 7 条土的滑动面上黏聚力的处理，其黏聚力 c 近似取第二层土的黏聚力。

表 8.3　例 8.4(1) 的计算结果

土条编号	土条自重力 W_i /kN	$\sin \theta_i$	切向力 $T_i = W_i \sin \theta_i$ /kN	$\cos \theta_i$	法向力 $N_i = W_i \cos \theta_i$ /kN	$\tan \varphi_i$	摩擦力 $N_i \tan \theta_i$ /kN	滑动面上总的黏聚力 $\sum\limits_{i=1}^{2} c_i L_i b$ /kN
1	8.732	0.1	0.872	0.995	8.679	0.305 7	2.653 2	
2	24.570	0.2	4.914	0.980	24.079	0.305 7	7.361 0	
3	43.470	0.3	13.041	0.954	41.470	0.305 7	12.677 5	$L_{AD} c_2 b = 6.52 \times$
4	60.075	0.4	24.030	0.917	55.089	0.305 7	16.840 7	9.2×1
5	62.226	0.5	31.113	0.866	53.888	0.305 7	16.473 6	$= 59.984$
6	47.65	0.6	28.592	0.800	38.123	0.305 7	11.654 7	
7	38.790	0.7	27.153	0.714	27.696	0.466 3	12.914 6	
8	13.860	0.8	11.088	0.600	8.316	0.466 3	3.877 8	$L_{CD} c_1 b = 2.09 \times$ 6.0×1 $= 12.54$
合计			140.803				84.452 6	72.524

⑨基坑开挖稳定安全系数计算。由式 (8.9) 得：

$$F_s = \frac{\sum\limits_{i=1}^{n} (c_i l_i + N_i \tan \varphi_i)}{\sum\limits_{i=1}^{n} W_i \sin \theta_i} = \frac{\sum\limits_{j=1}^{2} c_i L_i b + \sum\limits_{i=1}^{8} N_i \tan \varphi_i}{\sum\limits_{i=1}^{8} W_i \sin \theta_i} = \frac{72.524 + 84.453}{140.803} = 1.115 > 1.1$$

所以当基坑开挖边坡 45° 时，土坡是安全经济的，而且其稳定安全系数接近允许值。

(2) 用简化毕肖普法计算该土坡的安全系数 F_s，瑞典条分法的计算结果 $F_s = 1.115$，又知毕肖普法的安全系数一般高于瑞典条分法；固定 $F_{s1} = 1.25$，按简化毕肖普法列表计算，结果见表 8.4。

表 8.4　例 8.3(2) 的计算结果

土条编号	$\cos \theta_i$	$\sin \theta_i$	$\sin \theta_i \tan \varphi_i$	$\dfrac{\sin \theta_i \tan \varphi_i}{F_{s1}}$	$m_i = \cos \theta_i + \dfrac{\sin \theta_i \tan \varphi_i}{F_{s1}}$	切向力 $T_i = W_i \sin \theta_i$ /kN	$c_i b_i$ /kN	$T_i \tan \varphi_i$ /kN	$\dfrac{c_i b_i + W_i \tan \varphi_i}{m_i}$ /kN
1	0.995	0.1	0.030 57	0.024 45	1.019 5	0.872	9.2	2.666 6	11.640 1
2	0.980	0.2	0.061 14	0.061 14	1.028 9	4.914	9.2	7.511 1	16.241 5

续表

土条编号	$\cos\theta_i$	$\sin\theta_i$	$\sin\theta_i\tan\varphi_i$	$\dfrac{\sin\theta_i\tan\varphi_i}{F_{s1}}$	$m_i = \cos\theta_i + \dfrac{\sin\theta_i\tan\varphi_i}{F_{s1}}$	切向力 $T_i = W_i\sin\theta_i$ /kN	c_ib_i /kN	$T_i\tan\varphi_i$ /kN	$\dfrac{c_ib_i + W_i\tan\varphi_i}{m_i}$ /kN
3	0.954	0.3	0.091 71	0.091 71	1.027 4	13.041	9.2	13.288 8	21.889 7
4	0.917	0.4	0.122 28	0.122 28	1.014 8	24.030	9.2	18.364 9	27.162 2
5	0.866	0.5	0.152 85	0.152 85	0.988 3	31.113	9.2	19.022 5	28.5572
6	0.800	0.6	0.183 42	0.183 42	0.946 7	28.592	9.2	14.567 9	25.105 1
7	0.714	0.7	0.326 41	0.326 41	0.975 1	27.153	7.2	18.087 8	25.932 8
8	0.600	0.8	0.373 04	0.298 43	0.898 4	11.088	6.0	6.462 9	13.871 9
合计						140.803			170.400 5

安全系数：

$$F_{s2} = \frac{\displaystyle\sum_{i=1}^{8}\frac{1}{m_i}(c_ib_i + W_i\tan\varphi_i)}{\displaystyle\sum_{i=1}^{8}W_i\sin\theta_i} = \frac{170.400\ 5}{140.803} = 1.21$$

$$F_{s1} - F_{s2} = 1.25 - 1.21 = 0.04$$

安全系数：

$$F_{s3} = \frac{\displaystyle\sum_{i=1}^{8}\frac{1}{m_i}(c_ib_i + W_i\tan\varphi_i)}{\displaystyle\sum_{i=1}^{8}W_i\sin\theta_i} = \frac{169.673}{140.803} = 1.205$$

两次迭代的误差 $1.21 - 1.205 = 0.005$，F_{s2} 与 F_{s3} 十分接近，可以认为，$F_s = 1.205$。从本题计算结果分析，简化毕肖普方法的安全系数较瑞典条分法高大约10%，误差较大，按照 $F_{s2} = 1.21$ 进行第二次迭代计算，结果见表8.5。

表8.5　例8.4的计算结果（第二次迭代）

土条编号	$\cos\theta_i$	$\sin\theta_i$	$\sin\theta_i\tan\varphi_i$	$\dfrac{\sin\theta_i\tan\varphi_i}{F_{s2}}$	$m_i = \cos\theta_i + \dfrac{\sin\theta_i\tan\varphi_i}{F_{sz}}$	切向力 $T_i = W_i\sin\theta_i$ /kN	c_ib_i /kN	$T_i\tan\varphi_i$ /kN	$\dfrac{c_ib_i + W_i\tan\varphi_i}{m_i}$ /kN
1	0.995	0.1	0.030 57	0.025 26	1.020 3	0.872	9.2	2.666 6	11.630 5
2	0.980	0.2	0.0611 4	0.050 53	1.030 5	4.914	9.2	7.511 1	16.2164
3	0.954	0.3	0.091 71	0.075 79	1.029 8	13.041	9.2	13.288 8	21.838 2
4	0.917	0.4	0.122 28	0.101 06	1.018 1	24.030	9.2	18.364 9	27.074 9
5	0.866	0.5	0.152 85	0.126 32	0.992 3	31.113	9.2	19.022 5	28.441 5
6	0.800	0.6	0.183 42	0.151 59	0.951 6	28.592	9.2	14.567 9	24.976 8

续表

土条编号	$\cos \theta_i$	$\sin \theta_i$	$\sin \theta_i \tan \varphi_i$	$\dfrac{\sin \theta_i \tan \varphi_i}{F_{s2}}$	$m_i = \cos \theta_i + \dfrac{\sin \theta_i \tan \varphi_i}{F_{sz}}$	切向力 $T_i = W_i \sin \theta_i$ /kN	$c_i b_i$ /kN	$T_i \tan \varphi_i$ /kN	$\dfrac{c_i b_i + W_i \tan \varphi_i}{m_i}$ /kN
7	0.714	0.7	0.326 41	0.269 76	0.983 8	27.153	7.2	18.087 8	25.705 3
8	0.600	0.8	0.373 04	0.308 03	0.908 6	11.088	6.0	6.462 9	13.789 4
合计						140.803			169.673

8.2.4 简布条分法

在实际工程中常常会遇到非圆弧滑动面的土坡稳定性分析问题,如土坡下面有软弱夹层,或土坡位于倾斜岩层面上,滑动面形状受到夹层或硬层影响而呈非圆弧形状。简布(N. Janbu)提出的非圆弧普遍条分法可解决该问题,称为简布法。

如图 8.15(a)所示的土坡,滑动面 $ABCD$ 任意将土体划分为许多土条,其中任意土条 i 上的作用力如图 8.15(b)所示。其受力情况如前所述也是二次超静定问题,简布求解时作了两个假定:一是滑动面上的切向力 T_i 等于滑动面上土所发挥的抗剪强度 τ_{fi},即 $T_i = \tau_{fi} l_i = (N_i \tan \varphi_i + c_i l_i)/K$;二是土条两侧法向力 E 的作用点位置为已知,即作用于土条底面以上 $1/3$ 高度处。分析表明,条间力作用点的位置对土坡稳定安全系数影响不大。

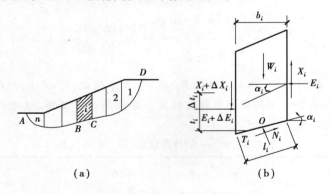

图 8.15 简布条分法

取任一土条 i 如图 8.15(b)所示,α_i 是推力线与水平线的夹角,t_i 为条间力作用点的位置。需求的未知量有:土条底部法向反力 N_i(n 个)、法向条间力之差 ΔE_i(n 个)、切向条间力 ΔX_i(n 个)及安全系数 K。可通过对每一土条竖向、水平向力和力矩平衡建立 $3n$ 个方程求解。

对每一土条取竖向力的平衡 $\sum F_y = 0$,则

$$N_i \cos \alpha_i - W_i - \Delta X_i + T_i \sin \alpha_i = 0 \qquad (8.30)$$

再取水平向力的平衡 $\sum F_x = 0$,则

$$\Delta E_i - N_i \sin \alpha_i + T_i \cos \alpha_i = 0 \qquad (8.31)$$

将式(8.30)代入式(8.31)整理后得：

$$\Delta E_i - (W_i + \Delta X_i)\tan \alpha_i + T_i \sec \alpha_i = 0 \tag{8.32}$$

对土条中点取力矩平衡 $\sum M_0 = 0$，则

$$X_i b_i + \frac{1}{2}\Delta X_i b_i + E_i \Delta t_i - \Delta E_i t_i = 0 \tag{8.33}$$

并略去高阶微量 $\frac{1}{2}\Delta X_i b_i$，可得：

$$X_i = \Delta E_i \frac{t_i}{b_i} - E_i \tan \alpha_i \tag{8.34}$$

再由整个土坡 $\sum \Delta E_i = 0$ 得：

$$\sum (W_i + \Delta X_i)\tan \alpha_i - \sum T_i \sec \alpha_i = 0 \tag{8.35}$$

根据土坡稳定安全系数定义和莫尔-库仑破坏准则有：

$$T_i = \frac{\tau_{fi} l_i}{K} = \frac{c_i b_i \sec \alpha_i + N_i \tan \varphi_i}{K} \tag{8.36}$$

联合求解式(8.30)和式(8.36)，并代入式(8.35)得：

$$K = \frac{\sum \dfrac{1}{m_{\alpha_i}}[c_i b_i + (W_i + \Delta X_i)\tan \varphi_i]}{\sum (W_i + \Delta X_i)\sin \alpha_i} \tag{8.37}$$

式中　$m_{\alpha_i} = \cos \alpha_i \left(1 + \dfrac{\tan \varphi_i \tan \alpha_i}{K}\right)$。

式(8.37)的求解仍需采用迭代法，步骤如下：

①先设 $\Delta X_i = 0$（相当于简化的毕肖普总应力法），并假设 $K = 1$，算出 m_{α_i} 并代入式(8.37)求得 K，若计算 K 值与假定值相差较大，则由新的 K 值再求 m_{α_i} 和 K，反复逼近至满足精度要求，求出 K 的第一次近似值；

②由式(8.36)、式(8.32)及式(8.34)分别求出每一土条的 T_i、ΔE_i 和 X_i，并计算出 ΔX_i；

③用新求出的 ΔX_i 重复步骤①，求出第二次近似值，并以此值重复上述计算每一土条的 T_i，ΔE_i，X_i，直到前后计算的 K 值达到某一要求的计算精度。

以上计算是在滑动面已确定时进行的，整个土坡稳定分析过程尚需假定几个可能的滑动面分别按上述步骤进行计算，相应于最小安全系数的滑动面才是最危险的滑动面。简布条分法同样可用于圆弧滑动面的情况。

8.2.5　传递系数法

传递系数法是我国铁路与工民建等部门在进行土坡稳定验算中经常使用的方法。这种方法适用于任意形状的滑面。

如图 8.16 所示，传递系数法假定每侧条间力的合力与上一土条的底面相平行，即图中 E_i 的偏角为 α_i，E_{i-1} 的偏角为 α_{i-1}。然后根据力的平衡条件，逐条向下推求，直至最后一条土条的推力 E_n 为零。否则重新进行试算，直至 E_n 接近于零时为止。

将图 8.16 中第 i 土条的所有力投影到底面反力 N_i 和 T_i 的方向，根据力的平衡条件，可以

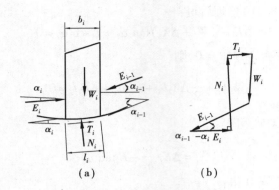

图 8.16　传递系数法图示

得到下面两个方程式：

$$N_i - W_i\cos\alpha_i - E_{i-1}\sin(\alpha_{i-1} - \alpha_i) = 0 \tag{8.38}$$

$$T_i + E_i - W_i\sin\alpha_i - E_{i-1}\cos(\alpha_{i-1} - \alpha_i) = 0 \tag{8.39}$$

上式中 T_i 又可用莫尔-库仑抗剪强度除以安全系数 K 来表示，即

$$T_i = \frac{1}{K}\left[c_i'l_i + (N_i - u_il_i)\tan\varphi_i'\right] \tag{8.40}$$

式中　c_i',φ_i'——用有效应力法测得的黏聚力和有效内摩擦角；

　　　u_i——该处相应的孔隙水压。

　　设上一土条的条间力 E_{i-1} 为已知，联合求解上面的 3 个方程，可以解得 3 个未知数 N_i,T_i 和 E_i，消去 N_i 和 T_i 后可得：

$$E_i = W_i\sin\alpha_i - \frac{1}{K}\left[c_i'l_i + (W_i\cos\alpha_i - u_il_i)\tan\varphi_i'\right] + E_{i-1}\psi_i \tag{8.41}$$

式中　ψ_i——传递系数，即上一土条的条间力 E_{i-1} 通过该系数转换变成下一土条的条间力 E_i 的一部分，ψ_i 的表达式为：

$$\psi_i = \cos(\alpha_{i-1} - \alpha_i) - \frac{\tan\varphi_i'}{K}\sin(\alpha_{i-1} - \alpha_i) \tag{8.42}$$

　　在解题时要先假定 K，然后从第一条开始逐条向下推求，直至求出最后一条的推力 E_n。E_n 必须接近于零，否则要重新假设 K 再进行试算。计算工作宜编制程序借助计算机分析。

　　由于土条之间不能承受张力，所以任何土条的推力 E_i 如果为负值时，该 E_i 值就不再向下传递，此时可取下一土条的 $E_{i+1} = 0$。

　　土条分界面上的 E_i 求出之后，该分界面上的抗剪安全系数也能求得，即

$$K_{vi} = \left[c_i'h_i + (E_i\cos\alpha_i - U_i)\tan\varphi_i'\right]\frac{1}{E_i\sin\alpha_i} \tag{8.43}$$

式中　U_i——作用于土条侧面的孔隙水压力的合力；

　　　h_i——土条的侧高；

　　　c_i',φ_i'——土条侧高范围内按土层厚度的加权平均抗剪强度指标。

　　因为 E_i 的方向是硬性规定的，当 α_i 比较大时，有可能使 $K_{vi} < 1$。另外，传递系数法只考虑了力的平衡而没有考虑力矩平衡的问题，这是它的缺陷。但因为本法计算简捷，所以还是为广大工程技术人员所乐于采用。

8.2.6 各种土坡稳定分析方法比较

圆弧滑动法是目前工程实践中分析黏性土坡稳定性广泛使用的方法。这个方法把滑动面简单地当作是圆弧,有的认为滑动土体是刚性体,没有考虑分条之间的推力,或是只考虑分条间的水平推力。总之,条分法的计算结果虽不能完全符合实际,但由于其计算概念简明,且能分析复杂条件下土坡的稳定性,因此在各国工程实践中普遍使用,并积累了比较丰富的经验。经验证明,由均质黏性土组成的边坡,其真正最危险滑动面形状接近圆弧。同时在最危险滑动面附近的滑弧,其安全系数变化很小,因而可以采用瑞典公式或毕肖普公式计算。有研究指出,毕肖普简化法的滑动面较平缓,符合一般危险滑动位置。因此,毕肖普简化法较为合理。

8.3 土坡稳定分析的总应力法和有效应力法

无论是天然土坡还是人工土坡,在许多情况下,土体内都存在着孔隙水压力。例如,土体内水的渗流所引起的渗透压力或者因填土而引起的超静孔隙水压力。孔隙水压力的大小在有些情况下比较容易确定,而在有些情况下则较难确定或无法确定。例如,稳定渗流引起的渗透压力一般可以根据流网比较准确地确定,而在施工期、水位骤降期以及地震时产生的孔隙水压力就比较难以确定。另外,土坡在滑动过程中的孔隙水压力变化,目前几乎还没有办法确定。因此,在前面所讨论的边坡稳定计算方法中,作用于滑动土体上的力是用总应力表示,还是用有效应力表示,是一个十分重要的问题。显而易见,用有效应力表示要优于用总应力表示。但是,鉴于孔隙水压力不容易确定,故有效应力法在工程中的应用尚存在实际困难。

8.3.1 稳定渗流期土坡稳定分析

稳定渗流期指坝体内施工期间由于填筑土体所产生的超静孔隙水压力已经全部消散,水库长期蓄水,上下游水位差在坝体内已形成稳定渗流,坝体内的渗透流网得以唯一确定,而且不随时间变化。这种情况下,坝体内各点的孔隙水压力均能由流网确定。因此,原则上应该用有效应力法分析而不用总应力法,因为没有一种试验方法能够模拟在这种状态下土中有效应力和孔隙水压力的分配。

如前所述,根据取隔离体的方法不同,又可分为以下两种计算方法。

①方法一:将土骨架与孔隙流体(水与气)一起当成整体取隔离体,进行力的平衡分析。

如图 8.17 所示,从滑动土体 ABC 内取出条块 i 进行分析。由于将土骨架与孔隙流体当成一个整体,因此浸润线以上的土重取为压实土的压实容重 γ_1,浸润线以下的土体处于饱和水状态,取为饱和容重 γ_{sat}。土条 i 处于渗流场中,弧面 $\overset{\frown}{cd}$ 受渗透力 P_{wi} 的作用。渗透压力值用如下办法确定[图 8.18(a)]。

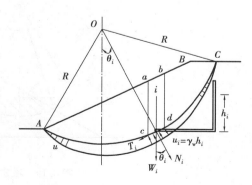

图 8.17 滑动面上孔隙水压力的作用

通过弧段 $\overset{\frown}{cd}$ 的中点 O_i 作等势线与浸润线交于 O_i'。O_i—O_i' 的竖直高度 h_{ti} 即为弧段 $\overset{\frown}{cd}$ 上的平均渗压水头。作用于弧段 $\overset{\frown}{cd}$ 上的总渗透压力为 $P_{wi} = \gamma_w h_{ti} l_i$。$l_i$ 为弧段 $\overset{\frown}{cd}$ 的长度。土条 i 的重量 $W_i = (\gamma_1 h_{1i} + \gamma_{sat} h_{2i}) b_i$，$b_i$ 为土条的宽度。弧面 $\overset{\frown}{cd}$ 上的切向滑动力为 $T_i = W_i \sin \theta_i$，弧面上的总法向力为 $N_i = W_i \cos \theta_i$，有效法向力为 $N_i' = W_i \cos \theta_i - \gamma_w h_{ti} l_i$。圆弧稳定安全系数为：

$$F_s = \frac{\sum\limits_{i=1}^{n} \left[(W_i \cos \theta_i - \gamma_w h_{ti} l_i) \tan \varphi_i' + c_i' l_i \right]}{\sum\limits_{i=1}^{n} W_i \sin \theta_i} \tag{8.44}$$

式中，符号如图 8.17、图 8.18 所示。因为是有效应力法，所以用有效内摩擦角 φ_i' 和有效黏聚力 c_i'。

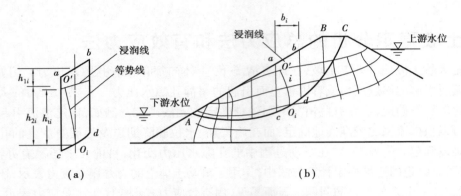

(a)   (b)

图 8.18   渗流期分析(取整体为隔离体)

当滑弧面深入下游水位，条块中部分土体浸没在下游水位以下时，这部分土体的容重可作如下处理。图 8.19 中弓形阴影部分的水体本身处于静力平衡状态，可以认为这部分水体对边坡的稳定安全性不起影响，就是说只要将这一面积内的土改成浮容重就相当于考虑了下游水位的影响。这时作用于弧段 $\overset{\frown}{cd}$ 上的渗压水头 h_{ti} 应该修改为点 O_i' 至下游水位的垂直高度。土条的重量为 $W_i = (\gamma_1 h_{1i} + \gamma_{sat} h_{2i} + \gamma' h_{3i}) b_i$，边坡稳定安全系数仍为式(8.44)不变，只是 W_i 和 h_{ti} 作了上述相应的修改。

假定圆心角 θ_i 不大，则 $b_i \cos \theta_i \cong b_i \sec \theta_i = l_i$，如果浸润线的坡度平缓，则 $h_{ti} \cong h_{2i}$（图 8.19）。这种情况下：

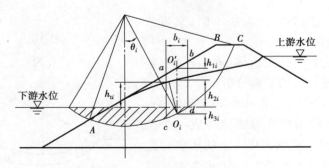

图 8.19   稳定分析中下游水位的作用

$$(\gamma_1 h_{1i} + \gamma_{sat} h_{2i} + \gamma' h_{3i}) b_i \cos\theta_i - \gamma_w h_{ti} l_i$$

$$= (\gamma_1 h_{1i} + \gamma_w h_{2i} + \gamma' h_{2i} + \gamma' h_{3i}) b_i \cos\theta_i - \gamma_w h_{2i} b_i \cos\theta_i$$

$$= (\gamma_1 h_{1i} + \gamma' h_{2i} + \gamma' h_{3i}) b_i \cos\theta_i$$

$$= W_i' \cos\theta_i$$

于是式(8.44)可以化简成:

$$F_s = \frac{\sum_{i=1}^{n} \left[W_i' \cos\theta_i \tan\varphi_i' + c_i' l_i \right]}{\sum_{i=1}^{n} W_i \sin\theta_i} \tag{8.45}$$

与式(8.44)相比,式(8.45)中,分子中土体的重量改用 W',而渗透压力不再出现。就是说,渗透压力对滑弧稳定性的作用可以用近似的方法替换,即计算抗滑力时,浸润线至下游水位之间这一部分土柱重量用有效容重代替饱和容重,而在滑动力的计算中则仍用饱和容重,这种方法称为替代容重法。所以式(8.45)是式(8.44)的近似表达式。就实质而言仍然是有效应力法,因此抗剪强度指标都应采取有效强度指标 c',φ'。其优点是计算中只要知道坝体内浸润线的位置,而可以不必计算滑弧面上各点的渗透压力,也即不必绘制流网,从而使计算得以简化。这种方法常用于中小型水利工程的设计中。但是如果滑动圆弧的圆心角过大,式(8.44)与式(8.45)的计算结果就会有较大差别,这时为了正确考虑渗流作用的影响,还是以采用式(8.44)为宜。

②方法二:将土骨架作为稳定分析的隔离体,渗透水流当成在土骨架孔隙中流动的连续介质,两者都是独立的相互作用的传力体系。分析图8.20中滑动土体 ABC 内土骨架的平衡,它除了受重力和滑动面的反力外,还受水流的拖曳作用,后者用渗透力表示。现取滑动块体中的第 i 条块来分析。因为土骨架置于渗透的水中,受水的浮力和渗透力的作用,所以计算条块的重量时,水位以下均用浮容重,$W_i = (\gamma_1 h_{1i} + \gamma' h_{2i}) b_i$。渗透力作用于渗透水流流过的全部体积中,取一延米计算,即图8.20中的阴影部分面积为 A。单位体积的渗透力 $j = \gamma_w i$、渗透坡降 i 可以从等势线的分布求得。渗透力 j 的方向就是流线的方向。作用于条块的总渗透力 $J = \gamma_w iA$,方向取为该面积渗透的平均方向,作用点取在渗透面积的形心处。根据作用点和渗流方向可以定出渗透力的力臂 d_i。通常只考虑渗透力的滑动作用而不考虑渗透力增加(或减小)骨架压力,从而影响沿滑动面的抗滑力,这样,以土骨架为隔离体的滑动圆弧安全系数可表示为:

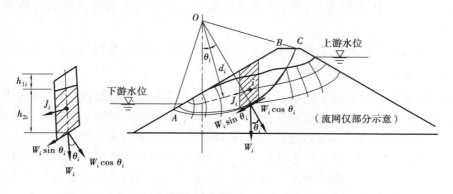

图8.20　渗流期稳定分析(取土骨架为隔离体)

$$F_s = \frac{\sum\limits_{i=1}^{n} \left[W_i\cos\theta_i\tan\varphi_i' + c_i'l_i \right]}{\sum\limits_{i=1}^{n} W_i\sin\theta_i + \sum\limits_{i=1}^{n} \dfrac{J_i d_i}{R}} \tag{8.46}$$

这种分析方法既然是以土骨架为隔离体,力作用在骨架上,当然是有效应力法,强度指标应采用有效内摩擦角 φ' 和有效黏聚力 c'。

由于隔离体的取法不同,滑弧稳定安全系数的表达式(8.44)和式(8.45)的形式不一样,但都是有效应力法,计算结果应很相近。由于取土骨架为隔离体的办法需用流网分块计算渗透力,计算较为烦琐,故较少应用。

8.3.2 施工期的边坡稳定分析

土石坝在施工期坝体填土逐渐加高,下部黏性填土受到上部填土的压力作用,往往来不及固结,因而出现超静孔隙水压力。特别是对于黏性大、含水量高或接近饱和的土更是如此。这种情况下,边坡高度增加,剪应力不断加大,填土的有效应力和抗剪强度却增加不多,因而易于导致土坡失稳。在刚竣工时达到最不利的程度,因而是边坡稳定的一种控制情况。

土石坝施工期的稳定分析,可以分别采用总应力法和有效应力法。

1)总应力法

不直接考虑孔隙水压力的影响,边坡稳定安全系数用式(8.47)计算:

$$F_s = \frac{\sum\limits_{i=1}^{n} \left(W_i\cos\theta_i\tan\varphi_i + c_i l_i \right)}{\sum\limits_{i=1}^{n} W_i\sin\theta_i} \tag{8.47}$$

式(8.47)中土条的重量 W_i 应用压密后填土的总重量。抗剪强度指标 c_i,φ_i,对于黏性土填土,认为自重压力作用下来不及发生渗流固结,压密只是由于未充水部分孔隙体积的缩小,应该采用直剪试验的快剪指标或三轴试验的不排水剪指标。直剪试验因为试件薄、排水条件得不到严格控制,对于渗透系数 $k > 1.0 \times 10^{-7}\,\mathrm{cm/s}$ 的土难以保证不排水条件,故要慎重使用。三轴试验对排水条件能严格控制,对各种渗透性的土均可采用。对于无黏性土,渗透系数很大,应认为在填筑过程中土已基本完成固结过程,式(8.47)中的 c,φ 值应用直剪试验的慢剪或三轴试验的排水剪指标。

总应力法可以不必计算施工期填土内的孔隙水压力变化和分布情况,比较简便。

2)有效应力法

有效应力法必须先计算施工期填土内孔隙水压力的发生和发展情况,然后才能进行稳定计算。施工期孔隙水压力的估算包括两部分内容:一是估算不排水条件下孔隙水压力的发生,称为起始孔隙水压力的计算;二是估算施工期间孔隙水压力的消散,即孔隙水压力随时间的发展,对于黏性填土,如果体积大、渗透性小、施工速度又快,孔隙水压力在施工期间可以认为不消散,则只要进行第一项估算。一般若渗透系数 $k > 1.0 \times 10^{-7}\,\mathrm{cm/s}$ 时,就需要进行第二项计算。

施工期坝体填土是非饱和的,严格地说,应分别确定孔隙气压力和孔隙水压力,才能比较精确定出土的抗剪强度。但是,大多数土石坝填土的饱和度均在 80% ~ 85% 以上。在这种情况下,孔隙间的空气以封闭气体的形式分布于土中,只计算孔隙水压力,并按有效应力强度的公式 $\tau_f = c' + (\sigma - u) \tan \varphi'$ 估算土的强度,就已经具有与其他环节相适应的精度。

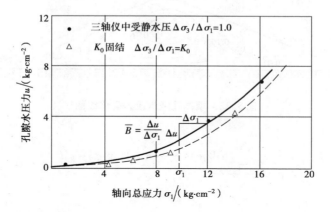

图 8.21 两种 $\dfrac{\Delta\sigma_3}{\Delta\sigma_1}$ 的 σ_1-u 曲线

施工期坝体应力状态变化所产生的起始孔隙水压力,可以用下式计算:

$$\Delta u = B\left[\Delta\sigma_3 + A(\Delta\sigma_1 - \Delta\sigma_3)\right]$$

$$= B\Delta\sigma_1\left[\frac{\Delta\sigma_3}{\Delta\sigma_1} + A\left(1 - \frac{\Delta\sigma_3}{\Delta\sigma_1}\right)\right]$$

$$= B\Delta\sigma_1\left[A + (1 - A)\frac{\Delta\sigma_3}{\Delta\sigma_1}\right] = \overline{B}\Delta\sigma_1 \tag{8.48}$$

$$\overline{B} = \frac{\Delta u}{\Delta\sigma_1}\left[A + (1 - A)\frac{\Delta\sigma_3}{\Delta\sigma_1}\right] \tag{8.49}$$

$\overline{B}$ 称为全孔隙水压力系数。$\Delta\sigma_3/\Delta\sigma_1$ 为加载过程中主应力变化的比值。研究坝体应力变化的规律表明,坝体填筑过程中,主应力增量的比值 $\Delta\sigma_3/\Delta\sigma_1$ 近似于常量。$\overline{B}$ 值可以从三轴不排水试验求得。其方法是让试件在一定的 $\Delta\sigma_3/\Delta\sigma_1$ 比值下增加荷载,测出相应的孔隙水压力 Δu,变化不同的 $\Delta\sigma_3/\Delta\sigma_1$ 值进行系列试验。然后绘制各种加载比例 $\Delta\sigma_3/\Delta\sigma_1$ 下的 u-σ_1 关系曲线,如图 8.21 所示。根据曲线的斜率就可以求出全孔压系数 $\overline{B}$。图 8.21 曲线表明,在整个应力范围内 $\overline{B}$ 不是一个常数,应根据实际的应力变化范围,采用平均值。为简化计算,滑动面上的 σ_1 值可以近似地用该点以上土柱的自重应力 γh 来代替,则土条滑动面上的起始孔隙水压力就可以表达为:

$$u = \overline{B}\gamma h \tag{8.50}$$

如果填土的渗透系数较大,$k > 1.0 \times 10^{-7}\,\mathrm{cm/s}$,需要考虑施工期间孔隙水压力的消散。则要按照土的渗流固结理论,计算土坝在施工过程中,一方面坝体在加高,压力在加大,孔隙水压力在发展;另一方面,随着时间的推移,坝体在固结,孔隙水压力在消散,这一过程的计算可参阅有关文献。计算结果可绘制出某一阶段坝体内孔隙水压力等值线图,如图 8.22 所示。

坝体内孔隙水压力分布确定后,就可以用上节中所述的任何一种方法,用有效应力法计算边坡的稳定性,计算时将土骨架和孔隙流体一起取隔离体。滑弧面上的孔隙水压力按孔隙水压力等值线图上条块滑弧段中点处的孔隙水压力计算,方向垂直于滑动面。用瑞典条分法时,稳

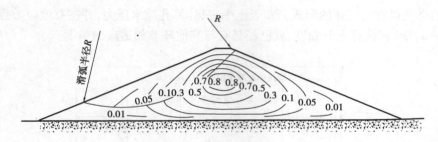

图 8.22　坝体孔隙水压力等值线图

定安全系数为：

$$F_s = \frac{\sum_{i=1}^{n} \left[(W_i \cos \theta_i - u_i l_i) \tan \varphi'_i + c'_i l_i \right]}{\sum_{i=1}^{n} W_i \sin \theta_i} \tag{8.51}$$

8.3.3　地震期边坡稳定分析

地震对边坡稳定的影响有两种作用：一种是在边坡土体上附加作用一个随时间变化的加速度，因而产生随时间变化的惯性力，促使边坡滑动；另一种作用是振动使土体趋于变密，引起孔隙水压力上升，即产生振动孔隙水压力，从而减小土的抗剪强度。对于密实的黏性土，惯性力是主要的作用，而对于饱和、松散的无黏性土和低塑性黏性土，则第二种作用的影响更大。震动孔隙水压力的影响因素很复杂，需要进行一系列的震动试验，配合坝体动力反应分析才能进行预估，目前尚处于研究阶段，也就是说，用有效应力法进行地震边坡稳定分析尚有一定的难度，只有对于地震区内重要的土石坝工程才进行这类分析。一般情况下，均采用总应力法。计算时将随时间而变化的惯性力等价成一个静的地震惯性力，作用于滑动土体上，所以称为拟静力法。

1)地震惯性力

地震惯性力由垂直分量和水平分量组成，作用于质点上。在条分法中即作用于条块重心。水平惯性力可按下式计算：

$$Q_i = K_H C_z \alpha_i W_i \tag{8.52}$$

式中　K_H——水平向地震系数，是地面水平最大加速度的设计平均值与重力加速度的比值，按表 8.6 采用；

　　　C_z——综合影响系数，取 1/4；

　　　α_i——地震加速度分布系数。

表 8.6　水平向地震系数 K_H

设计烈度	7°	8°	9°
K_H	0.1	0.2	0.4

地基处震动引起的惯性力为 $K_H W_i C_z$。坝体有一定弹性，在震动过程中，沿坝体不同高程，加速度要放大，一般坝顶达最大值。按理论分析和原型观测的统计结果，沿坝高的放大倍数如表 8.7 所示。

表 8.7 地震加速度分布系数 α_i

	竖向	水平向	
	$H \leqslant 150$ m	$H \leqslant 40$ m	40 m $< H \leqslant 150$ m
碾压式土坝、堆石坝			

对土石坝、地震惯性力的计算,一般只考虑水平向的地震作用,但对于设计烈度为 8 度、9 度的大型工程,则应同时考虑水平向和垂直向的地震作用。垂直向的地震系数 K_V 取为水平向 K_H 的 2/3,但是水平向的最大地震力与垂直向的最大地震力很少可能同时发生,因此对于垂直向的地震 O_i',规范建议要乘以 0.5 的耦合系数。故地震垂直向惯性力为:

$$Q_i' = 0.5 K_V C_z \alpha_i W_i = \frac{1}{3} Q_i \qquad (8.53)$$

2) 拟静力法边坡稳定计算

将动态的地震力用一个静的惯性力代替,作用于条块的重心,如图 8.23 所示。然后,就可按一般的边坡稳定分析方法进行地震情况下的边坡稳定分析,称为拟静力法。按拟静力法,用瑞典条分法计算地震时边坡的稳定安全系数为:

$$F_s = \frac{\sum\limits_{i=1}^{n} \{[(W_i \pm Q_i') \cos \theta_i - Q_i \sin \theta_i] \tan \varphi_i + c_i l_i\}}{\sum\limits_{i=1}^{n} (W_i \pm Q_i') \sin \theta_i + \dfrac{M_C}{R}} \qquad (8.54)$$

式中 M_C —— 各个条块的水平地震惯性力 Q_i 对圆心的力矩之和,即 $M_C = \sum\limits_{i=1}^{n} Q_i d_i$,$d_i$ 为 Q_i 的力臂。Q_i' 为作用于条块重心处的竖向地震惯性力,作用方向取向上("−"号)或向下("+"号),应以不利于稳定为准则。

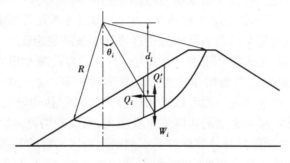

图 8.23 滑动土体上的地震惯性力

当有渗流时,条块重量 W_i 和渗透压力 p_{wj} 的计算方法按稳定渗流期的情况处理。但应注意,在地震惯性力 Q_i 和 Q_i' 的计算中,条块的重量均按实际的总重量计算,即浸润线以下的饱和土体均按饱和容重计算。式(8.54)中 c_i 和 φ_i 为考虑地震动荷载作用下土体的黏聚力和内摩擦角,原则上应用振动三轴仪或振动单轴仪通过试验测定。特别是对于 Ⅰ,Ⅱ 级坝或筑坝土料的抗震性能差、动荷载作用下会产生较大震动孔隙水压力而导致动力强度大幅度降低的情况。但是当没有动力设备时,对于压实黏性土可以采用三轴饱和固结不排水剪切试验的抗剪强度指标代替;而对于紧密的砂和砂砾土,可以采用直剪试验的固结快剪指标乘以 0.7 ~ 0.8 的折减系数。

采用拟静力法进行土石坝抗震稳定分析已有七十多年的历史。通过几十年来实际地震中土石坝性状的观察表明,对于在地震力作用下不发生强度明显降低(降低率不大于 15%)的土石坝(包括碾压的黏性土、干的或潮湿的无黏性土以及非常密实的饱和无黏性土填筑的坝),拟静力法是一种比较简易而适用的分析方法,而对于因震动作用会发生抗剪强度较大降低的土料所填筑的土石坝,采用拟静力法有时会得出错误的偏于不安全的判断。

在拟静力法的计算中,地震惯性力引进一个综合影响系数 $C_z = 1/4$,显然说明这种计算方法具有很强的经验性。它意味着按照实测的地震惯性力及其放大倍数计算,很多土石坝边坡都可能是不稳定的,但是实际上却都能安全工作,因此才有必要引入一个远小于 1 的综合影响系数降低荷载,以抵消拟静力法计算和实测资料之间的重大差异。已修建的土石坝多是碾压式土坝,筑坝土料多是受动荷载作用下强度损失较小的土料,因此,规范中的综合影响系数也是从这类土石坝的经验总结出来的,当然拟静力法比较适用于这类土石坝。

从计算理论的角度分析,拟静力法中把地震反复作用的不规则荷载用一个等价地震惯性力即静力代替,并应用静力极限平衡条件作为土体的破坏准则。按这一破坏准则,滑动面上的静剪应力达到土的抗剪强度时,土体就沿滑动面发生很大的足以引起土体破坏的滑移,滑移需要一个时间的过程,在这一过程中静荷载自始至终保持不变,故滑移能够产生。动荷载则不然,它的幅值随时间而往复变化。当达到应力峰值时,滑动面上的总剪应力可能等于或超过土的抗剪强度,在这一瞬间土体可以产生滑移,但荷载立即就变小,土体又恢复稳定状态,直至下一个峰值可能又开始滑移。因此,动荷载产生的滑移往往是间断性的,而且是有限度的,当地震一结束,滑移也就停止。这种破坏方式显然与长期作用着静荷载有所不同。

震动荷载引起土坡的破坏形式,因土的性质不同而有所不同。对于饱和、松散的无黏性土或低塑性黏性土(粉土类土),震动有使颗粒相互挤密产生强烈体积收缩的趋势,由于地震荷载的作用时间很短,若土的渗透性不是特别大,孔隙水不能及时排走,就要产生孔隙水压力的迅速增长,使土的强度明显降低。有时孔隙水压力可以达到限制压力,即土的周围压力或土柱的重力,强度丧失殆尽,发生流动性滑坡。如前所述,对于这类土,不宜采用拟静力法进行土坡的抗震稳定分析,往往需要做更复杂的动力反应分析以评估坝坡的稳定性。

对于一般的碾压土坝,土体震动压密的量很小,不会因为孔隙水压力升高而导致强度的大幅度降低。震动引起的破坏表现为坝体发生永久变形的积累。永久变形过大时,造成坝体开裂,影响坝的正常使用。这种情况虽然可以采用拟静力法以评估边坡的稳定性,但是因为静力和动力的破坏机制不一样,拟静力法的实际安全度多大,难以确切评定。因此有些学者建议,判断这类土石坝的地震安全度最好是计算地震所引起的间断式滑移的累积值,看它是否为边坡所容许,这类方法称为滑动面位移分析法,是一种发展中的方法,尚不十分成熟,可参阅有关参考文献。

8.4　天然土体上的边坡稳定

天然土体由于形成的自然环境、沉积时间以及应力历史等因素不同,性质比人工填土要复杂得多,边坡稳定分析仍然可按上述方法进行,但在强度指标的选择上更为慎重。

8.4.1　坡顶开裂时的稳定计算

由于土的收缩及张拉应力的作用,在黏性土坡的坡顶附近可能发生裂缝,如图 8.24 所示。地表水渗入裂缝后,将产生静水压力,成为促使土坡滑动的滑动力。

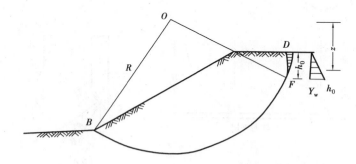

图 8.24　坡顶开裂时稳定计算

若坡顶竖向裂缝的深度为 h_0,其大小可近似按挡土墙后填土为黏性土时,在墙顶产生的拉力区高度的公式来计算,即

$$h_0 = \frac{2c}{\gamma\tan\left(45° - \dfrac{\varphi}{2}\right)} \tag{8.55}$$

裂缝内积水产生的静水压力 $P_w = \frac{1}{2}\gamma_w h_0^2$,$P_w$ 到滑动面圆心 O 的距离为 z,则裂缝内积水产生的滑动力矩为 $M_{s1} = zP_w$。在计算安全系数 K_s 时,应考虑 M_{s1} 对土坡稳定的影响。同时,由于裂缝的出现,将使滑动面的弧长由 BD 缩减为 BF。因此,在实际工程的施工过程中,如发现坡顶出现裂缝时,应及时用黏土填塞,并严格控制施工用水,避免地面水的渗入。

8.4.2　软土地基边坡稳定性

在软弱地基上修筑堤坝或路基,其破坏常由地基不稳定所引起。当软土比较均匀、厚度较大时,实地勘测和试验表明其滑动面是一个近似圆柱面,切入地基一定深度,如图 8.25 中 $\overparen{ABC}$ 所示。$\overparen{AB}$ 部分通过地基,$\overparen{BC}$ 部分通过堤坝。根据瑞典圆弧法式,$F_s = M_R/M_s$。抗滑力矩 M_R 由两部分组成:一是 $\overparen{AB}$ 段上抗滑力所产生的抗滑力矩 M_{RI};二是 $\overparen{BC}$ 段上抗滑力所产生的抗滑力矩 M_{RII}。考虑在软土地基上的堤坝破坏时,在形成滑动面之前坝体一般已发生严重裂缝,或者软土地基已经破坏而坝体部分的抗剪强度尚未完全发挥,如果全部计算 M_{RI} 和 M_{RII},求得的安全系数偏大。为安全

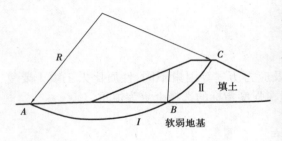

图 8.25　软弱地基上的土坡滑动

起见,工程中有时建议对高度 5 ~ 6 m 以下的堤防或路堤,可以不考虑堤坝部分的抗滑力矩,即让 $M_{RII} = 0$ 来进行稳定分析(滑动力矩则应包括坝体部分的 M_{sII},而且是最主要的部分)。而对于中等高度的堤坝,则可考虑采用部分的,可根据具体工程情况并参照当地经验采用适当折减系数,例如用 0.5。

对于坝基内深度不大处有软弱夹层时,滑动面将不是连续的圆弧面,而是由两段不同的圆弧和一段沿软弱夹层的直线所组成的复合滑动面 ABCD(图 8.26)。这种情况下,土坡的稳定分析可采用如下的近似方法计算。

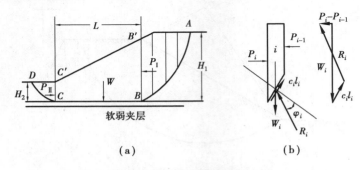

（a）　　　　　　　　　　（b）

图 8.26　复合滑动面

图 8.26 中滑动土体由不同圆心和半径的两段圆弧 $\overset{\frown}{AB}$ 和 $\overset{\frown}{CD}$ 以及沿软弱夹层面 $\overline{BC}$ 组成。用竖直线 $\overline{BB'}$ 和 $\overline{CC'}$ 将滑动土体分成 ABB',$B'BCC'$ 和 $C'CD$ 3 个部分。第 Ⅰ 部分对中间第 Ⅱ 部分作用以推力 P_{I},第 Ⅲ 部分对中间第 Ⅱ 部分提供以抗力 P_{II}。今分析中间部分土体 $B'BCC'$ 的抗滑稳定性。稳定安全系数可表达为:

$$F_s = \frac{(cL + W\tan\varphi) + P_{II}}{P_{I}} \qquad (8.56)$$

式中　c,φ——软弱夹层土的抗剪强度指标;

W——土体 $B'BCC'$ 的重量;

L——滑动面在软弱夹层上的长度;

P_{I}——土体 ABB' 作用于土体 $B'BCC'$ 的滑动力,假定为水平方向;

P_{II}——土体 $CC'D$ 对土体 $B'BCC'$ 所提供的抗力,假定为水平方向。

P_{I} 和 P_{II} 是两个待定的力,可用如下的作图法求之。

将圆弧段的滑动土体按条分法分成若干条块,并假定条块间的作用力为水平方向。取任意条块进行力的平衡分析。作用在条块上的力有两个侧面上的水平力 P_i 和 P_{i-1}、重力 W_i 和滑动弧段上的反力 R_i 以及黏聚力 $c_i l_i$。其中,W_i 和 $c_i l_i$ 的大小和方向均已知。R_i 和 $\Delta P_i = P_i - P_{i-1}$ 的方向已知,大小待定。根据平衡力系力的多边形闭合的原理,R_i 和 ΔP_i 可由图解法确定。这样从上而下,逐个土条进行图解分析。第一个土条的条间力 $P_1 = \Delta P_1$,第二土条的条间力 $P_2 = P_1 + \Delta P_2 = \sum_{i=1}^{2} \Delta P_i$。以此类推就可以求出 BB' 面上的作用力 P_{I}。同理可以求得 CC' 面上的作用力 P_{II}。P_{I} 和 P_{II} 算出后,就可以代入式(8.56)求复合滑动面 ABCD 的稳定安全系数。

将这种简化的计算方法与折线滑动面安全系数计算方法进行对比,可以看出,这种方法算得的安全系数 F_s 并不代表整个复合滑动面 $ABCD$ 的安全系数,而是假定图 8.26 中圆弧滑块 ABB' 的和 $C'CD$ 安全系数 $F_s = 1.0$ 的情况下,中部块体 $B'BCC'$ 的安全系数。要计算整个块体 $ABCD$ 的安全系数,必须在条块的内力分析求条间水平作用力 P_i 时,将图 8.26(b)中圆弧段 l_i 上的黏聚力改成 $c_i l_i / F_s$,将反力 R_i 与弧面法线的夹角改成 $\overline{\varphi_i} = \tan^{-1}\dfrac{\tan \varphi}{F_s}$。这样用式(8.56)求安全系数 F_s 时就必须采用迭代法,即先假定一个安全系数 F_{s0},用图解法求 P_I 和 P_II,然后代入式(8.56),求安全系数 F_{s1}。当 F_{s1} 与 F_{s0} 之差大于允许误差时,用 F_{s1} 代替 F_{s0} 重新用图解法求 P_I 和 P_II,再次由式(8.56)计算安全系数 F_{s2}。如是重复进行直至由式(8.56)算得的安全系数与计算 P_I 和 P_II 时用的安全系数差别小于允许误差为止,这时的安全系数 F_s 就是复合滑动面 $ABCD$ 的真正安全系数。

另外,本法中 $\overset{\frown}{AB}$,$\overline{BC}$ 和 $\overset{\frown}{CD}$ 都是任意假定的,得到的安全系数只代表一个特定滑动面上的安全系数。还必须假定很多个可能的滑动面进行系统计算,得到最小的安全系数,才是真正代表边坡稳定性的安全系数,计算工作量十分浩繁。为简化计算,可把 B' 和 C' 定在坡肩和坡脚处,并把 BB' 和 CC' 当成光滑挡土墙的墙面。于是 P_I 变为朗肯的主动土压力 E_a:

$$E_\mathrm{a} = \frac{1}{2}\gamma H_1^2 K_\mathrm{a} - 2cH_1\sqrt{K_\mathrm{a}} + \frac{\gamma z_0^2}{2}K_\mathrm{a} \tag{8.57}$$

式中 z_0——黏性填土中主动土压力为 0 的深度,按第 7 章的推导,$z_0 = \dfrac{2c}{\gamma\sqrt{K_\mathrm{a}}}$;$K_\mathrm{a}$ 为朗肯主动土压力系数,其值为 $K_\mathrm{a} = \tan^2\left(45° - \dfrac{\varphi}{2}\right)$;$c$ 和 φ 为填土的抗剪强度指标,而 P_II 则是朗肯的被动土压力 E_p。

$$E_\mathrm{p} = \frac{1}{2}\gamma H_2^2 K_\mathrm{p} + 2cH_2\sqrt{K_\mathrm{p}} \tag{8.58}$$

K_p——朗肯被动土压力系数,其值为 $K_\mathrm{p} = \tan^2\left(45° + \dfrac{\varphi}{2}\right)$。

P_I 和 P_II 求出后,就可用式(8.56)直接求出土坡沿复合滑动面的安全系数 F_s。

【例 8.5】 估算图 8.27 中土沿复合滑动面滑动的安全系数 F_s(设 BB' 和 CC' 可以当成光滑的挡土墙墙背,按朗肯公式计算土压力)。填土的容重 $\gamma = 19\ \mathrm{kN/m^3}$,抗剪强度指标 $c = 10\ \mathrm{kN/m^2}$,$\varphi = 30°$。软弱夹层的抗剪强度指标 $c_\mathrm{u} = 12.5\ \mathrm{kN/m^2}$,$\varphi_\mathrm{u} = 0$。

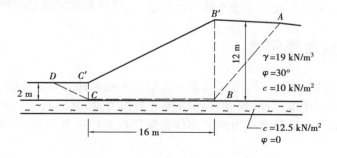

图 8.27 例 8.5 图

【解】 求作用于 BB' 面上的朗肯主动土压力：

$$E_a = \frac{1}{2}\gamma H_1^2 K_a - 2cH_1\sqrt{K_a} + \frac{1}{2}\gamma z_0^2 K_a$$

$$K_a = \tan^2\left(45° + \frac{\varphi}{2}\right) = \tan^2 30° = 0.333$$

$$z_0 = \frac{2c}{\gamma\sqrt{K_a}} = \frac{2 \times 10}{19 \times \sqrt{0.333}}\text{m} = \frac{20}{19 \times 0.577}\text{m} = 1.82 \text{ m}$$

$$E_a = \frac{1}{2} \times 19 \times 12^2 \times 0.333 \text{ kN} - 2 \times 10 \times 12 \times 0.577 \text{ kN} + \frac{1}{2} \times 19 \times 1.82^2 \times 0.333 \text{ kN}$$

$$= 455.5 \text{ kN} - 138.5 \text{ kN} + 10.5 \text{ kN} = 327.5 \text{ kN}$$

求作用于 CC' 面上的朗肯被动土压力：

$$E_p = \frac{1}{2}\gamma H_2^2 K_p + 2cH_2\sqrt{K_p}$$

$$K_p = \tan^2\left(45° - \frac{\varphi}{2}\right) = \tan^2 60°$$

$$E_p = \frac{1}{2} \times 19 \times 2^2 \times 3.0 \text{ kN} + 2 \times 10 \times 2 \times \sqrt{3.0} \text{ kN} = 183.2 \text{ kN}$$

沿复合滑动面滑动的稳定安全系数：

$$F_s = \frac{cL + E_p}{E_a} = \frac{12.5 \times 16 + 183.2}{327.5} = \frac{383.2}{327.5} = 1.17$$

8.5　地基的稳定性

地基稳定性包括地基强度和变形两部分。若建筑物荷载超过地基强度、地基的变形量过大，则会使建筑物出现裂隙、倾斜甚至发生破坏。为了保证建筑物的安全稳定、经济合理和正常使用，必须研究与评价地基的稳定性，提出合理的地基承载力和变形量，使地基稳定性同时满足强度和变形两方面的要求。

通常在下述情况下可能发生地基的稳定性破坏：

①承受很大水平力或倾覆力矩的建筑物或构筑物，如受风荷载或地震作用的高层建筑物或高耸构筑物，承受拉力的高压线塔架基础，承受水压力或土压力的挡土墙、水坝、堤坝和桥台等；

②位于斜坡或坡顶上的建筑物或构筑物，由于荷载作用或环境因素影响，造成部分或整个边坡失稳；

③地基中存在软弱土层，土层下面有倾斜的岩层面、隐伏的破碎或断裂带，地下水渗流等。

8.5.1　地基的整体稳定性

基础在经常性水平荷载作用下，连同地基一起滑动失稳的地基稳定性问题有如下几种：

①如图 8.28 所示挡土墙剖面，滑动破坏面接近圆弧滑动，并通过墙踵点（线）。分析时取绕圆弧中心点 O 的抗滑力矩与滑动力矩之比作为整体滑动的安全系数，可粗略地按式(8.59)验算：

$$K = \frac{M_R}{M_s} \tag{8.59}$$

式中　M_R——抗滑力矩，$M_R = \dfrac{(\alpha + \beta + \theta)c_k \pi R}{180°} +$

$\qquad\qquad (N_1 + N_2 + W)R\tan \varphi_k$；

$\quad M_s$——滑动力矩，$M_s = (T_1 + T_2)R$；

$\quad c_k, \varphi_k$——土的黏聚力标准值和内摩擦角
标准值；

$\quad F, H$——挡土墙基底所承受的垂直分力和
水平分力；

$\quad R$——滑动圆弧的半径。

$N_1 = F\cos \beta,\ N_2 = H\sin \alpha,\ T_1 = F\sin \beta$

$T_2 = H\cos \alpha,\ W = \gamma\left(\dfrac{\alpha\pi}{180°} - \sin \alpha\cos \alpha\right)R^2$

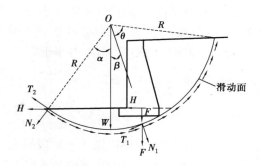

图 8.28　挡墙连同地基一起滑动法

若考虑土质的变化，也可采用类似于土坡稳定条分法计算稳定安全系数。同理，最危险圆弧滑动面必须通过试算求得，一般要求 $K_{min} \geqslant 1.2$。

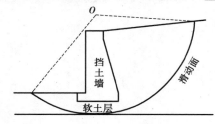

图 8.29　贯入软土层深处的圆弧滑动法

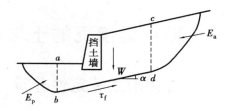

图 8.30　硬土层中的非圆弧滑动面

②当挡土墙周围土体及地基土都比较软弱时，地基失稳时可能出现如图 8.29 所示贯入软土层深处的圆弧滑动面。此时，同样可采用类似于土坡稳定分析的条分法计算稳定安全系数，通过试算求得最危险的圆弧滑动面和相应的稳定安全系数 K_{min}，一般要求 $K_{min} \geqslant 1.2$。

③当挡土墙位于超固结坚硬黏土层中时，其滑动破坏可能沿近似水平面的软弱结构面发生，为非圆弧滑动面，如图 8.30 所示。计算时，可近似地取土体 $abcd$ 为隔离体。假定作用在 ab 和 dc 竖直面上的力分别等于主动和被动土压力。设 bd 面为平面，沿此滑动面上总的抗剪强度为：

$$\tau_f = c_k l + W\cos \alpha\tan \varphi_k \qquad (8.60)$$

式中　W——土体 $abcd$ 的自重标准值；

$\quad l, \alpha$——bd 的长度和水平倾角；

$\quad c_k, \varphi$——坚硬黏土的黏聚力标准值和内摩擦角标准值。

此时滑动面 bd 为平面，稳定安全系数 K 为抗滑力与滑动力之比，即

$$K = \frac{E_p + \tau_f l}{E_a + W\sin \alpha} \qquad (8.61)$$

一般平面滑动要求 $K_{min} \geqslant 1.3$。

8.5.2　土坡坡顶建(构)筑物地基的稳定性

位于稳定土坡坡顶上的建(构)筑物，《建筑地基基础设计规范》(GB 50007—2011)规定，当

垂直于坡顶边缘线的基础底面边长小于或等于 3 m 时,其基础底面外边缘线至坡顶的水平距离(图 8.31)应符合式(8.62)、式(8.63)的要求,但不得小于 2.5 m。

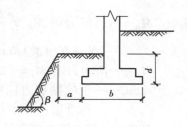

条形基础 $\qquad a \geqslant 3.5b - \dfrac{d}{\tan \beta} \qquad (8.62)$

矩形基础 $\qquad a \geqslant 2.5b - \dfrac{d}{\tan \beta} \qquad (8.63)$

图 8.31 基础底面外边缘线至坡顶的水平距离示意图

式中 a——基础底面外边缘线至坡顶的水平距离,m;

$\qquad b$——垂直于坡顶边缘线的基础底面边长,m;

$\qquad d$——基础埋置深度,m;

$\qquad \beta$——边坡坡角,(°)。

当基础底面外边缘线至坡顶的水平距离不满足式(8.62)、式(8.63)的要求时,可根据基底平均压力按式(8.59)确定基础距坡顶边缘的距离和基础埋深。

当边坡坡脚大于 45°、坡度大于时 8 m,尚应按式(8.59)验算坡体稳定性。

8.6 工程常见情况的土坡稳定

8.6.1 填方土坡的稳定性分析

为简单计,假设土坡由同一种饱和黏性土组成。土中 a 点的应力状态在图 8.32 中描述。a 点的剪应力随填土高度增加而增大,并在竣工时达到最大值。初始的孔隙水压力 u_0 等于静水压力 $h_0 \gamma_w$。由于黏土具有低渗透性,因此,在施工期间的体积变化量或排水量极小,可假定在施工过程中不发生排水,孔隙水压力 u 也不消散。于是,可假定黏土是在不排水条件下受荷的,一直到竣工以前孔隙水压力随填土增高而增大,如图 8.32(a)所示。按照 $\Delta u = \Delta \sigma_3 + A(\Delta \sigma_1 - \Delta \sigma_3)$(对饱和土 $B = 1$),除非 A 具有较大的负值,孔隙水压力 u 总是正值。竣工时土的抗剪强度继续保持与施工开始时的不排水强度 τ_u 相等。

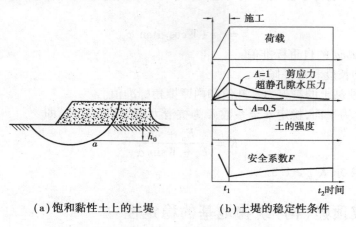

(a)饱和黏性土上的土堤 　　　(b)土堤的稳定性条件

图 8.32 填方土坡的稳定性分析

竣工以后,总应力保持常数,而超静孔隙水压力 u 则由于固结而消散,同时使有效应力与抗剪强度增加。在较长的一段时间之后,在时间 t_2 时超静孔隙水压力 $u=0$(即排水条件)。只要孔隙水压力已知(因而有效应力已知),任何时间的抗剪强度就可由有效应力指标 c' 和 φ' 估计而得。由于在时间 t_2 时超静孔隙水压力为零,因此,有效应力可从外荷载、土体重量和静水压力算出。

因此,竣工时土坡的稳定性用总应力法和不排水强度 τ_u 来分析;而土坡的长期稳定性则用有效应力法及有效应力指标 c' 和 φ' 来分析。从图可清楚地看出,在时间 t_1 即施工刚结束时,土坡的稳定性是最小的。如土坡度过了这个状态,则安全系数会与日俱增。

8.6.2　挖方土坡的稳定性分析

同样,假设土坡由同一种饱和黏性土组成。挖土使 a 点的平均上覆压力减小,并引起孔隙水压力的下降,即出现负值的超静孔隙水压力,如图 8.33 所示。这种下降取决于孔隙压力系数 A 以及应力变化的大小,因土体完全饱和 $B=1$,因此,孔隙压力的变化量 $\Delta u = \Delta\sigma_3 + A(\Delta\sigma_1 - \Delta\sigma_3)$。开挖过程中土中的小主应力 $\Delta\sigma_3$ 要比大主应力 $\Delta\sigma_1$ 下降得多,于是 $\Delta\sigma_3$ 为负值,而 $\Delta\sigma_1 - \Delta\sigma_3$ 为正值。

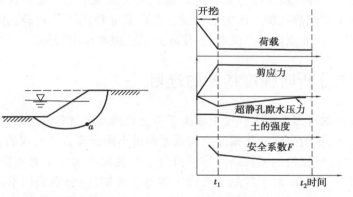

（a）饱和黏性土中的挖方　　　（b）开挖的稳定性条件(Bishop 等，1960)

图 8.33　挖方土坡的稳定性分析

a 点的剪应力在施工结束时达到最大值。假定施工期间土处于不排水状态,则竣工时土的抗剪强度等于土的不排水强度 s_u。负的超静孔隙水压力随时间增长而消散,同时伴随着黏性土的膨胀和抗剪强度的下降。在开挖后较长时间中负的超静孔隙水压力完全消散,$\Delta u = 0$。因此,竣工时土坡的稳定性用总应力法和不排水强度 τ_u 来分析;而土坡的长期稳定性则用有效应力法及有效应力指标 c' 和 φ' 来分析。但是,最不利的条件是土坡的长期稳定性。

8.6.3　邻近土坡加载引起的土坡稳定

土坡的稳定性条件如图 8.34 所示,假设有一现存的饱和黏性土坡,在离坡顶一定距离处作用有荷载 q。由于荷载 q 作用在一定距离处,故它并不改变沿滑弧上的应力,并且剪应力随时间而保持为常数。荷载 q 的施加使 b 点的孔隙水压力瞬时上升,又随固结而消散。a 点的孔隙水

压力由于 b 起始的辐射向排水而暂时增大,孔隙水压力的增大使土的抗剪强度和安全系数下降。可以看到,在某一中间时间 t_2 时,抗滑稳定安全系数达到最小值。这种情况潜伏着很大的危险,因为不管土坡具有足够的瞬时或长期的稳定性,土坡的滑动仍然有可能发生。

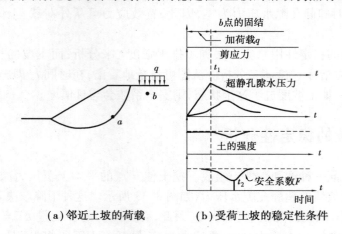

（a）邻近土坡的荷载　　　（b）受荷土坡的稳定性条件

图 8.34　邻近土坡加载引起土坡稳定性条件

图 8.34（b）说明了一种孔隙水压力随着时间而先增大后减小的情况。这种条件产生在由于建造建筑物或打桩引起超静孔隙水压力的情况。在荷载 q 作用下的超静孔隙水压力沿辐射向排水而消散,从而使水从 b 点向 a 点流动,并使 a 点的孔隙水压力增加。

8.6.4　土坡稳定分析时强度指标的选用

　　土坡稳定分析成果的可靠性很大程度上取决于填土和地基土抗剪强度的正确选择,因为对任意一种给定的土来讲,抗剪强度变化幅度之大远远超过不同计算方法之间的差别,所以,在测定土的强度时,原则上应使试验的模拟条件尽量符合土在现场的实际受力和排水条件,使试验指标具有一定的代表性。因此,对于控制土坡稳定的各个时期,应分别采用不同的试验方法和测定结果。总的来说,对于总应力分析,在土坡（坝、堤）施工期,应采用不排水指标 c_u 和 φ_u;在土坡（水库）水位骤降期,也可以采用固结不排水指标 c_{cu} 和 φ_{cu}。在土坡的稳定渗流期,不管采用何种分析方法,实质上均属于有效应力分析,应采用有效应力强度指标 c',φ' 或排水强度指标 c_d 和 φ_d。对于软弱地基受压固结或土坡（坝、堤）施工期孔隙应力消散的影响,要考虑不同时期的固结度,采用相应的强度指标。

　　如果采用有效应力分析,当然应该采用有效应力强度指标,但此时对算出的孔隙水压力的正确程度要有足够的估计,最好能通过现场观测,由实测孔隙水压力资料加以验证。

　　从理论上讲,处于极限平衡状态时土坡的抗滑稳定安全系数 F 应等于1。因此,如设计土坡的 F 大于1,理应能满足稳定要求。但在实际工程中,有些土坡的抗滑稳定安全系数虽大于1,但还是发生了滑动;而有些土坡的抗滑稳定安全系数虽小于1,却是稳定的。产生这些情况的主要原因是影响抗滑稳定安全系数的因素有很多,如土的抗剪强度指标、稳定计算方法和稳定计算条件的选择等。目前,对于土坡稳定的容许抗滑稳定安全系数的取值,各部门尚未有统一标准,考虑的角度也不一样,在选用时要注意计算方法、强度指标和容许抗滑稳定安全系数必须相互配套,并根据工程的不同情况,结合当地的实践经验加以确定。

习 题

8.1 某砂土土坡,高 10 m,土重度 $\gamma = 19$ kN/m³,内摩擦角 $\varphi = 35°$。试计算土坡稳定安全系数 $F_s = 1.3$ 时坡角 β 值,以及滑动面倾角 α 为何值时,砂土土坡安全系数最小。(答案:$\beta = 28.3°,\alpha = \varphi$)

8.2 有一黏土边坡,高 25 m,坡度为 1:2,土重度 $\gamma = 10$ kN/m³,内摩擦角 $\varphi = 26.5°$,黏聚力 $c = 10$ kPa,假设滑动面圆弧半径为 49 m,并假设滑动面过坡角。请用瑞典条分法计算这一滑动面对应的安全系数。(答案:$F_s = 2.04$)

8.3 条件同习题8.2,试分别用简化毕肖普法计算相应滑动面的安全系数,并与习题8.2的结果比较,分析瑞典条分法与简化毕肖普法计算结果的差异。(答案:$F_s = 2.38$)

8.4 某地基土的天然重度 $\gamma = 18.6$ kN/m³,内摩擦角 $\varphi = 10°$,黏聚力 $c = 12$ kPa,当采用坡度1:1开挖基坑时,其最大开挖深度可为多少?(答案:6.00 m)

8.5 已知某挖方土坡,土的物理力学指标为 $\gamma = 18.93$ kN/m³,$\varphi = 10°$,$c = 12$ kPa,若取安全系数 $K = 1.5$,试问:(1)将坡角做成 $\beta = 60°$ 时边坡的最大高度;(2)若挖方的开挖高度为 6.0 m,坡角最大能做成多大?(答案:(1)2.92 m,(2)31°)

8.6 某均质黏性土坡,$h = 20$ m,坡比为 1:2,填土重度 $\gamma = 18$ kN/m³,黏聚力 $c = 10$ kPa,内摩擦角 $\varphi = 36°$,若取土条平均孔隙压力系数 $B = 0.6$,即 $\mu_i b = \overline{G}_i B$。试用简化毕肖普条分法计算该土坡的稳定安全系数。(答案:$K = 1.13$)

参考文献

[1] 杨进良. 土力学[M]. 4 版. 北京:中国水利水电出版社,2009.

[2] 李广信. 高等土力学[M]. 北京:清华大学出版社,2004.

[3] 张振营. 土力学题库及典型题解[M]. 北京:中国水利水电出版社,2001.

[4] 苑莲菊. 工程渗流力学及应用[M]. 北京:中国建材出版社,2001.

[5] D. G. 弗雷德隆德,H. 拉哈尔丘. 非饱和土土力学[M]. 陈仲颐,等译. 北京:中国建筑工业出版社,1997.

[6] 韩建刚. 土力学与基础工程[M]. 2 版. 重庆:重庆大学出版社,2014.

[7] 张克恭,刘松玉. 土力学[M]. 北京:中国建筑工业出版社,2010.

[8] 陈国兴,樊良本,陈甦. 土质学与土力学[M]. 2 版. 北京:中国水利水电出版社,2006.

[9] 刘成宇. 土力学[M]. 2 版. 北京:中国铁道出版社,2001.

[10] 洪毓康. 土质学与土力学[M]. 2 版. 北京:人民交通出版社,1995.

[11] 赵成刚,白冰,王运霞. 土力学原理[M]. 北京:清华大学出版社,北京交通大学出版社,2004.

[12] 钱家欢. 土力学[M]. 南京:河海大学出版社,1994.

[13] 高大钊. 土力学与基础工程[M]. 北京:中国建筑工业出版社,1998.

[14] 唐大雄,孙愫文. 工程岩土学[M]. 北京:地质出版社,1987.

[15] 许惠德,马金荣,姜振泉. 土质学与土力学[M]. 徐州:中国矿业大学出版社,1995.

[16] 顾晓鲁,钱鸿缙,刘惠珊,汪时敏. 地基与基础[M]. 2 版. 北京:中国建筑工业出版社,1993.

[17] 黄文熙. 土的工程性质[M]. 北京:中国水利水电出版社. 1983.

[18] 夏建中. 土力学与工程地质[M]. 杭州:浙江大学出版社,2012.

[19] 钱家欢,殷宗泽. 土工原理与计算[M]. 2 版. 北京:水力电力出版社,1994.

[20] 恭晓南. 土力学[M]. 北京:中国建筑工业出版社,2002.

[21] 顾慰慈. 挡土墙土压力计算手册[M]. 北京:中国建材工业出版社,2005.

[22] 李静培. 土力学[M]. 2 版. 北京:高等教育出版社,2008.

[23] 陈仲颐,周景星,王洪瑾. 土力学[M]. 北京:清华大学出版社,1994

[24] 赵明华. 土力学与基础工程[M]. 2 版. 北京:中国建筑工业出版社,2008.

[25] 丁梧秀. 地基基础[M]. 郑州:郑州大学出版社,2006.

[26] 于晓娟. 土力学[M]. 北京:国防工业出版社,2012.

[27] 王建华. 土力学与地基基础[M]. 北京:中国建筑工业出版社,2011.

[28] 赵树德. 土力学[M]. 北京:高等教育出版社,2001.

[29] 杨平.土力学[M].北京:机械工业出版社,2005.

[30] 王秀丽.基础工程[M].重庆:重庆大学出版社,2001.

[31] 杨进良.土力学[M].3版.北京:中国水利水电出版社,2006.

[32] 朱永全.隧道工程[M].2版.北京:中国铁道出版社,2007.

[33] 肖昭然.土力学[M].郑州:郑州大学出版社,2007.

[34] 东南大学,浙江大学,湖南大学,苏州科技大学.土力学[M].2版.北京:中国建筑工业出版社,2005.

[35] 张怀静.土力学[M].北京:机械工业出版社,2011.

[36] 王成华.土力学[M].武汉:华中科技大学出版社,2010.

[37] 张孟喜.土力学[M].武汉:华中科技大学出版社,2007.

[38] 陈希哲.土力学地基基础[M].5版.北京:清华大学出版社,2013.

[39] 钱晓丽.土力学[M].北京:中国计量出版社,2008.

[40] 中国建筑科学研究院.建筑地基处理技术规范:JGJ 79—2012[S].北京:中国建筑工业出版社,2012.

[41] 建设部综合勘察研究设计院.岩土工程勘察规范:GB 50021—2001(2009年版)[S].北京:中国建筑工业出版社,2001.

[42] 中国建筑科学研究院.建筑地基基础设计规范:GB 50007—2011[S].北京:中国建筑工业出版社,2011.

[43] 南京水利科学研究院.土的工程分类标准:GB/T 50145—2007[S].北京:中国计划出版社,2008.

[44] 中国建筑科学研究院.建筑桩基技术规范:JGJ 94—2008[S].北京:中国建筑工业出版社,2008.

[45] 中交第二公路勘察设计研究院.公路路基设计规范:JTG D30—2015[S].北京:人民交通出版社,2015.

[46] 中交公路规划设计院有限公司.公路桥涵地基与基础设计规范:JGJ D63—2007[S].北京:人民交通出版社,2007.

[47] 中华人民共和国住房和城乡建设部.建筑基坑支护技术规程:JGJ 120—2012[S].北京:中国建筑工业出版社,2012.

[48] 陕西省建筑科学研究设计院.湿陷性黄土地区建筑规范:GB 50025—2004[S].北京:中国建筑工业出版社,2004.

[49] 中华人民共和国住房和城乡建设部.膨胀土地区建筑技术规范:GB 50112—2013[S].北京:中国计划出版社,2013.

[50] 中华人民共和国住房和城乡建设部.建筑边坡工程技术规范:GB 50330—2013[S].北京:中国建筑工业出版社,2013.

[51] 中华人民共和国住房和城乡建设部.建筑抗震设计规范:GB 50011—2010(2016年版)[S].北京:中国建筑工业出版社,2016.